本书获太原科技大学博士科研启动金（20222029）
山西省哲学社会科学规划课题（2023YY177）
山西省来晋优秀博士奖励资金（W20232014）
支持出版

工业产品设计服务与相关产业融合发展的策略研究

樊佳爽

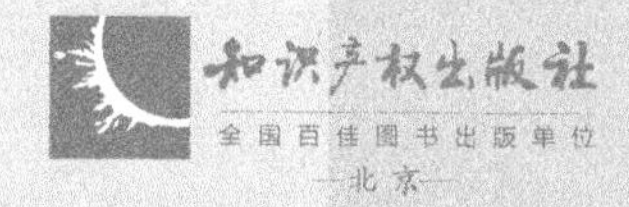

图书在版编目（CIP）数据

工业产品设计服务与相关产业融合发展的策略研究 / 樊佳爽著. — 北京：知识产权出版社，2024.11

ISBN 978-7-5130-9274-6

Ⅰ. ①工…　Ⅱ. ①樊…　Ⅲ. ①工业产品—产品设计—产业发展—研究—中国　Ⅳ. ①TB472

中国国家版本馆CIP数据核字（2024）第030430号

内容提要

本书对工业设计的产业发展、文化发展、服务发展进行论述，介绍其发展历程与定义、分类与理念、方法与价值；通过案例，分析总结工业设计的产业发展、文化发展及服务发展的情况和趋势。为实现工业产品设计资源的集聚整合和制造业的转型升级提出了一系列的应对策略，为提高工业产品设计服务的效率与品质提供相关技术支撑。

本书可供工业设计和产品设计专业的高校、科研院所的研究人员及行业协会人员等阅读使用。

责任编辑：曹婧文　尹　娟　　　**责任印制**：孙婷婷

工业产品设计服务与相关产业融合发展的策略研究

GONGYE CHANPIN SHEJI FUWU YU XIANGGUAN CHANYE RONGHE FAZHAN DE CELÜE YANJIU

樊佳爽　著

出版发行：知识产权出版社 有限责任公司	**网　　址**：http：// www. ipph. cn
电　　话：010－82004826	http：// www. laichushu. com
社　　址：北京市海淀区气象路50号院	**邮　　编**：100081
责编电话：010－82000860转8763	**责编邮箱**：laichushu@cnipr.com
发行电话：010－82000860转8101	**发行传真**：010－82000893
印　　刷：北京中献拓方科技发展有限公司	**经　　销**：新华书店、各大网上书店及相关专业书店
开　　本：720mm×1000mm　1/16	**印　　张**：15.75
版　　次：2024年11月第1版	**印　　次**：2024年11月第1次印刷
字　　数：255千字	**定　　价**：68.00元

ISBN 978-7-5130-9274-6

前　言

随着社会的发展和科技的进步，许多工业化国家将工业设计作为国家创新战略的重要内容，培养设计人才，振兴设计产业，创新设计文化，发展设计服务，借助设计整合科技、制造、商业、文化等资源，提升产品竞争力和附加值，创建国家级著名品牌。

目前，工业产品设计服务中存在着一些问题：支撑技术和设计工具存在单一化现象和局限性；在产业链条中处于从属地位；缺乏产业链协同的平台支撑。

本书对工业设计的产业发展、文化发展、服务发展进行论述，介绍其发展历程与定义、分类与理念、方法与价值；通过案例，分析总结工业设计的产业发展、文化发展及服务发展的情况和趋势。为实现工业产品设计资源的集聚整合和制造业的转型升级提出了一系列的应对策略，为提高工业产品设计服务的效率与品质提供相关技术支撑。

为实现工业产品设计资源的集聚整合和制造业的转型升级，通过资源整合、需求整合和按需优化配置，本书分别构建了包括产品数据获取、意象分析、创新设计、服务优选、需求匹配、形态基因和多目标评价的方法模型。通过分析工业设计的服务模式和体系架构，集成工业产品设计服务中的数据获取策略、意象分析策略、创新发展策略、服务优选策略、需求匹配策略、形态基因策略和多目标评价策略。以策略集成推动应用创新，提高工业产品设计服务的效率与品质，实现产品设计资源的有效集聚、开放共享和上下游协同,为工业产品设计服务提供有力的策略与技术支撑。

目　　录

第1章　工业设计的相关概述

工业设计的发展与国家的政治、经济、文化等各方面密切相关，与新材料的发现、新工艺的采用相互依存，也受到不同艺术风格及人们审美爱好的直接影响。本章对工业设计基本概念和历程、分类、理念、方法及价值进行了概述。

1.1　工业设计的历程与定义

1.1.1　工业设计的发展历程

工业设计起源于19世纪中期的英国，发展于美国[1]。“工业设计”一词是根据英文“industrial design”翻译而来。就其发展过程来看，大体上可划分为以下四个时期，见图1.1。

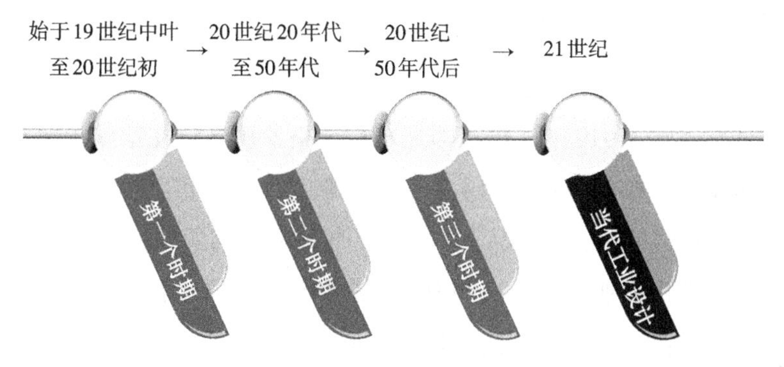

图1.1　工业设计的发展历程

1.1.1.1 19世纪中叶至20世纪初

19世纪中叶，西方各个国家相继完成了产业革命，逐步实现了手工业向机器工业的过渡。当时市场上出现了两种类型的商品：一种是外观简陋的廉价工业品，另一种是耗费工时和精工细作的高价手工艺品。针对这种情况，英国设计师威廉·莫里斯倡导并发起了工艺美术运动，这场设计改良运动的理论指导是约翰·拉斯金。工艺美术运动强调手工艺生产，反对机械化生产；在装饰上反对矫揉造作的维多利亚风格和其他各种古典、传统的复兴风格；提倡哥特风格和其他中世纪风格，讲究简单和朴实；主张设计诚实，反对风格上华而不实；提倡自然主义风格和东方风格。19世纪末至20世纪初，以法国为中心的欧洲又发起了新艺术运动。这场运动承认机器生产的必要性，主张技术和艺术的结合，注意产品的合理结构，直观地表现出工艺过程和材料。

这些设计改良运动促进了工业设计学科的进一步发展。基于工艺美术运动和新艺术运动，德国建立了工业联盟。许多工程师、建筑师、美术家等都加入工业联盟组织，他们相互协作，开展技术与艺术相结合的活动，欧洲的工业设计运动达到高潮。此外，这些设计运动广泛影响了欧洲大陆的部分国家，在维也纳、布达佩斯、赫尔辛基等欧洲城市传播，并迅速本土化。同时，对美国芝加哥建筑学派产生较大影响。工艺美术运动在建筑设计、平面设计、家具设计、陶瓷设计、金属工艺等方面展现出重要作用，为后续设计运动奠定基础。

1.1.1.2 20世纪20年代至50年代

经历了数十年多样且丰富的设计探索后，工业设计的发展逐步转入到以教育为中心的活动[2]。1919年，建筑师瓦尔特·格罗皮乌斯在德国魏玛首创包豪斯学校，包豪斯学校的教育理念主张形式依随功能，尊重结构的自身逻辑，强调几何造型的单纯明快，使产品具有简单的轮廓和光洁的外表，重视机械技术，促进标准化并考虑商业因素。这些教育理念和设计原则也被称为功能主义设计理论，主张使产品的审美特征寓于技术的形式中，即要求最佳地达到产品的使用目的，使产品具有实用性、经济性和美观性。

包豪斯学校对工业设计产生了深远而持久的影响。在工业设计的发展过程中，包豪斯学校为现代设计教育奠定了坚实的基础。包豪斯建校14年，共培养学生1200多名，汇编出版了工业设计教育丛书一套14本，培养出一批世界一流的设计师，包括密斯·凡·德罗、马赛尔·布鲁尔、威廉·瓦根菲尔德等。包豪斯学校对工业设计的发展有着重要的贡献，后因德国纳粹的迫害，包豪斯学校被迫于1933年解散。瓦尔特·格罗皮乌斯等人应邀到美国哈佛大学等校任教，工业设计的中心即由德国转移到美国。工艺美术运动后，欧美国家的工业技术发展迅速，促进了社会生产力的进一步发展。工业设计的普及化和商业化开始于德国、发展于美国，同时也推动了世界工业设计的发展。

1.1.1.3 20世纪50年代后至21世纪

20世纪50年代后，为适应工业设计开展国际交流，各国关于工业设计的学术组织相继建立。1956年美国工业设计师协会成立，1957年国际工业设计协会在英国伦敦成立。随着国际设计活动的广泛开展，众多工业产品、现代建筑、城市规划、传达媒介的设计问题和社会问题逐渐显现出来。

为解决上述问题，20世纪70年代强调民主主义、精英主义、理想主义和乌托邦主义的现代主义应运而生。现代主义在设计思想上重视设计的民主主义和社会主义，反对长期以来仅为少数权贵服务的精英主义；技术上积极采用诸如钢筋混凝土、平板玻璃、钢材等新材料，并把经济问题作为设计的考虑因素，以达到经济实用的设计目的；设计形式上提倡非装饰的简单几何造型，推崇功能主义，强调创新设计和整体设计。现代主义设计使科学性与艺术性得以融合，满足了社会时代发展的需要，促成了现代主义风格建筑的兴起和现代主义建筑文化体系的诞生。

1.1.1.4 21世纪及以后

随着科学技术的快速发展和自动化加工手段的广泛使用，21世纪后产品的技术性能日趋稳定，个性化、多样化、多功能的产品设计成为未来设计的发展趋势。工业设计作为一种科技创新的新生力量，对于推动文化创新具有重要价值和意义。

改革开放以来，我国高度重视工业设计发展，随着中国工业化进程的不断推进，一系列政策措施相继出台。从《中华人民共和国国民经济和社会发展第十一个五年规划纲要》开始，工业设计四次被写入国民经济发展五年规划纲要。

（1）“十一五”规划期间。

2006年《中华人民共和国国民经济和社会发展第十一个五年规划纲要》提出“要发展专业化的工业设计”[3]。

时任中共中央总书记胡锦涛在中央经济工作会议上指出，“要重点发展金融保险、研发设计、信息服务等重要服务行业”。时任国务院总理温家宝在中国工业设计协会呈送的报告上批示：“要高度重视工业设计”。这一重要批示极具指导性和针对性，并在政府部门、企业和设计界产生广泛而深远的影响。

2010年国务院政府工作报告中首次将工业设计列入生产服务业，提出要“大力发展金融、物流、信息、研发、工业设计、商务、节能环保服务等面向生产的服务业，促进服务业与现代制造业有机融合”，极大推动了国内工业设计服务业的发展。

（2）“十二五”规划期间。

2011年《中华人民共和国国民经济和社会发展第十二个五年规划纲要》提出“以高技术的延伸服务和支持科技创新的专业化服务为重点，大力发展高技术服务业，加快发展研发设计业，促进工业设计从外观设计向高端综合设计服务转变”[4]。

在“十二五”规划期间，工业设计为国民经济发展作出重要贡献：高铁、航天的建设融入了工业设计，华为、小米、联想、海尔等企业通过自主研发新产品、创造新服务、塑造新品牌，赢得了市场的广泛认可。时任国务院总理李克强于2014年主持召开国务院常务会议，部署推进文化创意和设计服务与相关产业融合发展。同年，国务院发布《关于推进文化创意和设计服务与相关产业融合发展的若干意见》[5]指出：依靠创新，推进文化创意和设计服务等新型、高端服务业发展，促进与相关产业深度融合，是调整经济结构的重要内容，有利于改善产品和服务品质、满足群众多样化需求，催生新业态、带动就业、推动产业转型升级。

（3）“十三五”规划期间。

2015年央视新闻播出《问计中国制造》专题指出：由大变强需要工业设计。由此工业设计成为媒体的热点关键词，并使大众认识到了工业设计的重要性。

2016年《中华人民共和国国民经济和社会发展第十三个五年规划纲要》在“优化现代产业体系”篇“实施制造强国战略”部分，明确提出“设立国家工业设计研究院”[6]。在“十三五”规划期间，工业设计以科技创新为基础支撑，以文化创新为引导，以设计创新为方法，发挥在创新驱动中的作用，集科学、技术、文化、艺术、社会、经济等诸多知识要素，以需求为导向，发挥人的创新、创造、创意能力，大力发展设计服务型制造业，达到推动企业自主创新能力提升、促进消费、发展经济之目的。

2018年工业和信息化部印发了《国家工业设计研究院创建工作指南》，开展了首批国家工业设计研究院培育创建工作。同年，全国人大代表雷军（小米公司董事长）在议案中提出：“一是要鼓励民营企业积极参与‘一带一路’建设、提升‘中国制造’品牌全球影响力，助力民营企业实现品牌国际化；二是要大力发展中国设计产业、全面提升中国设计水平的建议，以产业升级和提升效率为导向，优先发展工业设计产业。”

（4）“十四五”规划期间。

2021年《中华人民共和国国民经济和社会发展第十四个五年规划和2035年远景目标纲要》中明确提出“聚焦提高产业创新力，加快发展研发设计、工业设计等服务”，“深化研发设计、生产制造等环节的数字化应用”[7]。

“十四五”规划期间，一是要推动工业设计深度赋能产业发展。积极推动工业设计服务链条延伸，将设计融入制造业战略规划、产品研发、生产制造和商业运营全周期，积极推动工业设计与制造业全领域的深度结合，积极推动工业设计走进中小企业。二是要注重设计生态的涵养。抓好人才培养，推动设计人才由量的积累转向质的提升。抓好市场主体培育，鼓励制造业企业设立工业设计中心，鼓励设计企业专业化发展，做好国家级工业设计中心认定工作。抓好公共服务体系构建，以创建国家和省级工业设计研究院为抓手，建设功能完备、系统高效的工业设计研究服务体系。三是要继续加强宣传推广指导工作。继续办好世界工业设计大会，组织开展中国优秀工业设计奖评选，打造工业设计“中国名片”[8]。

工业设计是产业链创新的源头，是助力企业增品种、提品质、创品牌的关键环节，是推进供给侧结构性改革，实现产业迈向中高端的有效措施。大力发展工业设计，对于贯彻落实新发展理念，推动制造业高质量发展具有十分重要的意义。

1.1.2 工业设计的基本概念

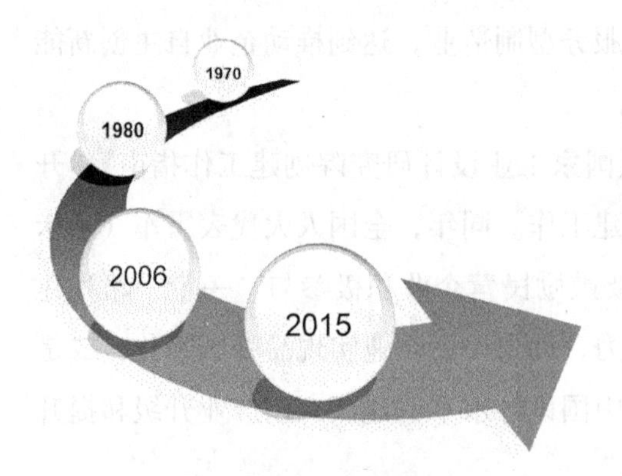

图1.2 工业设计概念的四个阶段

工业设计的发展历程不算漫长，工业设计概念的发展代表了工业设计的变革。目前关于工业设计的概念应用相对广泛的是由国际工业设计协会（International Council of Societies of Industrial Design，ICSID）给出的。工业设计概念的演变包含了四个阶段，见图1.2。

1.1.2.1 1970年的概念

1970年国际工业设计协会对工业设计进行如下概念界定：“工业设计是一种根据产业状况以决定制作物品之适应特质的创造活动。适应物品特质，不单指物品的结构，而是兼顾使用者和生产者双方的观点，使抽象的概念系统化，完成统一而具体化的物品形象，意即着眼于根本的结构与机能间的相互关系，其根据工业生产的条件扩大了人类环境的局面。”

这个时期的概念关键词为：工业设计、适应物品特质、物品结构、物品形象、创造活动等。

1.1.2.2 1980年的概念

1980年国际工业设计协会将工业设计更新为如下定义："就批量生产的工业产品而言，凭借训练、技术知识、经验及视觉感受，而赋予材料、结构、构造、形态、色彩、表面加工、装饰以新的品质和规格，叫作工业设计。根据当时的具体情况，工业设计师应当根据上述工业产品全部侧面或其中几个方面进行工作，而且，当需要工业设计师对包装、宣传、展示、市场开发等问题的解决付出自己的技术知识和经验以及视觉评价能力时，这也属于工业设计的范畴。"

这个时期的概念关键词为：工业设计、工业产品、材料、结构、构造、形态、色彩、表面加工、装饰、包装、宣传、展示、市场开发等。

1.1.2.3 2006年的概念

2006年国际工业设计协会给工业设计作了如下定义："设计是一种创造性的活动，其目的是为物品、过程、服务以及它们在整个生命周期中构成的系统建立起多方面的品质。"因此，设计既是创新技术人性化的重要因素，也是经济文化交流的关键因素。

工业设计致力于发现和评估与下列项目在结构、组织、功能、表现和经济上的关系：增强全球可持续性发展和环境保护（全球道德规范）；给全人类社会、个人和集体带来利益和自由；在世界全球化的背景下支持文化的多样性（文化道德规范）；赋予产品、服务和系统以表现性的形式（语义学）并与它们的内涵相协调（美学）。

这个时期的概念关键词为：工业设计、可持续性发展、环境保护、文化多样性、产品服务和系统等。

1.1.2.4 2015年的概念

2015年在韩国光州召开的第29届国际工业设计协会年度代表大会上，沿用近50年的"国际工业设计协会"正式更名为"国际设计组织"，会上发布了工业设计的最新定义："（工业）设计旨在引导创新、促发商业成功及提供更好质量的生活，是一种将策略性解决问题的过程应用于产品、系统、服务及体验的设计活动，它是一种跨学科的专业，将创新、技术、商业、研究及消费者紧密联系在一起，共同进行创造性活动，并将需解决的问题、提出的解决方案进行可视化，重新解构问题，并将其作为建立更好的产品、系统、服务、体验或商业网络的机会，提供新的价值以及竞争优势。（工业）设计通过其输出物对社会、经济、环境及伦理方面问题的回应，旨在创造一个更好的世界。"

这个时期的概念关键词为：工业设计、引导创新、商业成功、产品、系统、服务及体验、商业网络等。

此外，国外一些知名协会、专家和设计师等也对工业设计的概念和内涵进行了交流。

（1）美国工业设计协会。

美国工业设计协会认为："工业设计是一项专门的服务性工作，为使用者和生产者双方的利益而对产品和产品系列的外形、功能和使用价值进行优选。"

概念关键词为：工业设计、服务性、外形、功能等。

（2）加拿大魁北克工业设计师协会。

加拿大魁北克工业设计师协会认为："工业设计包含提出问题和解决问题两个过程。既然设计就是为了给特定的功能寻求最佳形式，这个形式又受功能条件的制约，那么形式和使用功能的相互辩证关系就是工业设计。"

概念关键词为：工业设计、提出问题、解决问题等。

（3）雷蒙德·罗维设计师。

1949年《时代》杂志的封面人物美国设计师雷蒙德·罗维，被誉为美国工业设计的重要奠基人之一。他凭借设计，赋予商品不可抗拒的魅力。在产品设计中，奉行流线、简单化理念，即由功用与简约彰显美丽。其设计案例数目众多，范围从飞机、轮船、火车、宇宙飞船和空间站，到邮票、口红、标志和可乐瓶子等。比如在为可口可乐公司重新设计瓶形时，赋予瓶身柔美的曲线。可口可乐的经典瓶形亦迅速成为美国文化的象征。

（4）迪特·拉姆斯设计师。

迪特·拉姆斯是德国著名工业设计师，他的许多设计，诸如咖啡机、计算机、收音机、视听设备、家电产品与办公产品，都成为世界各地博物馆的永久收藏。拉姆斯提出“好的设计”应具备的十项原则：创新、实用、唯美、让产品说话、谦虚、诚实、坚固耐用、细致、环保、极简。

（5）艾斯林格设计师。

艾斯林格是青蛙设计公司创始人，被誉为自1930年以来美国最有影响力的工业设计师。艾斯林格是将以人为主的理念和人性化设计植根于复杂的软硬件科技世界的战略家和设计师。他的远见塑造了青蛙设计公司，他曾为苹果、路易威登、汉莎航空、奥林巴斯、三星、索尼和维嘉等公司负责发展全球化的设计战略。

（6）乔纳森·伊夫设计师。

乔纳森·伊夫作为缔造“苹果神话”的幕后功臣，从第一代iMac桌面电脑、iPod、iPhone到iPad的一系列苹果产品，他用简洁的设计理念赋予产品新的价值和内涵。其设计不仅赋予产品趣味性和情感化，还将科技与艺术相结合。他基于德国包豪斯学派理念的简约原则，追求创新、实用、唯美、环保的极简主义设计。

（7）柳冠中教授。

被誉为“中国工业设计之父”的清华大学柳冠中教授提出：“工业设计是一种思考方式。”工业设计是伴随着大工业时代而产生的，工业革命后，机械化大生产的普及和应用，要求所有的产品标准化，带来了分工和合作。工业时代带来了标准化产品和流水线生产，提高了生产力，也带来了生产关系的变革，设计思维、设计行为和设计机制的改变。

（8）余隋怀教授。

西北工业大学教授、博士生导师余隋怀站在工业设计专业角度，用理工科思维重新审视文物、审视中国传统文化。他将产品消费划分为三个层次：满足产品使用要求的低端层次，即能用；其次是好用；再者便是享用。通过文化赋能工业设计，使产品变成一个文化载体。

（9）何人可教授。

湖南大学教授、博士生导师何人可提出“从中国制造到中国设计”。在互联网、物联网、大数据时代，工业设计发生了巨大的变化：由中国制造到中国设计，从产品设计走向服务设计。工业设计也是一个资源的整合，将硬件、软件、服务构成生态设计的核心，为工业设计带来革命性的变化。

综合上述分析，工业设计概念的界定主要经历了1970年、1980年、2006年和2015年四次演变。传统工业设计的核心是产品设计，伴随着社会发展，设计环境、设计对象和创新模式有了不同程度的改变，工业设计内涵的发展也更加广泛和深入。总体来说，工业设计就是对工业产品的使用方式、人机关系、外观造型等做设计和定义的过程。工业设计将产品的功能通过有形的方式创造性地体现，使得工业产品和人之间适当的、高效的，甚至有情感的交流得以实现。工业设计是一种产品与人沟通的语言，是工业产品和人之间的重要纽带，是用户体验的决定性组成部分。

1.2 工业设计的分类与理念

1.2.1 工业设计的分类

工业设计旨在通过其输出物（如产品、服务、设计等）创造一个更好的世界。工业设计既要迎合人们对物质功能的需求，又要满足审美的需求。因此，工业设计的内容相对丰富，范畴也相对广泛。随着信息技术的发展，云计算、大数据、物联网等新技术相继出现，带来了新的设计思维和设计创新。产品竞争走向了软硬一体化的整合竞争，工业设计也正由以专业设计师为主向用户参与和以用户为中心演变，用户需求逐渐成为设计的关键词，并展现出未来设计的创新趋势。在工业设计的设计对象中，由外观设计逐渐转变为以人机交互和用户体验为主的设计，如服务设计、信息架构、用户界面等。在工业设计的创新模式中，众筹、众创、众包、众享等模式的出现，拓展和提升了设计创新的空间和潜力，诸如设计癖、天马行空、猪八戒等设计服务平台的出现促进了创新模式的成功应用[9]。

广义的工业设计包含了使用现代化手段进行生产和服务的设计过程，工业设计涉及多个领域，包括不同类型：传统工业设计包括产品设计、环境设计、视觉传达设计等。具体范围有造型设计、机械设计、电路设计、服装设计、环境规划、室内设计、建筑设计、平面设计、包装设计、广告设计、动画设计、展示设计、网站设计等。

狭义的工业设计主要指产品设计。产品设计是一种在现代工业化生产条件下，运用科学技术与艺术结合的方式进行产品设计的一种创造性的方法。通过产品造型设计将功能、结构、材料和生产手段、使用方式统一起来，产生出具有较高质量和审美向度的合格产品。

广义的工业设计类型介绍如下。

1.2.1.1 产品设计

产品设计是工业设计的主体部分，其目的是创造性地使产品能够和使用人之间实现最佳匹配[10]。随着社会的发展与进步，工业革命后大批量生产的工业产品不能满足人们的审美需求和情感需求，设计的内涵与外延也在不断地拓展，为现代工业设计的出现提供了契机。

产品设计的研究内容见图1.3。

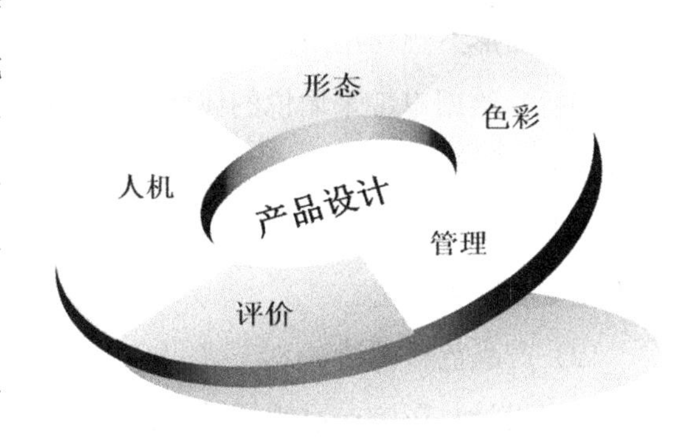

图1.3 产品设计

（1）产品形态设计。

随着社会物质财富的丰富以及技术和功能同质化现象的加剧，产品间的竞争已不只是性能、功能和价格等方面的较量，而是更加强调产品形态的竞争。产品形态是产品的物质载体和精神载体，也是用户和设计师间沟通的重要媒介。

产品形态设计包含如下特点。

①产品形态具有美观的外形：产品形态设计是工业产品设计的重要组成部分，通过设计美观、富有创意的外观，可以有效传达出设计师的理念，提高工

业产品的附加值和品牌影响力（见图1.4）。

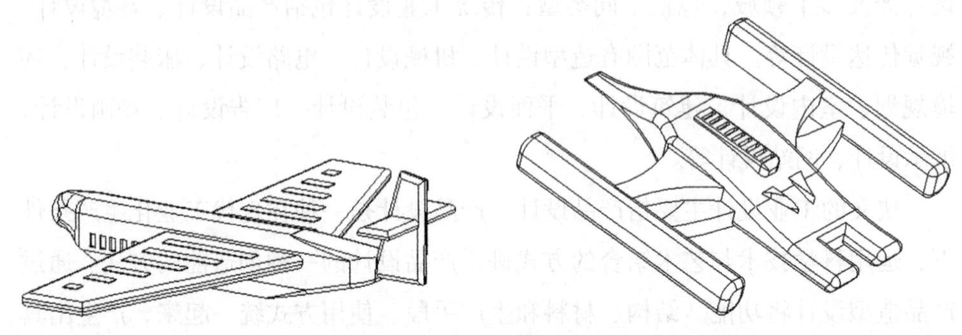

图1.4 工业产品形态设计

②产品形态传达产品属性、产品功能、产品结构等信息：形态设计是产品设计传达产品属性、产品功能、产品结构等信息的有效载体，好的产品形态不仅具有美观的外形，还可以协调人-机-环境之间的相互关系，并考虑生产者和使用者利益的结构与功能关系。

③产品形态触动用户的情感和心智：产品形态可以通过材料触动用户的情感和心智，给用户带来愉悦的体验。产品设计师在进行产品外观设计时，需要掌握各种不同材质的特性及加工方式，并考虑设计材料的选择，材料的加工工艺、成型技术的应用、产品的视觉表现等问题。不同的材料带给人不同的触觉、心理感受和审美感受。

(2) 产品色彩设计。

色彩设计是影响产品视觉效果的重要组成部分。产品色彩可以直接吸引消费者的注意力，给人留下深刻的印象。色彩在产品设计中具有如下重要作用。

①色彩反映产品功能：色彩作为一种特殊的视觉符号，虽然不能直接表达产品现实功能，但是可以反映出产品主体想要表达的内容。例如，在设计仪器的主要控制开关、制动、高温、辐射、易碎易燃，易爆等标志时，颜色多为红色、橙色或黄色等醒目色，并符合国家一般标准。再如，在设计X射线检查机时，由于X射线对人体有害，该产品的每个显著位置均贴有“防辐射”警告标志。警告标志采用国家安全色，即以黄色为背景色，红色为警告色，黑色标明

警告内容，起到警示作用。

②色彩反映产品材料和工艺：工业产品的色彩并非单独存在，而是与材料和表面处理一起形成完整的颜色。工业产品的色彩设计不仅需要注意色调的差异，还需要考虑着色工艺和经济效果。例如，仪器类产品多采用钣金件作为产品外壳材料，钣金件表面处理多采用喷粉工艺（即采用喷涂的方式对钣金制品进行表面处理），所以仪器类产品的主色调多为一色或两色。主色调的选择与着色工艺和经济条件密切相关。一般来说，主色调越少，着色过程越容易，节能环保，经济效果越好（见图1.5）。

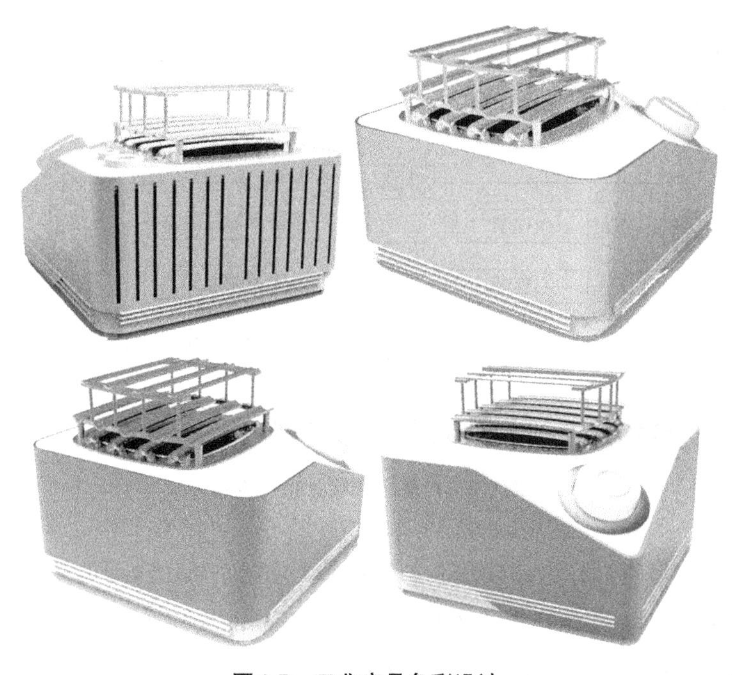

图1.5　工业产品色彩设计

③色彩反映人机关系和情感需求：产品色彩的正确应用可以提高工作效率，促进使用者心情愉快。例如，在仪器底座的色彩设计中常使用如黑色、深灰、深蓝等沉重的颜色，给人一种安全感；工作台和滑块的色彩设计中常结合如白色、浅灰等浅色系，以消除沉闷的感觉；大型仪器设备的色彩设计中，常使用中性浅灰色系，并结合无光泽的哑光材料，以减少操作人员的疲劳感。

④色彩反映企业形象：产品的色彩设计不仅要体现产品的特点和使用方式，还需要与周围环境色调相协调。色彩设计是环境的有机组成部分，谐调的色彩会使用户感到舒适、愉快，并提高产品效率。此外，在色彩设计中还可以引入系统的产品形象概念，通过创建统一的产品形象，衬托品牌价值。

（3）产品人机设计。

产品人机设计是基于人机工程学的产品设计，也是人、机器及环境发生交互关系的具体表达形式。人机工程学是基于人体科学和环境科学的一门学科，它以用户需求为出发点，充分发挥人机效能，强调机器和环境条件的设计应适应于人，以保证人的操作简便省力、迅速准确、安全舒适且心情愉快，使整个系统获得最佳经济效益和社会效益。

产品人机设计内容见图1.6。

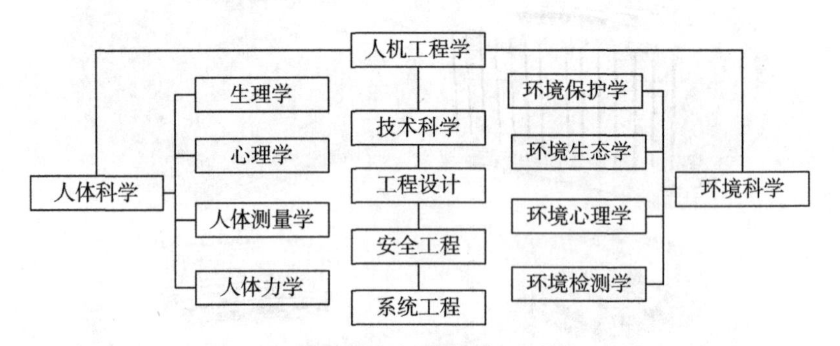

图1.6　产品人机设计相关内容

①人：人是指操作者或使用者。人机设计要求产品的外形、性能等要素都要围绕人的生理、心理特点来设计，把使用产品的人作为产品设计的出发点。在产品的人机设计中，不仅要考虑人体尺度因素和人体结构因素，还需要考虑人体运动域，即人体活动的三维空间范围等因素。例如，台灯设计除考虑到产品造型和色彩因素外，还需要考虑到台灯的开关触控板距离人的最佳位置、光线范围和对人视觉的色调感知等。

②机：机泛指人操作或使用的物，包括机器（如数控机床）、用具（如手持电钻）、设施（如游乐场相关设施）、设备（如三维扫描仪）等。在工业产品设计中，通过观察、访谈、问卷调查、实验比较、统计分析等方法，测量人在作

业前后以及作业过程中的心理状态和各种生理指标的动态变化，结合其他特定领域的设计技术及制造技术，找出各变数之间的相互关系，并从中得出正确的设计结论，形成符合人体工程学的产品设计。

③环境：环境指人、机所处的周围环境（如作业空间、社会环境等）。为提高产品的整体舒适度，产品人机设计需要考虑到环境因素，并兼顾体感舒适性和视觉舒适性。体感舒适性的核心在于材质的选择、产品结构等技术层面关乎触觉的体验与设计。视觉舒适性是关于色彩、形态、图案等外观层面的美化设计。为让使用者更健康、高效、愉快地工作和生活，简化产品操作流程、提高人机交互和用户体验成为产品人机设计的重要内容。

（4）产品设计评价。

评价是一项系统性的认知过程和决策过程，广泛应用于统计科学、运筹学、信息科学等领域。评价效率是一种在给定投入和技术等条件下，最有效地使用资源以满足设定愿望和需要的评价方式。影响评价效率的因素主要体现在评价流程、评价方法、指标权重、评价目标、评价数据处理和综合评价应用等方面。

工业产品设计评价体系见图1.7。

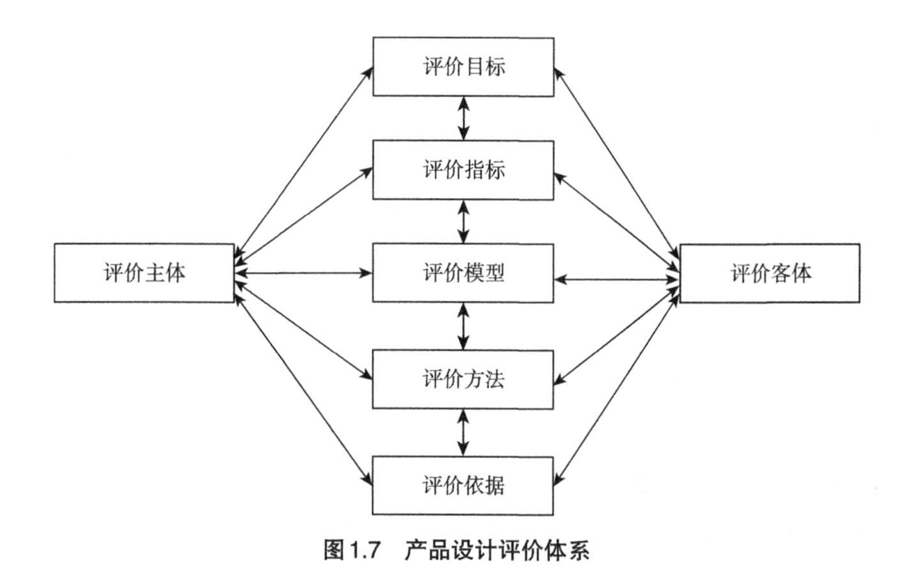

图1.7　产品设计评价体系

①评价目标：针对评价目标多样性和复杂性的特点，在满足决策需要的前

提下，遵循化多为少、统筹兼顾和提纲挈领准则，通过筛选从属性评价目标或合并相似性评价目标，对各评价目标进行循序渐进和层次分明的合理优选。

②评价指标：评价指标是用于评估事物发展方向的内容载体，可以表征不同评价对象的特征和属性。应基于评价目标构建产品设计的评价指标并计算其重要程度，评价指标权重的准确求解对于保证评价结果的有效性具有重要作用。

③评价方法：依据评价性质，把产品评价划分为以观察、描述为主的定性评价和以统计学方法量化为主的定量评价。在评价过程中，综合利用定量评价方法的客观性和定性评价方法的灵活性，对产品设计进行有效评价。

④评价主体：评价主体在产品设计评价过程中发挥着主导作用，包括用户、设计师、制造商、结构师、工艺师等。评价方式包括自我评价、相互评价和社会评价等。由于多元化的评价主体在评价标准、要求等方面都各有特点，应综合不同评价动机和评价要求，对评价主体进行有效识别。

⑤评价客体：评价客体是评价主体的目标对象（如外观评价、结构评价、功能评价等），评价客体随着评价任务的不同而发生变化。为对产品设计进行有效客观的评价，需要对评价客体进行全方位认识，力求实现对评价客体各方面评价指标的综合考虑。

⑥评价依据：从多个维度对产品设计的评价依据进行分析，综合外观设计、材质质感、功能性能、人机交互、品牌价值等多方面因素，对产品设计进行全面分析。

⑦评价模型：通过全面衡量评价客体的综合特征，以评价客体为分析对象，遵循可行性、科学性和系统性原则，构建包含评价体系、评价指标、评价方法与技术等方面的评价模型，引导评价结果的正确发展方向。

（5）产品设计管理。

20世纪中期形成设计管理的萌芽，设计管理逐渐被如英国、日本等设计发达国家的专家学者所重视，设计管理理论方面的研究也有序展开。工业产品设计管理的研究多围绕设计决策、设计组织、设计项目管理及设计创新等要素展开。

①设计决策：在工业产品的设计管理活动中，设计决策的正确与否将直接

影响工业产品设计能否获得成功、设计目标是否能达到、企业的经营是否卓有成效等问题。因此，依据用户需求确定设计决策的优先级、把握好设计决策的取舍度可以有效实现设计管理的价值。

②设计组织：设计组织是执行设计决策的基础和保证。通过正确目标导向、适度分权、团队合作，灵活性地适应用户需求和市场需求，建立多样化和个性化的设计团队和设计组织，为工业产品设计创造一个良好的组织环境和科学的设计组织。

③设计项目管理：设计项目管理是对某个具体的设计项目进行综合管理，包括设计团队管理、设计过程管理、设计系统管理、设计决策管理等。设计项目管理活动与设计程序一起并行发展。

④设计创新：在产品设计过程中，需要重视设计管理和设计创新。通过正确理解设计、逐步导入设计，把企业的设计政策深入到产品设计中。同时，将创新思想和创新意识体现在对产品设计发展各阶段的具体管理过程中。

综合上述分析，产品设计作为工业设计的核心内容，是一种进行新产品创造的设计活动。它是涉及美学、心理学、设计学等不同领域的交叉性综合学科，通过结合科学技术与文化艺术进行工业产品的创造性设计。

1.2.1.2　环境设计

环境设计是一门涵盖了城市及地区规划设计、建筑设计、园林、广场等公共空间设计、景观设计等环境艺术作品设计以及室内设计、设施设计等的新兴学科。

环境设计的研究方向包括建筑设计、工业遗产、城市规划、景观设计、室内设计等。

（1）建筑设计。

建设设计指建筑物的设计和规划，包括民用建筑、商业建筑、公共建筑等。建筑设计不仅可以体现空间的概念，也可以体现出时间的概念，并表达不同时期的文化和思想观念形态。例如，村落风水的格局设计中“枕山、环水、面屏”，构成“藏风”，以求“聚气”。

（2）工业遗产。

工业遗产包括工业活动所构成的建筑、结构和工艺等物质和非物质遗产。例如：北京798艺术区、上海8号桥、无锡北仓门生活艺术中心等，这些工业遗产均具有建筑和科学价值。现代工业遗产的认知与保护、工业遗产的旅游与改造、工业遗产资源再利用等方面的研究逐渐成为热点。

（3）城市规划。

城市规划是对城市空间的分析与设计，也是对人活动的各区域空间进行关系的协调。城市规划包括城市发展战略、城市空间布局、城市交通规划等。绿色建筑技术、节能设计、环保材料、低碳生活、生态城市与社区设计等方面的研究亦逐渐成为热点。

（4）景观设计。

景观设计包括景观规划、景观生态学、景观建筑设计、景观工程技术和景观美学等。结合风景园林的历史与发展、园林规划设计、植物配置与造景、园林工程技术与管理等对景观进行有效设计，对于改善自然环境、提升生活质量具有现实价值。

（5）室内设计。

室内设计与人们的生活息息相关，包括室内空间规划、室内装饰材料与构造、室内环境照明与色彩、室内陈设艺术与家具设计等。随着数字化和智能化技术的发展，智能化技术在环境设计中的应用愈加广泛，涉及智能建筑、智能家居、智能城市等领域。

1.2.1.3 视觉传达设计

视觉传达设计是一种通过视觉媒介表现传达给观众的设计，包括标志设计、广告设计、包装设计、企业形象设计、印刷设计、书籍设计、展示设计、影像设计等方面。视觉传达设计相对更偏向于交互设计，注重交互体验，同时也具备视觉美学特点（如摄影、电视、电影、造型艺术、图形图像等）。

构成视觉传达设计的要素包括字体、符号、标志等。字体设计作为重要的平面视觉语言可以有效作用于人的视觉，并通过获得相应效应激发人的心理反应，来实现传播的目的。通过对文字的笔画、造型、色彩等方面进行艺术处理，以达到有效传达企业特定信息的作用。符号不仅是一种承载着交流双方信息的载体，还是一种用来指代其他事物的象征物。比如，在古代，乌龟代表长寿，与凤、龙、麟合称四灵，是美好的象征。蛇在中国古代寓意着神明、龙、富贵吉祥，是一种吉利的象征。以这些动物为要素的符号设计不仅具有商业价值和艺术欣赏价值，还具有准确、快速传播文化理念以及精神的意义。标志是一种表明特征的记号或事物，具有功能性、识别性、多样性和艺术性。通过标志设计，人们可以获取相应信息并一定程度上影响自己的生活观念和生活方式。以中国国家京剧院的标志设计为例，该造型基础为旦角面部的局部特写，即塑造了一个京剧角色的形象，五瓣则寓意“香自苦寒来”，也隐喻梅派艺术，还象征“生旦净末丑”，表现了中国传统文化之美。

视觉传达设计的研究方向包括广告设计、包装设计、平面设计、品牌设计等。

（1）广告设计。

广告设计是将品牌信息和创意理念以广而告之的方式呈现给目标受众群体，包括广告制作和广告创意等内容。

（2）包装设计。

包装设计是一种涉及商品包装的美化设计，通过利用合适的包装材料和工艺手段，达到吸引消费者并有效传达产品价值和品牌信息的目标。

（3）平面设计。

平面设计包括海报设计、插画设计、网站设计等。例如在书籍、杂志等其他印刷媒体上进行创建版面设计。

（4）品牌设计。

品牌设计专注于建立和塑造产品品牌的视觉形象。如企业标识设计、企业品牌形象设计等。

1.2.2 工业设计的理念

优秀的设计理念成为企业开拓市场和塑造品牌的关键要素。工业设计的发展理念包括创新设计理念、协调设计理念、绿色设计理念、可持续设计理念、模块化设计理念、以人为本设计理念、简约设计理念、情感设计理念、差异化设计理念、人机交互设计理念、形式服从功能设计理念、仿生设计理念、需求设计理念等。

1.2.2.1 创新设计理念

创新是社会进步、国家兴旺的重要驱动力[11]。创新思维是一种用于提出新见解、新方法的思维方式。创新设计涵盖内容相对广泛，不仅包括产品造型的创新设计、产品材料的创新运用，还包括无形的创新思维方法、创新设计理念等。创新思维可以通过思考事物之间的不同联系，给人类社会带来具有价值的产物（比如：提升个人问题解决的能力，培养创造力，增强适应能力；推动社会进步，解决社会问题，促进经济发展）。

产品创新设计对企业的兴衰存亡起着重要作用，因此在产品设计过程中需要注重多学科知识共同发展，利用创新理念和创新技术实现创新应用，推动企业技术创新、品牌创新、管理创新。通过将技术创新与设计创新有机结合，创造出更符合用户需求的创新产品[12]。

1.2.2.2 协调设计理念

随着时代的快速发展，在满足物质生活的基础上，人们越来越重视精神生活和文化生活。在工业产品设计中，不仅需要考虑产品形态和功能要素，还需要协调产品与使用者间的相互关系，寻求质量优化和功能优化。通过最佳匹配产品成本和功能间的关系，最大程度地降低生产成本，设计出满足用户需求、市场需求和生态需求的产品。面对可持续转型所提出的多重设计挑战，通过对系统思维、协同创新等核心能力的培养，以提高参与可持续转型设计的能力[13]。

此外，人与产品、产品与产品、产品与环境之间的协调关系需要体现在产品设计中，通过人–机–环境的相互配合与相互协调，以用户需求为出发点，实现产品技术经济效益的稳固提高。

1.2.2.3　绿色设计理念

针对当前全球环境污染、生态破坏、资源浪费和温室效应等现象，以节约资源和保护环境为宗旨的绿色设计理念应运而生。

绿色设计理念要求在产品整个生命周期过程中，重点关注产品环境属性并将其作为设计目标，综合考虑环境、文化、社会等多类要素进行产品设计。在满足环境目标要求的同时，基于可拆卸，可回收、可维护、可重复利用等原则保证产品应有的功能、质量、性能等要求。在社会层面，强调组合设计和循环设计；在经济层面，提倡发展生态效益型经济的产品设计；在环境层面，强调使用材料的经济性和环保性，在不影响人类生活品质的前提下有效地、合理地利用现有资源，去开展既能保护环境、又能实现产品价值的设计活动。

1.2.2.4　可持续设计理念

工业与设计为人类创造了现代的生活方式，同时也加速了资源的消耗。可持续性设计应运而生，与之相关的设计概念还包括绿色设计、低碳设计、循环设计等。可持续性设计不仅要根据用户需求和市场需求考虑产品的美观性、功能性、趣味性等，更要考虑环境、社会和经济的持续性发展。20世纪80年代，世界环境与发展委员会发表了《我们共同的未来》报告，提出可持续发展的理念[14]。同时联合国及很多组织都已关注到可持续发展问题，这种以符合经济、社会及环境三者可持续发展，创造属于未来的、不会耗尽自然资源的设计理念被大众广泛接受，并在工业设计领域迅速发展。在产品设计过程中，设计师可将可持续理念与生态保护结合到一起，通过创新和鼓励公众参与的方法，促进社会与城市公平。

1.2.2.5　模块化设计理念

模块化设计理念是一种将系统整体拆分成多个独立模块的设计方法。产品各模块具有不同的功能，若单独模块发生故障，只需对其相关模块进行小范围的更换和调整，维护修理更为方便。采用模块化设计，不仅能够增加产品外观设计的灵活程度，提高整个系统的复用性和可扩展性；还可以提高产品质量和可靠性，降低产品成本。

1.2.2.6 以人为本设计理念

以人为本的设计理念强调用户体验，以用户需求为中心，通过深入调研和观察，完善产品功能和简化使用流程，提高产品的易用性和便利性。通过设计思维、研究用户真实需求去设计一个美感十足的产品，打造一个用户体验优秀的产品，将科技转化为产品。

1.2.2.7 简约设计理念

简约设计追求简洁和实用的设计理念，去除冗余元素和繁琐的装饰细节，突出产品的核心功能和价值（如实用性、功能性、舒适性）。简约设计的目标是提高产品品位、品质和体验，提高产品的可读性和易用性，是一种更高层次的设计境界。

1.2.2.8 情感设计理念

情感设计注重产品的用户情感表达和体验，通过不同色彩、材质、形态等元素，打造符合用户审美和情感诉求的产品外观。利用视觉（如浓艳的红色、灰沉的蓝色）、触觉（如光滑感、肌理感、粗糙感）等传递与设计相关联的情感体验，在设计层唤起用户的真实情感和共鸣，提升用户体验并影响用户认知，进而引导用户购买行为的产生。

1.2.2.9 差异化设计理念

在产品设计过程中依据不同的用户需求和偏好，突出产品个性和特点进行差异化设计。通过对用户需求进行深入探索，挖掘品牌文化和市场定位，为多元化的用户提供更加实用、有趣且具有个性化的产品。

1.2.2.10　人机交互设计理念

产品设计中以用户需求为出发点，充分发挥人机效能，突出产品设计的人机适应性、安全性、可靠性、功能性、通用性、舒适性等特点。考虑到产品的工作环境和任务需求，强调产品和环境的设计应该服务于人（如操作简便省力、迅速准确、安全舒适且心情愉快），从而提高人的生活和工作效率。

1.2.2.11　形式服从功能设计理念

形式服从功能这一设计理念最初由路易斯·汉密尔顿·沙利文提出。他强调建筑设计应该遵循内在的功能需求，而不是单纯追求外在的形式美。在产品设计中，以创造人类美好生活为目标。通过寻找形式与功能之间的平衡点，提高产品品位、品质和体验，设计出具有美观性和功能性的产品。

1.2.2.12　仿生设计理念

仿生设计理念是一种源于对自然深入研究的设计方法。仿生设计通过学习和模仿自然界的演化和优化过程，强调与自然界的和谐共生，追求最佳的产品结构和产品功能的有效组合，实现产品设计的可持续发展，提升产品设计的效率和性能。

1.2.2.13　需求设计理念

需求设计是产品生命周期的启始阶段，通过挖掘需求、收集需求、整理需求，对不同类型的需求进行分层整理。

例如，利用通用四项限法，将需求信息划分为重要且急需解决的需求（立刻实现）、重要但不紧急的需求（择期实现）、不重要但需要解决的需求（考虑实现）、不重要且不紧急的需求（观察）。

例如，利用KANO模型，将需求信息划分为基本型需求（即必备需求）、期望型需求（即期望需求）、兴奋型需求（即超出预期需求）。根据需求的不同程度，进行重点解决和实现。

例如，马斯洛需求层次理论将需求信息划分为生理需求（包括食物、空气、水等）、安全需求（包括人身安全、环境安全等）、社交需求（包括友情、亲情、爱情等）、尊重需求（包括成就、地位等）、自我实现需求。根据需求的不同层次进行需求实现，以达到提升用户满意度的目的。

1.3 工业设计的方法与价值

1.3.1 设计方法

工业设计的方法与理论多样，如满足用户的多样化需求的组合设计方法、激发创造性思维的头脑风暴法、表达发散性创新的思维导图方法、利用计算机技术和软件来实现产品设计的计算机辅助设计方法、以消费者为导向的功能-行为-结构模型设计方法、探求用户需求的质量功能配置方法、提高产品可靠性的六西格玛设计方法等。

1.3.1.1 组合设计方法

为满足用户的多样化需求，需要将产品部件设计成具有不同用途（或不同性能、功能、价值等）的模块化部件[15]。组合设计方法指借助机械设计的相关知识，通过形态、结构、功能、材质、工艺等的改变和改善，有机地把多个单元空间组合起来，协调地构成产品整体。

在市场竞争日益加剧的情况下，组合设计方法可以根据用户具体需求，选择性地对产品各设计模块进行增减，满足多样化的市场需求。通过寻求新的产品组合途径，使企业的系列产品能以最低的成本设计并生产出来。

1.3.1.2 头脑风暴方法

头脑风暴法是一种激发创造性思维和创新设想的方法。该方法起源于美国，鼓励参与者打破常规、积极思考、畅所欲言并无限制地自由联想和讨论，以产生新观念或激发创新设想。

在群体决策中，头脑风暴法打破群体决策的弊端（易屈从于权威或大多数人意见，形成所谓的群体思维），保证群体决策的创造性和实用价值。该方法不仅适用于个人，也适用于团队，是一种广泛应用的分析过程和方法。

1.3.1.3 思维导图方法

思维导图法是一种表达发散性思维的有效图形创新方法，该方法为激发设计灵感和创意而生，并将思维形象化。思维导图运用图文并重的技巧，利用图像式思考并辅助设计师进行创新设计。

思维导图用一个重点关键词（如美观、实用、功能等）连接相关代表字词、想法或其他关联项目，并呈现出放射性的立体结构。通过利用思维导图，充分调动左右脑的运动机能，协助人们在科学与艺术、逻辑与想象之间平衡发展。该方法可以提高人们的思考能力和创新能力。

1.3.1.4 计算机辅助设计方法

计算机辅助设计是利用计算机及其图形设备帮助设计人员进行的设计。基于计算机辅助设计，利用相关软件来协助设计人员创建、修改、分析和优化设计。

依据软件的功能和特点，将计算机辅助产品设计软件分为二维平面软件（如处理各种图像文件的Photoshop软件，创建矢量图、图形插图和绘画等的Adobe Illustrator软件，在平面设计领域具有广泛应用的CorelDRAW软件）和三维立体软件（如帮助用户创建物理结构设计或模型的AotoCAD软件、具有计算机辅助设计-计算机辅助工程-计算机辅助制造功能的一体化软件CATIA、广泛应用于机械设计行业和模具设计领域的Unigraphics NX软件、具有功能强大且易学易用和技术创新特点的Solidworks软件、具有全相关三维参数化设计的PTC Creo软件、具有高级数字设计和造型可视化的Autodesk Alias软件等）。通过计算机技术和软件可以有效实现产品设计的全过程。

1.3.1.5 功能-行为-结构模型设计方法

功能-行为-结构模型（Function-Behavior-Structure，FBS模型）是一种帮

助设计师理解和设计产品的方法论[16]。这种方法涵盖了产品从功能需求（如实用性、可靠性、舒适性等）到物理形态（如材料选择、部件配置和制造工艺等）的全方位考量。

功能-行为-结构模型可以帮助设计师更好地理解产品各组成部分及其之间的关系，了解产品从功能到结构的对应关系，提高产品设计与开发效率，从而提升产品的整体质量和用户体验。这种模型相对广泛地应用于工业设计、机械设计等不同领域。虽然功能-行为-结构模型在应用过程中存在一定的局限性：该模型可能需要一定的时间和精力去学习和应用，并不适合所有类型的设计项目等。尽管如此，功能-行为-结构模型可以提高产品设计系统的可靠性和有效性，在产品设计过程中的作用也越来越重要。

1.3.1.6 质量功能配置方法

质量功能配置是一个探求用户需求的经典工具，是一种把顾客需求转化为产品设计要求的、以质量屋直观矩阵为发现问题工具的分析方法。它最初由日本学者提出，20世纪80年代被介绍到欧美后在世界范围内得到迅速推广[17]。该方法以满足用户需求为出发点，在产品开发过程中对于连接用户需求与产品属性具有重要的现实意义。目前国内外学者对于质量功能配置的定义众说纷纭，结合目前国内外发展趋势，对其做如下诠释：从产品的可行性分析到投产的全过程中，均以顾客需求为驱动力，以最大化地了解和满足顾客的真实心声及缩短产品设计周期为目的、以循序渐进地展开产品质量标准为过程的一种将顾客需求信息准确有效地转化为待设计产品技术特性的系统化的产品设计和规划方法。

质量屋是一种直观矩阵的表达形式，是质量功能配置的核心工具。随着社会的进步和研究的发展，在综合考虑到产品设计开发过程的合理性、高效性的基础上将顾客需求信息、市场产品竞争动态信息等新锐产品信息与诸如产品技术特性、生产工艺、产品材料等传统产品信息集成，形成较全面的传递顾客需求和技术特性相互关系的产品质量功能表。

为实现产品设计中用户需求的有效转化，基于质量功能配置，构建表示用户需求向产品设计的质量屋转化模型。

质量屋模型包含以下几部分模块。

①用户需求（表示用户需求信息，位于质量屋的左部。通过互联网技术获取用户原始需求，将有价值的需求信息作为研究对象输入至质量屋的需求部分）。

②用户需求权重（表示用户需求的权重系数及重要程度排序）；用户需求的自相关矩阵（表示用户需求各要素间的自相关关系）。

③产品设计的技术特性（表示基于用户需求的产品设计的技术特性，位于质量屋的上部）。

④技术特性权重（从产品设计技术特性实现的经济性、环境性、技术性、功能性等因素着手进行度量，表示技术特性重要度的确定及排序）。

⑤技术特性自相关矩阵（表示产品设计技术特性各要素间的自相关关系，位于质量屋的顶部）。

⑥用户需求与技术特性的关系矩阵（表示产品用户需求与技术特性间的关联程度，位于质量屋的中部）。

⑦竞争性评估矩阵（表示同类产品的竞争性关系，位于质量屋的右部。以市场为导向，从产品的实现成本、功能质量、社会价值等影响竞争力的因素着手进行度量）。

众多国内外企业在质量功能配置的指导下，开发设计出了具有市场竞争力的受顾客喜爱的产品，在最大化地满足顾客对产品真实需求的同时，缩短了产品设计周期、降低了生产成本，对企业产品的成功开发有着重要的现实意义。例如，美国福特公司、通用汽车公司、惠普公司等都采用质量功能配置的方法进行产品开发和设计，并取得了成功。但是质量功能配置也具有一定的局限：由于顾客需求在产品开发设计中的重要地位，顾客需求信息的全面获取和准确分析对后续的设计工作有着至关重要的意义，若前期顾客需求信息的获取和分析掺杂水分，则会影响到整个产品开发设计的有效性和可行性。

1.3.1.7 六西格玛设计方法

六西格玛设计是一种在提高产品质量和可靠性的同时降低成本和缩短研制周期的有效方法[18]。

基于六西格玛的产品创新设计，可采用识别—分析—设计—优化—验证流程进行设计。

（1）产品创新识别层。

本层主要对产品研发策略进行分析。通过对产品前期相关数据的搜集，利用发明问题解决进化理论的S曲线分析产品的技术成熟度，判断该产品所处的生命周期（婴儿期、成长期、成熟期、退出期）、研发手段及研发策略（结构参数优化、功能参数优化、外观参数优化、材料参数优化等）。

（2）产品创新分析层。

本层主要通过聚类分析法探究顾客需求，头脑风暴法界定创新问题。把产品研发策略作为输入，组建专家小组，以调查问卷的形式对顾客需求进行分析研究。获取使用者、购买者等直接顾客的需求，以及媒体、企业等间接顾客的需求，还要对顾客的基本需求、期望需求等其他需求进行满足。通过聚类分析法将所收集到的顾客需求的数据标准化。专家小组成员根据聚类分析法得出顾客需求的分类，应用头脑风暴法突破思维障碍和心理约束来发散思维，借助参与者间的知识互补、信息刺激提供创新有价值的思路进行问题界定与求解。

（3）产品创新设计层。

本层通过发明问题解决理论中的分析工具和问题解决工具。把冲突作为输入，根据不同的冲突判定标准，利用TRIZ语言分析推断冲突的种类：物理冲突、技术冲突。因地制宜地运用不同的矛盾分析方法解决问题。当确定为技术冲突时，利用39个通用工程参数描述冲突，再用40条发明原理去解决冲突；当判断为物理冲突时，可利用四大分离原理将具体问题具体分析；也可利用效应知识库解决或借助76个标准解分析物质—场模型来解决问题。如矛盾冲突未能解决，则重新返回到上一步，重新对冲突进行界定、分析。

（4）产品创新优化层。

把界定层不存在冲突的方案和经过设计层冲突解决后的方案作为输入，在保证产品质量、成本的前提下，为使企业利益最大化，对冲突解决方案进行优选。通过质量功能配置中质量屋的自相关矩阵、关系矩阵及客户权重矩阵对各个矛盾解决方案进行各方面的权重系数分析，并计算出最优的矛盾解决方案的模型。

（5）产品创新验证层。

输入最优设计，通过可靠性试验分析产品现状，发现产品在设计、材料和工艺方面的各种缺陷，以提高设计成功率、减少维修费用为目的，提高产品的可靠性。通过前期理论的研究，利用工程试验或统计试验确认其是否符合可靠性的定量要求，输出最终产品。

1.3.1.8 发明问题解决理论

发明问题解决理论（即TRIZ理论），是由阿利赫舒列尔在探究世界各地数以百万件高水平专利的基础上，提出以解决发明问题冲突为目的的一种可缩短产品发明周期、提高产品发明效率的系统化的创新方法理论系统[19]。发明问题解决理论认为产品设计是有规律可循的，具有可预见性和可控性。

发明问题解决理论是一种集多学科领域知识为一体的、以技术系统进化理论为核心的解决设计冲突的创新方法理论。将广泛存在于产品设计中的冲突进行识别与分类，通过利用该理论中的分析冲突工具（冲突矩阵、物质—场模型、发明问题解决算法等）对冲突进行层次化判定，最后以诸如发明原理、标准解、知识效应库等作为解决冲突的工具求得问题解。而冲突的有效解决，是产品创新设计的重要过程。

自1946年苏联发明家阿利赫舒列尔等学者开创了发明问题解决理论后，这种以传统方法解决冲突的被动局面被扭转，通过该理论一系列基于知识的分析、解决问题的有效工具，发现产品设计中所存在的冲突并求得冲突的创新解，为产品的创新设计指明正确的方向。

（1）发明问题解决理论的基础。

阿利赫舒列尔等学者提出TRIZ技术系统的八大进化法则[20]：提高理想度法则；子系统的不均衡进化法则；动态性和可控制性进化法则；S曲线进化法则；增加集成度再进行简化法则；子系统协调性进化法则；向微观级和场的应用进化法则；减少人工介入的进化法则。这些法则对于准确预测产品的未来发展趋势、有效解决产品的创新问题、开发设计出具有市场竞争力的产品等方面具有巨大的现实意义。

（2）发明问题解决理论的分析工具。

发明问题解决理论的分析工具包括矛盾矩阵、物质-场模型、ARIZ冲突分析等[20]。矛盾矩阵由描述冲突的39个通用工程参数和解决冲突的40条发明原理构成。物质-场模型是一种冲突描述及分析工具，它将产品所有功能分解为两个物质和一个场。对于冲突背景较复杂和冲突现象较模糊的技术系统而言，采用ARIZ冲突分析，逐步将复杂和模糊的问题程式化，直至最终找到冲突的解决方案。

（3）发明问题解决理论的解决工具。

发明问题解决理论的解决工具包括40条发明原理、分离原理、76种标准解等[21]。

40条发明原理可涵盖大多数技术领域问题，并可以用来解决产品设计中的冲突问题。40条发明原理概述详见表1.1。分离原理是为解决物理冲突的原理，主要包括时间分离原理、空间分离原理、条件分离原理、整体与部分分离原理四大原理。76种标准解是以物质-场模型的构建为基础的一种基于技术系统进化理论的冲突解决方法。

表1.1 发明原理（即苏联发明家阿利赫舒列尔创建的40条发明原理）

序号	原理	内涵
1	分割	把一个物体分割成相互独立的几部分
2	抽出	将物体中带有负面因素的部分或属性抽出
3	部分改变	把物体或属性的同质结构转变为异类结构；组成物体的不同部分具有不同功能，且最大化发挥其各个部分的功能

续表

序号	原理	内涵
4	非对称性	将对称形式转变为非对称形式，增强其非对称性
5	组合	将同一性质的物体或作业在同一时间组合
6	多功能	一个物体同时具有可代替多个功能的复合功能
7	嵌套构成	一个物体嵌套在另一物体之内，而另一物体又嵌套在第三个物体中
8	重量补偿	调节物体的重量使之与另一物体平衡，通过与各学科的相互作用实现物体的重量补偿
9	预先反作用	预先对物体的部分或整体施加反作用力，使之发挥更好的作用
10	动作预置	预先对物体的动作、机能等方面设置必要的改变
11	事先防范	提前对物体所造成的负面影响采取适当的应急对策，提高可靠性
12	等位性	通过对物体动作位置等方面的改变，使其保持等位性，方便其运行
13	反向作用	用相反的动作代替问题中所规定的动作（变动为静、变内为外等）
14	曲面化	用曲线、曲面、球面、球形或螺旋等形状或结构替代直线、平面或立方体结构；应用离心力、旋转运动替代直线运动
15	动态性	调节物体部分与整体或各部分间的状态、环境或性能，使其运行状态达到最优状态
16	过渡的动作	通过加大物体的动作幅度，简化问题
17	一维变多维	用做二维平面运动的物体替代做一维直线运动的物体，用做三维空间运动的物体替代做二维运动的物体；用多层结构替代单层结构；侧向或倾斜放置物体
18	机械振动	使物体处于振动状态；提高处于振动状态物体的振动频率；利用共振频率；用机械振动代替压电振动；超声振动和电磁场耦合
19	周期性动作	用周期性的动作代替连续性动作；改变正运行的周期性运动频率
20	连续有用动作	有用动作的持续性，消除空闲动作或中间性动作的运行
21	控制有害动作	在超高速的状态下运行有害的或危险的动作；减少有害作用的时间
22	变害为益	输入有害的因素，输出有益的结果；结合有害因素，变害为易；增大有害动作的幅度直至将其消灭
23	反馈	把反馈引入到系统中，调整系统中已引入反馈的大小或作用
24	中介	利用中介物实现所需动作；把一物体与另一易去除物体暂时结合
25	自助服务	具有自我辅助维护等功能的物体；善于利用废弃能量
26	复制	用简单低价的复制品取代昂贵、复杂、易损的高成本物体；用诸如图像等光学复制品替代实物系统；用有色光替代可见光复制品
27	廉价替代品	用大量廉价、短期效的物体替代昂贵耐用的物体实现相同作用

续表

序号	原理	内涵
28	机械系统替代	用光学系统、听觉系统、嗅觉系统替代机械系统；使用与物体相互作用的电场、磁场或电磁场；使用运动场替代静止场、时变场替代恒定场
29	气压和液压机构	用诸如充气结构、充液结构、气垫、流体动力结构等具有气体或流体的结构替代物体的固体部分
30	柔性壳体或薄膜	用柔性壳体或薄膜替代实体结构；将物体与环境隔离
31	多孔材料	使物体变为多孔性或加入具有多孔性的物体；在多孔性结构物体的小孔中，引入某种物质使系统更完善
32	改变颜色	改变物体或周围环境的颜色；改变难以看清的物体或环境的透明度
33	同质性	用具有相同特性的相同材料或相近材料制成相互作用的两个物体
34	抛弃或再生	利用溶解、蒸发等手段对已完成或失去有效性的物体零部件进行抛弃或再生；补充系统运行中消耗或减少的部分
35	物理或化学参数的改变	改变物体的凝聚状态、浓度、密度、柔性程度、温度等物理或化学参数
36	相变化	利用物质相变化时产生的效果
37	热膨胀	使用热膨胀或热收缩的材料；组合使用不同热膨胀系数的材料
38	强氧化剂	用富氧空气替代普通空气；用纯氧替代空气；对空气或氧气中的物体进行电离辐射；使用离子化氧气；用臭氧替代离子化氧气
39	惰性环境	用惰性环境替代普通环境；使用真空环境
40	复合材料	用复合材料替代均质材料

1.3.2 工业设计的价值

在工业设计中，设计理念的发展越来越广泛和深入。工业设计是以工业产品为主要对象，综合运用科技成果和社会、经济、文化、美学等知识，对产品的功能、结构、形态及包装等进行整合优化的集成创新活动。工业设计又与工程设计有所不同，工程设计注重解决物与物间的关系，以完成力的传递或能量的转化。例如，解决齿轮之间的磨损问题、混凝土及其结构耐久性问题、钢结构桥梁耐久性等工程问题。工业设计是一种创造性的活动，主要解决人与物之间的关系。例如，人使用的物（即产品生理功能），人想购置的物（即产品心理功能），人被物的陶冶（即产品审美功能），改善环境的物（即产品社会功能）。工业设计师不但负有设计产品的职责，更负有设计人类新的生活方式、设计社会新环境和设计新未来的责任。

工业设计的创新价值见图1.8。

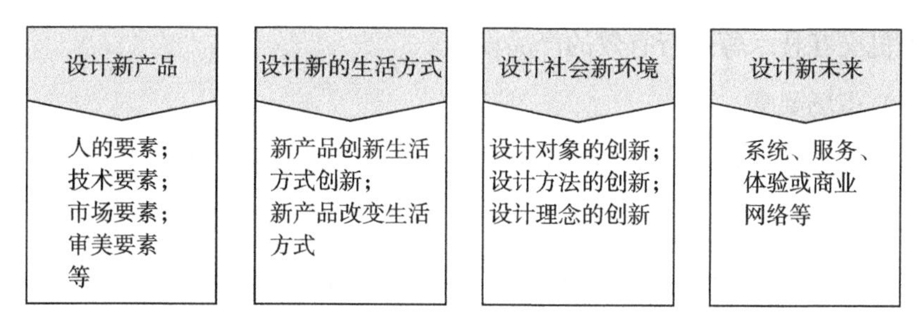

图1.8　工业设计的创新价值

1.3.2.1　设计新产品

随着新技术的发展和市场竞争的日趋激烈，新产品的开发与设计是企业生存发展的关键因素。新产品开发涉及项目确定、市场预测、科学研究、设计和工艺、工程和制造、质量标准、设备投资、成本核算、市场销售等各方面内容，是一项复杂的系统工程。为保证新产品的开发质量和开发效果，企业需要了解新产品开发的实际内涵，以便掌握合乎客观规律的方法和步骤，体现并实现产品价值。

生活处处离不开产品，也离不开产品设计。产品设计不仅包括航空、航天、航海、装备制造、人工智能等领域的设计，还包括家具家电、生活用品、公共商业、交通运输等领域的设计，产品设计与我们的生活息息相关。

设计新产品离不开以下四个要素。

（1）人的要素。

在全生命周期的产品设计中，用户与产品之间的相互关系被关注。在产品开发设计、交互设计、用户体验、人机工效设计与仿真等领域，基于人类工程学、用户心理学、行为学等学科知识，依据用户的生理、心理需求进行特定产品的研究分析，使得用户、产品与环境成为一个有机整体。

（2）技术要素。

产品设计的技术要素，不仅需要关注产品工程学、材料与生成工艺学、设计管理学、机构学等学科知识，还需要利用计算机辅助技术、感性工学分析技术、人机交互技术等进行有效的产品设计。

（3）市场要素。

市场是企业的根本，市场的发展战略很大程度上影响产品设计的发展方向。产品与市场的紧密结合是实现产品价值的重要方式，市场开发与定位、市场发展趋势、市场统计分析、销售方式与手段等内容需要考虑到全生命周期的产品设计中。

（4）审美要素。

产品审美由体积、色彩、形态和图案等多个要素决定，通过对形态学、色彩学、设计心理学、产品语义学的研究，结合不同的审美要素来打造独特的产品设计风格，对产品的造型艺术、审美趋势和艺术文化等方面进行实践。

1.3.2.2 设计新的生活方式

设计具有双面性：好的设计可以为企业带来利益，促进企业经营发展，且方便人们的衣食住行，提高生活幸福指数；但不好的设计会给企业带来一定程度的损失，影响用户的使用体验和工作效率。因此，创新的、实用的、唯美的、可持续性的设计逐渐被大众所接受和喜爱。

随着社会的进步和科技的发展，设计在逐渐改变着人们的生活方式。

（1）新产品创新生活方式。

设计通过科学技术发明新产品和新服务、改良产品的形态和使用方式，给人们带来了新的体验，从而改变人们的生活方式。

例如，在出行方式上，从曾经的马车、驴车到后来的自行车、汽车、电车，火车、高铁、飞机，共享单车、共享汽车的出现，离不开新产品的设计和开发；在通信交流方面，从原来的烽火、书信到后来的座机电话、移动手机、网络信息、人工智能、增强现实、虚拟现实等，越来越多的科技手段被应用于产品设计和服务设计中。

（2）新产品改变生活方式。

基于新的生活方式演变出了新的设计需求。通过有效设计可以提高产品的附加值，即精神品位和象征价值，引导和塑造人们的精神需求、情感心理、个性风格，从而提高人们的幸福指数。

例如，在经济下行的环境下，年轻群体无法独立负担一套住房，越来越多的家庭正在恢复传统多代同堂的生活条件，小户型住宅多样性空间设计的需求逐渐出现。

1.3.2.3 设计社会新环境

为实现社会公平、民主和协调发展，共同创造具有强大包容性和文化多样性的社会，需要关注各类社会问题。通过以人为本、为社会底层群体设计能够满足其基本需求的产品，实现社会的公平发展。

设计社会新环境可以体现在三个方面。

（1）设计对象的创新。

通过对设计对象的更新与放大（包括普通人群、特殊人群等），让更多的社会人群享受到社会服务。

例如：专为儿童或身残人士设计的水槽（水槽的设计通过底部的简单斜切面，使水槽在轻微受力下向外侧倾斜到一定的角度，方便儿童或身残人士使用）。例如：专为残障人士设计的易于出行的公共汽车（车门处设计有踏板和翻板，便于轮椅、推车等出入车厢；车厢内设计有宽敞的通道，保障了各类工具的顺畅通过，同时也为乘客提供了足够的活动空间和良好的乘坐体验）。

（2）设计方法的创新。

致力于社会创新和可持续发展研究，任教于米兰理工大学的教授埃佐·曼奇尼在出版于2015年的《设计，在人人设计的时代》中指出："社会创新设计并不仅仅是指具备社会责任的设计，不仅需要服务弱势群体，更需要服务于普通民众，不论是老人，还是移民，或者是上班族，只要人们参与解决日常问题的过程，并且最终提出了不同寻常的解决方案，就是在进行社会创新设计。"通过采用参与式协同设计的各种方法进行创新研究，以达到最大的社会影响力。

（3）设计理念的创新。

设计理念创新是设计技术表现方式创新的前提和基础，其中创新思维是非常重要的一环。通过创新思维，在设计过程中围绕人的情感和心理从审美的角度，关注社会各个群体的物质需求和精神需求，将由社会群体主导并实施的设计发展为主流方向，赋予设计作品以新的高度和深度。设计理念不仅要具有美观性、时代性、创造性和合理性，还需要融合多元文化并注重人-物-环境的和谐统一。

1.3.2.4 设计新未来

工业设计是一种将创新、技术、商业及用户紧密联系在一起的创造性活动。通过发现要解决的问题、重新解构问题、提出解决方案、建立可视化方案模型等，为搭建产品服务体系、打造"产品+服务"的一体化服务体验，提供新的价值以及竞争优势。

设计改变未来，设计是生活方式的创新。清华大学教授柳冠中在主题演讲《设计改变未来》中提出："工业设计是创造更合理、更健康的生产方式。"工业设计的根本目的是创造性地解决问题，不仅要解决今天的问题，还要提出未来的愿景。设计早于科学技术，设计的美不是孤立的视觉美，而是和材料美、工艺美、结构美统一的。未来的城市、养老、教育等都是通过设计来创造一种健康的生存方式。

以智慧养老产品的老龄化设计为例：面对全球严峻的老龄化形势，老龄化视角下的设计研究逐渐受到关注。通过注重老年人物质和精神需求的满足，探索老龄化视角下智慧养老产品设计的思维与策略，设计诸如智能拐杖、智能淋浴设备、智能服务机器人等智慧养老产品，可以帮助减轻老年人使用过程中的障碍，担负起产品设计适老化的责任。同时，融合智慧化技术，升级和改善传统的养老理念和模式，可以助力智慧养老新兴产业的协同发展、推动友好型老龄社会的快速形成。

随着大规模自动生产的出现，产品生产成本相对降低，部分用户为了低价格的产品逐渐忽略了产品设计本身。随着产品同质化的出现，为唤起产品与人们情感的联系，应通过改善产品人体工程学、美学和功能性的创新设计，鼓励用户重拾对生活品质的追求，让设计带来美好生活。

1.4　小　结

本章对工业产品设计内容进行相关概述，包括工业设计的历程与定义、分类与理念、方法与价值。

（1）工业设计以技术为手段进行产品创新，提升产品美学和用户体验。

（2）工业设计通过对社会责任感的思考，传达环保理念和社会可持续发展策略，增强社会责任感。

（3）工业设计以用户需求为出发点，提升品牌价值和市场份额，为企业创造直接效益。

（4）工业设计提升了消费者的生活品质和体验，也极大地提升社会性美育。

参考文献

[1] 何人可. 工业设计史[M]. 北京：高等教育出版社，2019.

[2] 王受之. 世界现代设计史[M]. 北京：中国青年出版社，2013.

[3] 中华人民共和国国民经济和社会发展第十一个五年规划纲要[EB/OL].（2006-03-14）[2024-08-23]. https：//www.gov.cn/gongbao/content/2006/content_268766.htm.

[4] 中华人民共和国国民经济和社会发展第十二个五年规划纲要[EB/OL].（2011-03-16）[2024-08-23]. https：//www.gov.cn/2011lh/content_1825838.htm.

[5] 关于推进文化创意和设计服务与相关产业融合发展的若干意见[EB/OL].（2014-02-24）[2024-08-23]. https：//www.gov.cn/gongbao/content/2014/content_2644807.htm.

[6] 中华人民共和国国民经济和社会发展第十三个五年规划纲要[EB/OL].（2016-03-17）[2024-08-23]. https：//www.gov.cn/xinwen/2016-03/17/content_5054992.htm?source=1.

[7] 中华人民共和国国民经济和社会发展第十四个五年规划和2035年远景目标纲要[EB/OL].（2021-03-13）[2024-08-23]. https：//www.gov.cn/xinwen/2021-03/13/content_5592681.htm?eqid=a1446870001730f000000026480655e.

[8] 十四五”期间，我国将大力推动工业设计发展[EB/OL].（2021-03-16）[2024-08-23]. https：//baijiahao.baidu.com/s?id=1683298045165104365&wfr=spider&for=pc.

[9] 樊佳爽，余隋怀，初建杰，等.面向工业设计云服务平台的多目标创意设计评价方法[J].计算机集成制造系统，2019，25（1）：173-181.

[10] 卡尔·乌利齐.产品设计与开发[M].北京：机械工业出版社，2018.

[11] 李彦.产品创新设计理论及方法[M].北京：科学出版社，2012.

[12] 季铁，闵晓蕾，何人可.文化科技融合的现代服务业创新与设计参与[J].包装工程，2019，40（14）：45-57.

[13] 张凌浩，胡伟专.设计未来：作为可持续转型的设计思维，方法及教学[J].南京艺术学院学报：美术与设计，2022（6）：42-48.

[14] 王剑，吴娟."可持续发展"理念的首倡及其意义——《我们共同的未来》述评[J].铜仁学院学报，2014，16（6）：62-65.

[15] 汤莲花.高速铁路客运产品组合设计方法研究[D].北京：北京交通大学，2013.

[16] 宋端树，张善超，朱桐，等.基于FBS模型和TOPSIS法的手部康复产品设计[J].机械设计，2023，40（10）：170-176.

[17] FAN J S，YU S，YU M，et al. Optimal selection of design scheme in cloud environment：A novel hybrid approach of multi-criteria decision-making based on F-ANP and F-QFD [J]. Journal of Intelligent & Fuzzy Systems，2020，38（3）：3371-3388.

[18] HU Z，FAN J，QIAO X，et al. Study on an innovation design model based on creative design methods and DFSS [J]. International Journal of Multimedia and Ubiquitous Engineering，2014，9（6）：233-242.

[19] 樊佳爽. QFD和TRIZ集成在儿童滑板车概念设计中的应用研究[D].西安：陕西科技大学，2014.

[20] 高常青，TRIZ-明问题解决理论[M].北京：科学出版社，2011.

[21] 赵峰，创新思维与发明问题解决方法[M].西安：西北工业大学出版社，2018.

第2章　工业设计产业的发展——振兴设计工业

工业设计与产品、企业、市场有着密切的关系，工业设计的质量关系到企业未来发展和产业结构的优化调整。本章对工业设计的产业发展情况、工业设计的产业发展趋势、工业设计的产业发展案例进行概述。

2.1　工业设计产业发展的情况

2.1.1　工业设计产业发展的背景

产业是社会分工的产物，是社会生产力不断进步的结果。从不同角度来看，产业既可以指各种行业，也可以指在工业生产方面的个人私有财产。依据经济活动的不同属性，可以对产业进行定义。广义上的产业包括一切从事生产物质产品和为生产、生活服务的元素的总和；狭义的产业特指工业[1]。

工业设计是融合科学、技术、文化、艺术等为一体的集成创新型产业，是未来产业的核心竞争力。在当今科技创新趋势下，发展工业设计产业、提升产品品质、促进产业转型升级尤为重要。要通过工业设计推动现代服务业和先进制造业的和谐发展，助力打造更具核心竞争力的现代产业集群，实现完备的产业体系构建。

工业设计产业的发展背景具体如下。

2.1.1.1　工业设计产业发展的全球化战略格局

工业设计是处于关键地位的创新性产业。基于工业设计在国民经济发展、制造业提升和企业竞争中的重要性，不少国家和地区将工业设计的定位上升至国家战略层面。工业设计的产业发展已成为世界各国经济增长的聚焦点之一。

（1）德国。

在20世纪初德国率先成立了工业设计联盟，并结合科技、技术、艺术等各方力量整合设计资源，共同解决工业设计问题，为德国现代工业品牌优势奠定了坚实的基础。德国政府于2006年和2010年提出了两个全国性的高科技政策，2014年德国政府开始实施新一轮高科技战略，旨在提高德国高科技领域的竞争力。

在生产制造业的自动化和信息化发展趋势下，德国在2013年举行的汉诺威通信和信息技术博览会上正式推出了“工业4.0平台”。该平台以人为核心、将制造业与信息技术相结合，通过信息物联网和服务互联网的制造业融合创新，稳固提升德国全球制造业地位，以实现为人类提供便利的核心战略点。

智能工厂、智能生产、智能物流是德国工业4.0的三大主题。德国工业4.0目的在于实现智能制造，大力发展物联网和信息技术[2]。从世界上第一所完全为发展现代设计教育而建立的包豪斯学校到如今的“工业4.0”，德国的工业设计仍然处于世界领先地位。不论是狭义的工业设计概念，还是广义的设计产业理论，德国设计中简约严谨、重细节、多功能等特点成为设计界的品质标杆，在高精制造业和汽车工业等方面引领了很多国家的前进方向。纵观德国设计产业发展的历史，注重理性原则、功能原则、人体工程学原则的德国设计，创造了设计产业的繁荣局面。

（2）美国。

美国在早期没有建立相对完备的设计产业政策，但对教育和科研的关注毫不逊色于欧洲国家。第二次世界大战（以下简称“二战”）结束后美国的工业设计经历了巨大发展，许多优秀设计师的设计理念、设计方法和设计风格成为设计界的基础和精髓。例如，被誉为20世纪最伟大的工业设计师之一的雷蒙德·洛伊，其设计强调简洁性、功能性和先进性，注重实用性和美观性的结合。其设计的康宝莱牌子弹头火车和凯迪拉克汽车，在设计中融入了流线型元素，增强了速度感并成为当时的经典之作。同时美国也一直致力于维护设计产业竞争的公平性，建立了严格的知识产权保护体系来推动设计产业的发展。苹果公司、波音公司等知名企业借助政策优势长期引领国际市场潮流。

在1929年经济大危机后，美国独立的工业设计行业开始发展。1992年“设计美国”的战略口号被提出，将设计优势转化为经济优势的发展战略成为焦点。美国通过调整经济结构、加强设计产业、制定相关设计法律、扩大设计专利保护范围等措施，强化工业设计的国际保护，并推动达成了《与贸易有关的知识产权协议》，使工业设计上升至保持美国竞争优势的国家战略。

21世纪初美国设计被赋予了新的使命。例如：反思当下热点话题、创造可持续性产品、发展数字经济、服务互联网与制造业融合等。2012年美国开启了制造业创新网络计划，将创新设计作为国家先进制造战略规划、国际制造创新网络战略规划的重点支持领域。2022年美国发布制造业创新亮点报告，提出加强美国制造产业供应链、建立创新生态系统、促进合作应用研发的发展战略。

纵观美国设计产业的发展历史，经历了19世纪手工艺设计时期、20世纪初工业化生产探索时期、20世纪80年代转型和发展时期、21世纪新变化和新使命时期。崇尚自由、注重多元风格和实用舒适的美国工业设计，促进了美国设计产业的繁荣局面。

（3）韩国。

韩国工业设计的发展可以追溯到20世纪60年代，当时韩国已经通过制造电子、家电和汽车等产品，进入了工业化时代。韩国的设计理念注重美学性、功能性和创新性，突出实用主义和用户需求，强调人性化设计（即设计需要满足人们的需求、习惯和心理），并将设计与环境保护结合起来，实现持久的可持续化发展。

韩国是较早将设计产业上升到国家战略发展层面的亚洲国家。20世纪末韩国提出促进设计产业发展的相关计划，从各方面对设计产业提供支撑。21世纪韩国的工业设计取得了一定程度的突破，在世界范围内具有广泛的影响力。韩国提出“创意韩国2030”计划，通过整合创造力和设计思维，为韩国的创新、科技、设计、产业等领域发展奠定基础。

（4）日本。

日本的工业设计于二战后开始进入快速发展期。20世纪中期松下幸之助从美国返回日本后，提出“今后日本将进入一个设计的时代”。20世纪60年代日本的工业设计迎来了一次思潮变革，设计师开始注重产品的实际功能，提倡简约、实用、环保的设计理念，追求用户体验和人机交互的完美结合，还注重产品与环境的和谐。例如，汽车设计中不仅注重汽车性能和外观，也关注到设计对于环境和社会的影响。

二战后日本的工业设计进入快速发展期。设计管理理论起源于英国、实践于日本[3]。1969年日本正式设立“日本产业设计振兴会”。1988年日本政府发布《90年代日本设计政策》。1997年日本制定了《工业设计商品选定制度》。2015年日本经济产业省公布《2015年制造白皮书》，提出日本设计产业的未来发展方向：借力物联网、云计算等手段推动设计产业创新和商业模式的变革。

技术创新是工业设计的核心驱动力之一。随着数字化和智能化的发展，世界各国愈加重视智能产品和相关产业的发展。如智能家居设备、智能医疗器械、智能助行设备等。市场需求的变化为工业设计产业的创新发展提供了新空间和新机遇。

2.1.1.2 工业设计产业发展的国家政策性指引

工业设计是实现集成创新、协同创新的重要手段。作为发展中的大国，我国的工业设计起步较晚，但经历了较快发展。这充分得益于国家的高度重视和一系列政策文件的出台，见图2.1。

(1)《关于促进工业设计发展的若干指导意见》。

2010年，工业和信息化部、教育部、科学技术部、财政部、人力资源和社会保障部、商务部、国家税务总局、国家统计局、国家知识产权局、中国银行业监督管理委员会、中国证券监督管理委员会联合下发《关于促进工业设计发展的若干指导意见》[4]。该意见明确指出了发展工业设计产业政策导向和工作措施，将设计产业的发展和创新上升到国家层面，明确了促进工业设计发展的指导思想、发展目标和重点举措，是全面指导工业设计发展的第一个政策性文件。

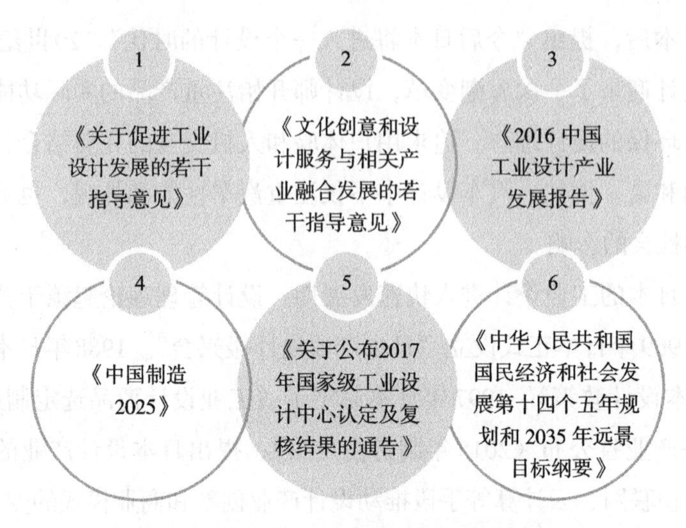

图2.1 工业设计产业发展的国家政策性指引

(2)《文化创意和设计服务与相关产业融合发展的若干指导意见》。

2014年，为促进设计公司更快与产业融合，国务院发布了《文化创意和设计服务与相关产业融合发展的若干指导意见》[5]，确立了与设计融合发展的七大领域，从金融、财税等方面提出了多项举措为产业融合保驾护航。

在工业和信息化部与浙江省人民政府的通力合作与指导下，2015年，全球首个工业设计小镇——梦栖小镇正式落成。2016年世界工业设计大会在梦栖小镇举办，正式向全球发表《良渚设计宣言》，大会提出促进世界工业设计产业发展的“中国解决方案”，得到了国际社会的高度赞誉和全力拥护。国务院副总理马凯出席大会开幕式，向全球发出有力号召，提出世界因工业设计而更加美好，产业因工业设计而更具活力。

(3)《2016中国工业设计产业发展报告》。

《2016中国工业设计产业发展报告》是中国最权威的工业设计行业发展报告，旨在构建中国工业设计核心能力体系。报告全面展示并权威解读了中国工业设计产业发展概况及趋势，国家工业设计政策现状及建议，工业设计产业链分布，全国工业设计中心、全国工业设计服务平台建设与建议，并在推动设计创新创业、提升企业设计创新能力等方面提出深度分析和前瞻预测。

（4）《中国制造2025》。

国务院于2015年正式印发《中国制造2025》，这是中国政府实施制造强国战略的第一个十年行动纲领，该纲要强化了工业设计在创新发展中的突出作用[6]。在“中国制造2025‘1+X’”体系配套文件《发展服务型制造专项行动指南》中，明确提出要实施“创新设计引领行动”，促进制造业提质增效（其中，“1”是指《中国制造2025》，“X”是指11个配套的实施指南、行动指南和发展规划指南，包括国家制造业创新中心建设、工业强基、智能制造、绿色制造、高端装备创新等5大工程实施指南，发展服务型制造和装备制造业质量品牌2个专项行动指南，以及新材料、信息产业、医药工业和制造业人才4个发展规划指南）。

（5）《关于公布2017年国家级工业设计中心认定及复核结果的通告》。

2017年工业和信息化部发布了《关于公布2017年国家级工业设计中心认定及复核结果的通告》，正式发布了2017年工业设计创新能力强、特色鲜明、管理规范、业绩突出的国家级工业设计中心名单，以及通过复核的2013年、2015年国家级工业设计中心名单，共110家。国家级工业设计中心的认定，从国家层面为我国工业设计发展搭建了公共服务平台，奠定了基础，为工业企业和设计企业树立了标杆，同时也向世界展示了中国设计的魅力和能量。

（6）《中华人民共和国国民经济和社会发展第十四个五年规划和2035年远景目标纲要》。

2021年《中华人民共和国国民经济和社会发展第十四个五年规划和2035年远景目标纲要》中明确提出“聚焦提高产业创新力，加快发展研发设计、工业设计等服务”，“深化研发设计、生产制造等环节的数字化应用”[7]。推动科技自立自强，进一步提高我国产业核心竞争力。在此背景下，不仅深圳、广东、重庆、山东、福建、浙江、厦门等工业设计较为发达的省、市纷纷出台了政策与措施促进工业设计发展，河北、江西、甘肃、安徽、山西等地区也逐渐重视工业设计的驱动力量，出台相关政策文件，将工业设计和产品设计纳入传统制造业改造提升和培育新产业发展中。

综上，我国目前正处于建设制造强国的关键时期。工业设计产业的创新发展作为创新驱动发展战略和中国制造2025的重要内容，同时也是实现中国速度转向中国质量、中国制造转向中国创造、中国产品转向中国品牌的重要抓手。随着工业化的推进，传统制造业已进入迫切需要转型升级的关键时期。随着人们消费需求的升级，工业设计成为工业化企业实现转型升级，利用工业设计获取产业价值链上最具增值能力和竞争力的筹码，成为形成综合品牌价值的必要手段，派生出的大量产业需求将为工业设计产业提供广阔的发展前景。

2.1.1.3 工业设计产业发展的新变革和新驱动

在科技革命和产品变革深入发展的时代，制造业转型升级为工业设计的产业化发展提供保障。工业设计作为生产性服务业的重要组成部分，对于提高工业创新能力、拓展并延伸产业链、实现制造业强劲发展具有重要意义。

工业设计产业发展的新变革和新驱动见图2.2。

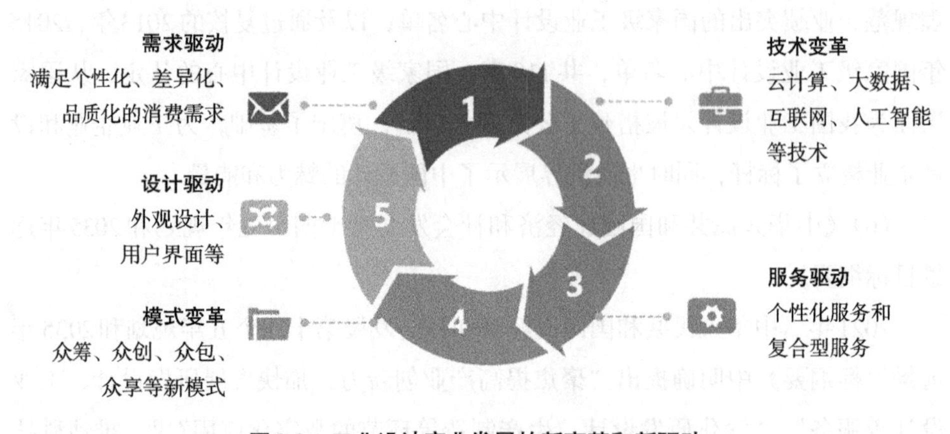

图2.2 工业设计产业发展的新变革和新驱动

(1) 需求驱动。

为更好适应个性化、差异化、品质化的用户需求，要发展用户和市场驱动的工业设计产品和服务。通过工业产品设计创新产品内涵，让用户参与到产品的创新设计中，传递企业价值文化、提升我国工业创新能力，推动工业设计与相关产业融合发展。

（2）技术变革。

云计算、大数据、物联网、人工智能等新技术的发展和应用，带来了技术变革[8]。数字化技术不仅改变了传统设计方式，还提供了更高效、创新的设计流程。通过数字建模、虚拟现实、数据分析、快速原型制作、协作设计等手段，发展高效率的工业设计产业。

（3）服务驱动。

服务设计正从传统设计走向科技设计，技术驱动和人工智能将发挥重要作用[9]。发展工业设计服务已成为国家提高创新能力的重要选择。通过振兴设计产业、创建设计文化、整合设计资源（包括科技、制造、商业、文化等资源），提供需求整合、创意分析、材料选择、造型设计、色彩融合、设计评价、样机制作、生产制造等个性化服务和复合型服务，提升工业产品设计服务的竞争力和附加值。

（4）模式变革。

随着信息技术的发展，众筹、众创、众包、众享等新模式的出现，仅强调以外观设计为主的工业产品迫切需要进一步优化。通过对多元化协同、需求驱动的智能产品研发，以及贯穿整个价值链实施的产品智能分析，综合运用工学、美学、心理学、科技和经济学等知识，对产品结构、形态、功能及包装等进行整体优化，是助推设计模式新变革的主要驱动力。

（5）设计驱动。

设计作为企业文化的核心，驱动社会创新和文化创新。由于各企业的发展策略、团队结构、创新资源等诸多因素的影响，其创新范式表现出不同的特点（如设计探索式创新、设计开放式创新、设计整合式创新）[10]。工业设计视阈下的设计驱动型品牌创新范式研究设计驱动型项目的孵化可以涵盖多种行业及领域，例如：医疗健康、未来科技、低碳环保、文化遗产、老龄化等设计驱动项目。这些设计驱动的项目以多元化为切入点，结合社会背景与技术创新，打造卓越的品牌形象。

综上，工业设计是传统制造业创新链的起点及价值增值链的源头，是现代工业产业的精华。工业设计的规模化和产业化对于引领技术创新、推动经济转型升级、调整服务结构、优化品质管理等方面具有重要作用。

2.1.2 工业设计产业发展的现状

工业设计是推动传统制造业以及新型制造业实现自主创新的关键内在驱动力量，在塑造品牌影响、实现产品差异化、提升产品附加值等方面有着显著作用。德国、意大利、法国、芬兰、美国等欧美发达国家已先后完成了工业化改革，具有高附加值的设计密集型制造业在工业化改革中显示出重要的推动力。工业设计产业化发展的国内外现状见图2.3。

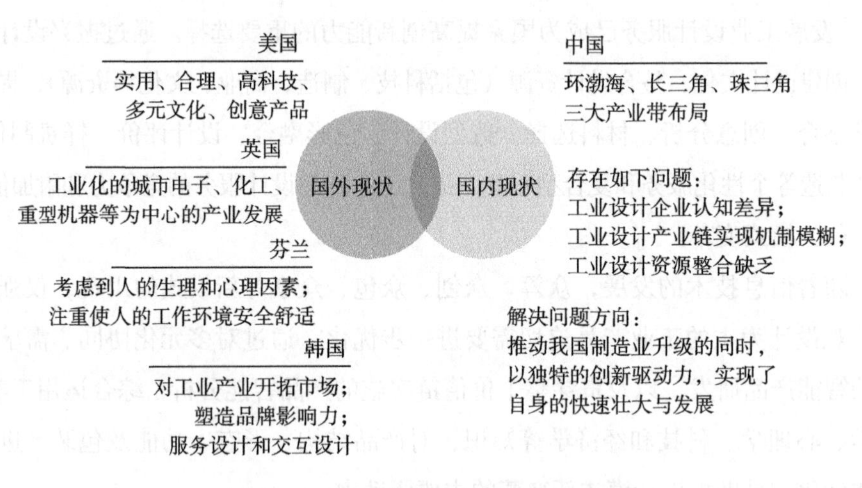

图2.3 工业设计产业发展的国内外现状

2.1.2.1 工业设计产业发展的国外现状

(1) 美国。

秉承实用和合理的理念，受高科技和多元文化的浸润，美国设计产业涌现出一大批独具创意的产品。

以苹果公司的品牌成长为例探讨美国品牌的成长路径。苹果作为全球知名品牌，是美国众多知名品牌的典范[1]。苹果公司总部位于美国加利福尼亚州，是一家从事计算机、智能手机、平板电脑、音乐设备、数字媒体等产品研发、生产和销售的全球知名科技公司。苹果公司的历史发展经历了创业初期、乔布斯时代、库克时代三个阶段。在乔布斯担任苹果公司首席执行官时，大力推行设计优先的策略，成功推出iMac电脑、iPod音乐播放器、iPhone智能手机、

iPad平板电脑等产品并大受欢迎，重塑了苹果公司的品牌形象，创造了巨大的商业价值和品牌价值。在库克的领导下，苹果公司陆续推出了一系列优秀的产品，如Apple Watch智能手表、AirPods无线耳机、HomePod智能音箱等。同时，苹果公司也在服务业务方面不断发力，推出了iCloud、Apple Music、Apple Pay等服务。

苹果公司将设计作为美国企业文化的核心代表，注重产品设计和创造研发，将不同的产品和服务有机地连接在一起，构建了相对完整的产品设计产业化生态系统。在产品和服务遍布全球各地的同时，也不断开拓新的市场。

（2）英国。

20世纪90年代以来，英国设计业发展势头迅猛。2015年英国设计委员会发布的《设计经济报告：设计对英国的价值》显示，设计经济对英国经济的贡献达到了经济总附加值717亿英镑，企业内部设计团队数量不断增加。英格兰成为高科技产业和研发设计产业集聚的地区，设计产业占英国设计产业总量大部分，其西北部地区的曼彻斯特和利物浦是制造业的集中地，产品和工业设计产业发展迅猛[12]。

历史悠久的曼彻斯特，是英国北方之都，也是全世界第一个实现工业化的城市。这座城市里不仅有众多知名的博物馆、艺术馆和音乐场，还有如英国广播公司、亚马逊、劳斯莱斯等知名的巨头企业。这些企业促进了以电子、化工、重型机械等为中心的产业发展。英国汽车产业拥有悠久的发展历史，汽车工业是英国主要产业部门之一。面对美国、德国、日本等汽车产业发展的威胁，英国提高了与不同国家合作的广度和深度，通过创新研发缩短设计周期，提高汽车产业的生产效率。

（3）芬兰。

1917年芬兰脱离俄国后成为独立国家。在整个芬兰的历史中，设计被视为是提高国民生产水平的一种工具。二战后，设计对芬兰经济的发展起到重要作用，涵盖了从建筑、计算机游戏到软件等数字设计的广泛领域。例如：以手机为代表的信息与通信技术产业；以胶合板、纤维板、家具等木材加工品和纸浆产品为代表的森林工业产业；以钢、铁、铜等为代表的金属工业产业；以林业机械、电起重设备、船用设备等为代表的机械工业产业等，都离不开设计驱动和设计助力。

创新设计成为各国家在激烈国际竞争中保持优势的核心。芬兰的创新发展引领世界，主要体现在设计相关产业和高科技领域[13]。诺基亚、通力电梯等诞生于芬兰的全球知名科技品牌是芬兰具有持久创新能力的重要体现。在软件游戏App等新兴领域，芬兰游戏公司开发的“愤怒的小鸟”“部落冲突”等游戏风靡全球。

芬兰在发展工业设计引领创新创意经济方面取得了重要成果：创造了芬兰产品品牌及其高附加值，并直接影响了芬兰企业的技术创新能力。长期以来，船舶制造技术一直是芬兰的强项，世界约一半的破冰船产自芬兰。芬兰Arctech Helsinki船厂成功打造了全球第一艘液化天然气动力破冰船“Polaris”号。除特种船舶外，芬兰还设计制造了多艘豪华游轮。芬兰Meyer Turku船厂为皇家加勒比国际游轮建造的豪华邮轮“海洋标志”号，实现了又一个重要建造里程碑。芬兰庞赛公司利用高强度钢材设计的林木采伐机荣获“瑞典钢铁奖”。芬兰伐木机械公司制造设计的具有环保理念的采伐机获得欧洲设计奖。

在现代工业设计中，芬兰重视将人机工程学原理运用到产品设计之中，设计不仅考虑人的生理和心理因素，使人在操作时省力、简便又准确，同时也注重创造安全舒适的工作环境，以提高工作效率。

（4）韩国。

韩国设计产业的有序发展对于开拓市场、塑造品牌影响力具有推动作用。

韩国三星集团成立于20世纪30年代，其业务由最初食盐、鱼肝油等商品的贸易出口拓展至电子产品制造领域。经过多年发展和积累，韩国三星集团逐年提升设计预算，将企业战略从“成本节约”转移到“设计制造”上来，为其带来了巨大利润。韩国三星集团旗下子公司包含：三星电子、三星电机、三星重工和三星生命等。在技术创新的驱动下，三星集团逐渐涉足半导体产业，通过不断的技术攻关，三星集团逐渐在相关存储芯片领域取得了重要突破。三星产品以品质可靠、价格合理等优点赢得了众多消费者的喜爱。另外，三星电子在设备制造领域也取得了重大突破。

在信息化和数字经济时代，韩国更加关注服务设计和交互设计。以设计推动国家产业发展，为众多行业提供新思路和新策略。韩国出现相关热门产业，例如：潮流文化融合创新设计、地域文化融合城市品牌、服务设计融合产业结构、商业需求融合文化创意等。

综上，工业设计在各国新产品开发中得到发展与应用。随着知识经济的到来，设计资源整合工业设计、构建跨领域的设计产业链成为促进设计发展的核心驱动力量。

2.1.2.2　工业设计产业发展的国内现状

工业设计产业的发展具有的必要性和迫切性。在发达国家的生产性服务业中，工业设计和制造业良好的互动态势已经逐步显现出来。工业设计是驱动制造业高质量发展必不可少的一部分。

工业设计产业的发展水平是工业竞争力的重要标志之一。提升我国工业的创新能力，是推动我国产业进入中高端领域的必然选择。要实现工业竞争力由大到强的转变，必须延伸产业链，拓展价值链。2010年，工业和信息化部等11个部委联合发布了《关于促进工业设计发展的若干指导意见》；2011年和2012年，国务院发布的《工业转型升级规划（2011—2015年）》及《关于加快发展高技术服务业的指导意见》，都具体强调了要发展工业设计。2014年国务院常务会议部署推进文化创意和设计服务与相关产业融合发展。同年，国务院发布《关于推进文化创意和设计服务与相关产业融合发展的若干意见》及《关于加快发展生产性服务业促进产业结构调整升级的指导意见》。2021年的《中华人民共和国国民经济和社会发展第十四个五年规划和2035年远景目标纲要》中明确提出“聚焦提高产业创新力，加快发展研发设计、工业设计等服务”。

（1）我国工业设计产业的布局现状。

我国的工业设计产业目前形成环渤海、长三角、珠三角三大产业带布局。

环渤海工业设计产业带：环渤海位于中国东部沿海的北部地区，京津冀地区是环渤海经济圈的核心，辐射带动环渤海地区以及中国北方腹地。例如，

2022年唐山市出台的《环渤海地区新型工业化基地建设规划》明确了关键指标，创新性地提出了“一轴两翼”产业布局。再如，2023年工业和信息化部会同国家发展和改革委员会、科技部等以及京津冀三地政府共同编制了《京津冀产业协同发展实施方案》，提出将京津冀打造成为立足区域、服务全国的先进制造业创新发展增长极和产业协同发展示范区。

长三角工业设计产业带：长三角经济圈是以上海为中心，南京、杭州为副中心，包括江苏、浙江、安徽等城市。以沪杭、沪宁高速公路以及多条铁路为纽带，形成一个有机的整体。例如，浙江省工业设计协会、江苏省工业设计协会、上海工业设计协会、安徽省工业设计产业联盟、中国制造之美组委会联合发起并于2020年成立长三角工业设计产业联盟，旨在凝聚江浙沪皖多方力量，促进多方资源共享、人才技术交流和产品研发合作，更好地服务长三角一体化发展。

珠三角工业设计产业带：珠三角工业设计产业带是广东省的制造业转型升级示范区。例如，在国家创新驱动发展战略的引领下，2009年以工业设计为核心的“广东工业设计城产业园区”开园运营。2020年广东工业设计城创新科技馆揭幕，展馆通过高科技手段展现了工业设计赋能多个产业的前沿创新成果。此外，诸如联想集团、中国南车、迈瑞医疗等均借助工业设计为企业的国际化战略作出重要贡献，巩固了产品与品牌优势。

我国工业设计已形成集中式增长的产业化发展格局，由经济发达地区拓展至周边区域，由东南沿海地区延伸至内陆区域（包括中西部地区等重点行业领域），以此提升了各地区产品与品牌的综合竞争力与设计创新力，我国工业设计的产业化发展随着地区性消费结构的丰富也逐步呈现不同规模。

（2）我国工业设计产业的现存问题。

工业设计作为创新驱动发展的主要力量，综合运用工学、美学、心理学、运筹学、经济学等知识，对产品结构、形态、功能及包装等进行整体优化。工业设计产业以独特的创新驱动力推动我国制造业的转型与升级。虽然我国工业设计产业呈现出相对良好的发展势头，但仍然存在一些问题：

①工业设计企业认知的差异性。我国不同企业对工业设计的认知具有差异性。

例如，受资金等多方面制约的中小企业，对工业设计的投入量普遍不足，未设置设计中心或研发部门，产品核心设计综合实力不强。部分企业对工业设计的意义与内涵认识不够深刻，仅停留在简单的外观美化层面。在产品的自主开发或者服务外包中，缺少自主龙头品牌，企业已有的成果难以得到有效的推广和应用。

此外，大中型企业相较中小型企业，更多关注于工业设计及其带来的间接价值（包括企业形象构建、品牌工程建设、企业文化发展等），在对工业设计的投入量和产出量等方面优于中小型企业。但仍需要进一步完善产品结构和体系，帮助企业提高产品的竞争力和市场占有率，以达到实现可持续发展的目标。

②工业设计产业链实现的模糊性。工业设计作为制造业的重要一环，直接影响工业设计产业链的健康发展。由于信息服务相关的公共平台建设相对落后，工业设计应有的配套服务仍需完善（产品造型设计服务、色彩设计服务、材料选择服务、结构优化服务、成本控制服务等）。

此外，从工业设计行业自身发展情况来看，工业设计机构大多规模较小，多以类似设计工作室的形式出现。设计产品重点关注外观造型美化，未能涉及更深层次的科学分析与研究（如情感设计、功能设计、可持续性设计等），未能充分满足用户、市场、社会的设计需求，难以带动相关设计产业健康有序地发展。

③工业设计资源整合的欠缺性。我国的设计产业发展潜力巨大，但目前缺少相对成熟的资源整合机制。

例如，在人才培养方面，缺乏实践型工业设计人才的培养基地，未能有效整合高校资源和中小企业资源，难以发挥各自的资源优势。

在设计科学方面，由于不同资源间的识别、优选、融合存在差异性，高校资源难以与中小企业资源实现有效对接，造成设计的产品不能满足市场和社会需求。

在设计需求方面，设计资源与设计需求间的信息沟通不畅，缺乏能够有效促进创新成果产生的公共服务平台载体。

(3) 我国工业设计产业的壮大与发展。

我国工业设计产业目前已基本形成环渤海、长三角、珠三角三大产业带布局。例如，成立于中国、业务遍及全球市场的科技公司——联想集团，涉及铁路、船舶、航空航天和其他运输设备制造业的中国中车股份有限公司，中国领先的高科技医疗设备研发制造厂商——迈瑞医疗国际股份有限公司等均借助工业设计为企业的国际化战略作出重要贡献，巩固了品牌优势。此外，致力于为用户提供以产品设计为核心解决方案的北京洛可可工业设计公司，致力于可持续性设计、提升产品的附加值、注重产品用户体验的深圳市浪尖设计有限公司，利用设计力量推动产业创新的木马工业产品设计有限公司，以家具设计、空间设计、产品设计与设计研究等为主营的杭州品物流形产品设计有限公司等相关公司快速发展，为中国化的设计产业发展开辟了新路径。

同时，大量高精尖的设计亮相于中国工业设计展览会。具有世界先进设计水平、完全自主知识产权的中国标准动车组列车"复兴号"2017年在京沪高铁首发。2015年良渚梦栖小镇正式启动建设，其以创新设计为先导，以绿色设计为先进生产力。2017年良渚梦栖小镇工业设计多项成果（包括生活工业设计、机器人、创意文具、多功能儿童用品等系列）参与竞拍，总成交额上千万。国家级工业设计中心的数量逐年上升。2023年由我国自主设计研制的国产大型喷气式民用飞机C919圆满完成商业航班首飞。这些优秀的设计对于支持工业设计应用的专业化、产业化、数字化和智能化发展具有重要意义。

2.2 工业设计产业发展的趋势

2.2.1 工业设计产业的技术发展

在智能制造大力发展的国际化形势下，依托新技术构建数字驱动的工业生产制造体系，打造产业竞争新优势。通过不断提升设计产业的生产力和灵活性，以实现利用工业设计创新引领产业高质量发展。工业设计产业的技术发展见图2.4。

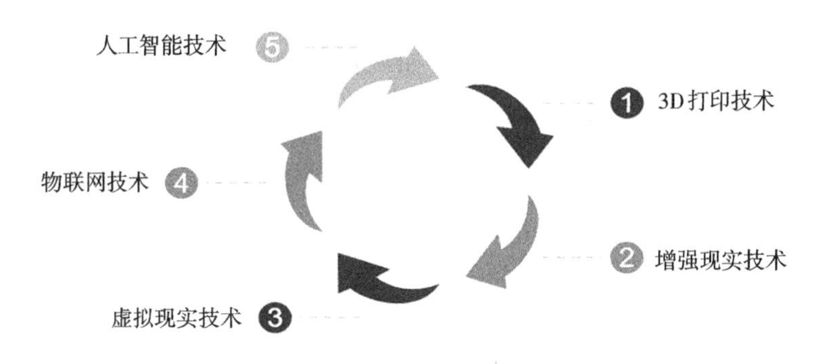

图2.4　工业设计产业的技术发展

2.2.1.1　3D打印技术

3D打印又称增材制造，是快速成型技术的一种。近年来3D打印逐渐改变着工业设计制造业的实现形式：随着3D打印材料的多样化发展，塑料、橡胶、金属等新型复合材料被广泛应用于不同领域。创客利用3D打印生产自己设计的零件和产品原型。

基于3D打印技术，可以加速产品开发周期（避免由于复杂加工工艺限制设计的创造）、促进产品创新（复杂造型与复杂结构的实现）、减少材料浪费（部分材料可以循环打印、实现可持续性设计）、保护环境（减少传统制造业在加工过程中产生废料、带来污染的情况）。

2.2.1.2　增强现实技术

增强现实技术是一种结合三维建模、智能交互、多媒体等多种手段，将虚拟信息应用到真实世界中的现代技术。增强现实技术的应用可以实现产品设计的可视化与可交互性。设计参与者通过增强现实技术可以实现与产品3D模型实时互动，将其应用领域扩展至如城市规划、手术诊疗、文化遗产保护等多个不同新领域，为合作者提供不同视角和资源共享的可能。

2.2.1.3 虚拟现实技术

虚拟现实技术是一种虚拟和现实相互结合的技术类型，以计算机技术为主，综合多种高科技成果（如三维图形技术、多媒体技术、仿真技术等），借助相关设备使人产生身临其境的感知体验（如视觉、触觉、嗅觉、听觉等多感官体验）。通过建立虚拟场景促进产品与用户的实时动态融合，让客户体验到更仿真的产品交互。通过提升产品的科技感，进一步刺激消费者的购买欲并提升用户的体验感，进一步增强产品的竞争力。

2.2.1.4 物联网技术

物联网技术起源于传媒领域。物联网技术通过对产品信息的整合与利用，以实现对特定目标的智能化识别、定位与监管等功能。基于传感器技术、纳米技术、智能嵌入技术等，实现工业设计的智能化识别和管理，包括对产品全生命周期内的质量管理设计、数字化产品结构管理设计、产品市场竞争能力管理设计、产品安全性管理设计等。物联网技术的应用可以有效管理工业设计过程，实现产品全生命周期设计、研发、生产、市场推广、销售及售后服务各环节的优化与管理。

2.2.1.5 人工智能技术

人工智能是一门融合计算机科学、心理学、运筹学、哲学等学科的新兴学科。人工智能的迅猛发展，改变了设计师的工作方式。通过人工智能技术，研发用于模拟、延伸和扩展人的智能应用系统。基于语言识别、图像识别、自然语言处理、专家系统等技术，帮助设计师减少重复劳动、专注于产品设计本身（如色彩设计、造型设计、功能设计等），更好地释放创造灵感。基于人工智能技术，以数字方式对产品进行检测、修正和改良，推动工业升级换代，向高附加值制造领域发展。

2.2.2　工业设计产业发展的趋势

工业设计是一种关注产品的功能、美学、人机交互等多方面需求的设计过程。通过工业设计可以提高产品附加值和市场竞争力，推动企业自身产品不断升级与优化，从而促进产业升级。工业设计在产业升级和创新发展中扮演着重要角色：将工业设计创新融入需求分析、品牌规划、设计评价、生产制造、商业运营等全生命周期，使工业设计产业从产品创新向服务创新延伸。工业设计产业发展的趋势见图2.5。

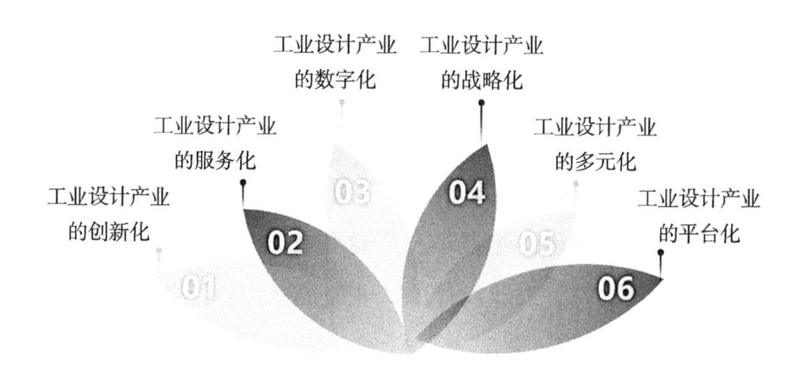

图2.5　工业设计产业发展的趋势

2.2.2.1　工业设计产业的创新化

设计的本质是为了解决问题，而产品本身只是解决问题的思考方式和处理问题的呈现载体[14]。工业设计可以提高产品附加值、促进产业升级、激发创新发展、激活企业创新能力。企业若想在市场竞争中立于领先位置，需要寻求新的突破点和创新方向。工业设计在产品创新中扮演了关键的角色。

（1）工业设计提高产品附加值，促进产业升级。

企业及研究人员通过深入洞察全球发展趋势、了解用户市场需求，创新工业设计的技术支撑，进而提出引领性构想和战略性创意。这些构想和创意可以带动企业在设计、制造、生产、销售等多个环节的创新发展，推动工业设计产业创新升级。

（2）工业设计促进产品创新发展，提升企业创新能力。

企业若想发展则需要不断地推陈出新，寻求新的突破点和创新方向。工业设计在产品创新中扮演着关键的角色。通过创新工业设计，促进企业开发出更具有创新性、差异化、情感化的产品，提升企业的竞争能力。

（3）工业设计提升创新主体专业化程度，改善知识创新方式。

在知识创新背景下，企业通过提升创新主体的专业化程度（自主创新能力、协作沟通技巧等）、改善知识创新方式（由被动获取知识到主动吸收知识），提高知识创新绩效（隐性知识显性化），从而推动工业设计产业升级，加快由“中国制造”向“中国创造”的工业设计品牌化转型。

2.2.2.2 工业设计产业的服务化

科技部在《现代服务业科技发展“十二五”专项规划》中明确提出：“发展研发设计服务业，提高创新设计能力。”[15]这些政策为工业设计行业发展提出了明晰化的方向与具体措施，工业设计的产业发展从以产品提升为主扩展到服务系统优化。

随着技术和市场的发展，越来越多的企业认识到：工业设计中简单外包的技术支持不能够满足不断变化的产业需求。工业设计不再只是产品的外观设计，还包括用户体验、人机交互、数据可视化等内容，并涉及工业设计产业的数字化转型（如技术赋能、数据分析、动态演进等）和生态系统协同可持续发展的相关概念（如可持续发展设计、绿色设计等）。

（1）提供产品开发的全面设计服务。

工业设计产业提供涵盖从产品策略到产品开发的全面设计服务，通过提升设计产品的附加值和文化内涵，满足用户对于商品品质、消费体验的潜在需求，加强企业的技术创新，打造有益于我国工业设计行业发展的新环境。

（2）推进相关新型服务业发展。

依靠工业产品创新，推进文化创意和设计服务发展，促进与相关产业深度融合，有利于改善产品和服务品质，催生新产业（如城市文旅产业、乡村振兴服务等）、新业态（如数字技术、商文体旅融合等）、新模式（如数字化赋能、人工智能等），进而推动产业转型升级。

（3）建立专业化设计服务发展平台。

通过建立相关行业的产品设计通用数据库、试验平台及服务平台，促进设计资源的共享与利用，提高科技服务能力，加速科技成果转化，促进科技服务产业化。

2.2.2.3 工业设计产业的数字化

随着工业设计产业链的数字化转型和物联网、大数据、云计算、移动技术、数字化技术的不断发展，以及虚拟现实、增强现实、三维建模等领域的崛起，包含虚拟产品展示、仿真体验、增值服务等细分领域的设计产业数字化服务受到大众关注。设计产业数字化有利于优化国内产业结构，提升设计主体的自主创新能力，提高中国国际分工地位[16]。

工业设计不再只关注产品的外观设计，通过数字化技术提升工业设计用户体验、准确感知用户需求，将设计与技术、数据分析、数字孪生等领域结合，实现工业设计产业全过程的数字化体验，为用户提供更综合的解决方案成为发展趋势。

（1）数字化新技术。

借助新技术，整合科技、制造、商业、文化等工业设计产业资源，对于振兴工业设计产业、提升工业产品竞争力和附加值、创建我国著名工业品牌具有重要价值。

（2）互联网技术。

要利用互联网技术，探讨工业设计的研究成果和发展规划。深化工业设计在智能装备、医疗健康、创新设计、互联网、智慧城市和国防安全等领域的推进作用。

（3）人工智能技术。

人工智能是一种扩展人的智能的理论、方法、技术及应用系统的综合科学。其技术应用包括机器人、语言识别、图像识别、自然语言处理和专家系统等。利用人工智能技术可以更准确地探究用户与产品之间的关系，以实现工业设计赋能产业发展的目标。

2.2.2.4 工业设计产业的战略化

装备制造行业是国家战略转型的重要因素，发展高端装备制造可以促进我国从制造大国向制造强国转变。国务院在《工业转型升级规划（2011—2015年）》等政策文件中，明确提出要加快发展研发设计业，促进工业设计向高端综合设计服务转变[17]。《中国制造2025》提出将进一步推动制造业创新设计能力提升[18]。2021年《中华人民共和国国民经济和社会发展第十四个五年规划和2035年远景目标纲要》提出：为实现我国高水平科技自立自强的迫切要求，开创我国高质量发展和现代化建设新局面，迫切需要发展高端装备制造产业，推动工业转型升级[19]。

（1）推进高端装备制造产业的品牌化发展。

通过整合各类设计制造资源，提升高端装备制造产品的竞争力和附加值、创建著名装备制造产品的品牌价值，推进高端装备制造产业的集约化和品牌化发展。

（2）支撑高端装备制造产业集群转型升级。

以服务平台为背景，围绕制造业、能源、交通物流等重点领域，整合设计、制造、销售等产业链，为制造企业提供从创意需求、设计开发、生产制造到产品营销的全产业链条服务。

（3）助力新信息技术的融合应用。

通过探索高端装备制造业的创新服务模式，构建依托信息技术的数字化、网络化、多媒体化、智能化、虚拟化服务平台，为高端装备产品的协同创新和产业升级提供支持。

2.2.2.5 工业设计产业的多元化

伴随着科技的进步和产业的发展，工业设计的内涵在不断深化、扩展和研究，工业设计产业呈现更多元化的发展空间。

（1）工业设计企业类型和商业模式多元化发展。

工业设计企业不仅有专业型和综合型的工业设计公司，还包括个人工作室、具有品牌和社会影响力的工业设计公司等不同类型。在产品升级、消费升级和制造升级的推动下，工业设计公司由单纯的产品设计转向了设计制造，逐步实现自行设计—自行制造—自行营销的商业新模式。

（2）工业设计是品牌品质、个性品位、生活方式的引领者。

为满足市场发展需求，工业设计的服务方式从外观结构设计向系统综合设计转变。为进一步提高产品附加值，提升产业竞争力，工业设计服务领域逐渐扩大并逐步与各个行业融合，实现从日常消费品向高端装备、电子信息领域延伸。

（3）工业设计注重生态、绿色和可持续发展。

在可持续性生态设计发展潮流中，环保化设计理念、无污染材料应用、低能耗、新能源、再制造技术、材料可降解、回收再利用等多元化的发展趋势逐渐融入到产品全生命周期中。在工业设计中，注重生态、绿色和可持续发展成为设计的竞争优势。

2.2.2.6 工业设计产业的平台化

伴随着科技的进步，大数据、物联网、工业互联网、云计算等技术的发展，具有资源共享、协同发展、互惠共赢的工业设计服务平台取得了显著成效[20]。如猪八戒、天马行空、一品威客、时间财富等服务平台。

（1）工业设计服务平台中产业资源的协同共享。

通过实现服务平台中资源有效集聚、开放共享、上下游协同，以技术集成推动设计资源集成，可以有效支持制造业的转型升级。

（2）工业设计服务平台中产业资源的按需优化配置。

基于数字化技术驱动，利用不同的商业模式对产业生态进行重构和创新。利用工业设计平台化的引进和发展模式，实现平台资源的分布式异构。

（3）工业设计服务平台中产业资源的动态智能匹配。

利用工业设计产业融合服务平台中的众包、众筹等创新协作模式，因地制宜地开展工业设计在汽车、家电、制造等领域的产业应用，进而提高工业设计服务的效率与品质，推动市场经济的健康有序发展。

2.3 工业设计产业发展的案例

工业设计产业发展的案例丰富且多样，"设计+创意+制造+营销"成为推动工业设计产业升级的重要模式。

2.3.1 浙江良渚梦栖小镇

梦栖小镇位于浙江省杭州市余杭区，是中国第一个工业设计落户小镇。2018年首届世界工业设计大会在良渚梦栖小镇召开。该小镇充分发挥资源集聚优势，促进不同国家与地区间的设计交流与合作，打造中国工业设计创新基地，促进设计创新与经济和社会的融合发展。

在2016年的世界工业设计大会上，国务院副总理马凯提出"产业因工业设计而更具活力，世界因工业设计而更加美好"。工业设计是各种学科、技术和审美观念的交叉产物。作为余杭区建设"杭州城市新中心"的重要产业平台，良渚梦栖小镇以开放共享、包容协调、持续发展的国际视野为依托，打造高端工业设计人才培养的系统化集聚高地，积极推进工业设计高端化转型。

梦栖小镇主攻高端装备制造前端的工业设计产业，兼顾智能设计和商业设计。小镇通过与中国工业设计协会合作，打造中国工业设计产业研究院，成功召开两届世界工业设计大会，举办中国优秀工业设计奖、国际金圆规奖颁奖典礼，创办全球首个设计开放大学。小镇已集聚凸凹设计、源骏创新、奥格设计等20余家行业领军企业，培育骑客智能、邦先生科技等10余家创新产品公司，孵化探迹者、吻吻鱼等20余个设计原创品牌。小镇创业中心依托浙江工业设计城、未来之光等30万立方米空间体量，不断延伸设计产业链，依托数字技术进行创作、生产、传播和服务，打造工业设计2.0示范区。

2.3.2 广东工业设计城

广东工业设计城于2009年开园运营，是以工业设计为主的现代服务业集聚区。该设计城是工业和信息化部、国家知识产权局授予的“国家级工业设计示范基地”，也是“国家级科技企业孵化器”。

广东工业设计城园区已建立起具有市场调研、创新设计、研发中试（研发中心、中试车间）、生产制造、交易、展览、交流、培训、孵化及公共服务等综合功能为一体的服务外包体系，服务范围涵盖智能制造、智慧家居、生命健康和医疗器械等新兴产业。目前，该园区串联工业设计产业链上下游，并为其提供高端增值服务的工业设计成果近万例。广东工业设计城以产品设计为特色，立足珠三角产业升级和优化大背景，建立现代服务业集聚区并为全国制造产业提供工业设计服务。

2.3.3 东方1号设计产业园

东方1号设计产业园成立于2011年，是苏北地区首个以工业设计为特色的产业园区。为加快“产业设计化”和“设计产业化”进程，东方1号在共建、共赢、共享的发展模式下，进一步开拓产品市场，加强工业设计与制造业互动，培育特色文化产品，提升设计品牌影响力和文化产业发展水平。

在智能创造和服务型制造的发展新趋势下，东方1号围绕创意小镇建设，集聚工业设计研发、创新产品展示、创新项目转化等服务内容，提升设计产业的国际竞争力，建成“创新驱动与区域融合”的创意产业园区，为实体经济发展搭建创新平台和特色支撑。

2.3.4 谷仓新国货研究院

谷仓新国货研究院成立于2016年，是由小米公司、顺为资本和管理团队联合发起的小米生态链企业。该企业以科学的思维方式，和众多知名企业开展不同程度的合作，并助力爱梦、蒙牛、沪上阿姨等企业推动产品创新和加速发展。

作为新国货产业的赋能平台，小米生态链企业从产品战略方向、产品用户画像、产品发展定位等多方面致力推动产品环保和智能一体化，助力中国从“制造大国”向“制造强国”迈进。工业设计是现代工业产业的推动力，对于引领技术创新、推动经济转型升级具有重要作用。

2.3.5 北京洛可可工业设计有限公司

北京洛可可工业设计有限公司以用户为核心，提供创新设计、工业设计、产品设计、品牌设计、包装设计、结构设计、交互设计、用户体验设计和产品的研发与供应链服务。该公司通过整合不同的产品设计解决方案，对包括新工业设备类产品、新医疗健康类产品、新零售设计类产品、新生活消费类产品、机器人设计类产品、空气净化器类产品、孕婴童类产品进行优化设计。

此外，深圳市浪尖设计有限公司、上海指南工业设计有限公司、杭州凸凹工业设计有限公司、广东东方麦田工业设计股份有限公司等也在快速发展。品物流形、木马设计等家居品牌，通过将中国的文化、理念与时代感的结合，为中国化的现代生活日用品开辟了新路径。

2.4 小　结

本章对工业设计的产业发展进行相关概述，包括工业设计产业发展的情况、工业设计产业发展的趋势、工业设计产业发展的案例。主要体现在以下几个方面。

（1）基于工业设计产业化的全球化战略格局、国家政策指引、新变革和新驱动等方面，了解并认识我国工业设计产业的现存问题和发展路径。

（2）研究工业设计产业创新化、服务化、数字化和战略化的发展路径。总结工业设计产业发展的相关技术，如3D打印技术、增强现实技术、虚拟显示技术、物联网技术、人工智能技术等。

（3）探索工业设计产业化发展的相关案例，如良渚梦栖小镇、广东工业设计城、东方设计产业园等。

参考文献

[1] 刘宁.面向智能互联时代的中国工业设计发展战略和路径研究[D].南京：南京艺术学院，2018.

[2] 冯蓝宇."科技新冷战"的框架化解读：美国媒体对中国"制造2025"和德国"工业4.0"的报道比较[D].上海：上海外国语大学，2018.

[3] 张立巍，王沄.日本设计管理研究的历史起点——以1982年《日本设计学会志》"设计管理特集"为中心[J].装饰，2022（5）：133-135.

[4] 关于促进工业设计发展的若干指导意见[EB/OL].（2010-08-26）[2024-08-23]. https：//www.gov.cn/zwgk/2010-08/26/content_1688739.htm.

[5] 关于推进文化创意和设计服务与相关产业融合发展的若干意见[EB/OL].（2014-02-26）[2024-08-23]. https：//www.gov.cn/gongbao/content/2014/content_2644807.htm.

[6] 周济.智能制造"中国制造2025"的主攻方向[J].中国机械工程，2015，26（17）：12.

[7] 中华人民共和国国民经济和社会发展第十四个五年规划纲要[EB/OL].（2021-03-31）[2024-08-23]. https：//www.gov.cn/xinwen/2021-03/13/content_5592681.htm?eqid=a14468700001730f000000026480655e.

[8] 初建杰，李雪瑞，余隋怀.面向工业设计全产业链的云服务平台关键技术研究[J].机械设计，2016，33（11）：125-128.

[9] 罗仕鉴，邹文茵.服务设计研究现状与进展[J].包装工程，2018，39（24）：43-53.

[10] 郑刚强，王志，张梦.工业设计视阈下的设计驱动型品牌创新范式研究[J].包装工程，2022，43（10）：248-256.

[11] 胡海晨，林汉川.美国品牌成长的双重作用机制及启示——以苹果公司为例[J].企业经济，2017，36（10）：57-65.

[12] 李朔.中英工业设计发展历程轨迹比较研究[D].武汉：武汉理工大学，2016.

[13] 陈朝杰.设计创新驱动国家发展——芬兰设计政策研究[D].广州：广东工业大学，2018.

[14] 马婧.基于设计视角的产品附加值研究[D].南京：南京艺术学院，2010.

[15] 现代服务业科技发展"十二五"专项规划[EB/OL].（2012-01-19）[2024-08-23]. https：//www.gov.cn/gzdt/2012-03/22/content_2097018.htm.

[16] 罗仕鉴，张德寅.设计产业数字化创新模式研究[J].装饰.2022（1）：17-21.

[17] 工业转型升级规划（2011—2015年）[EB/OL].（2012-01-19）[2024-08-23]. https：//www.gov.cn/zhengce/zhengceku/2012-01/19/content_3655.htm?ivk_sa=1023197a.

[18] 中国制造2025 [EB/OL].（2015-05-19）[2024-08-23]. https：//www.gov.cn/xinwen/2015-05/19/content_2864538.htm

[19] 中华人民共和国国民经济和社会发展第十四个五年规划和2035年远景目标纲要[EB/OL].（2021-03-13）[2024-09-20]. https：//www.gov.cn/xinwen/2021-03/13/content_5592681.htm?eqid=a144687000001730f000000026480655e.

[20] 樊佳爽，余隋怀，初建杰，等.面向工业设计云服务平台的多目标创意设计评价方法[J]. 计算机集成制造系统，2019，25（1）：9.

第3章　工业设计文化的发展——创新设计文化

创新工业设计文化是推动产品设计发展的关键要素。文化产品是文化传播的重要载体，研究文化产品设计可以提升大众文化审美水平，通过对创新设计文化的了解、学习、与传承，不断给中华文化注入生命力，增强文化自信。本章对工业设计文化的发展背景、发展趋势、发展案例进行研究。

3.1　工业设计文化发展的情况

随着社会的发展和进步，人们对工业产品的需求已不再满足于功能性、美观性和实用性，而是更多地追求工业产品的文化内涵和艺术价值。通过将文化与工业产品设计相融合，丰富工业产品的文化内涵、提升工业产品的文化附加值。

3.1.1　工业设计文化的发展历程

工业设计是一门创造性的学科，同时也是一门应用型的学科。文化发展在工业化进程中影响着人们的思维模式、社会行为及价值取向。工业设计文化的发展历程如下：

3.1.1.1　百废待兴

中华人民共和国成立之初，中国工业设计百废待兴，迫切需要改变这种单一化、局限性和相对落后于现代工业文明发展的现状。

改革开放后，西方现代工业产品逐渐涌入国门（如洗衣机、电视机、电冰箱等），其相关的设计思想、设计方法和设计模式也影响和改变着我国工业设计的文化发展。

3.1.1.2 开阔视野

20世纪80年代前后，吕力勋、柳冠中、王受之等一批批接受了西方现代工业设计教育的学者精英们陆续回到祖国，从工业设计教育、工业设计实践的角度开始推动中国工业设计文化的转变[1]。

《平面设计原理》与《立体设计原理》课程、《世界现代平面设计史》与《世界现代设计史》等书籍、西方现代设计观念与风格（如波普设计、绿色设计、人性化设计、现代主义设计、解构主义设计、未来风格设计、新现代主义设计、孟菲斯设计、后现代设计）等不断开拓了当时我国工业设计的文化视野。

3.1.1.3 文化觉醒

随着社会的发展，中国积极模仿西方工业设计模式大力发展产业经济。其中，兴办企业、引进设备、合资生产等改革措施使我国在短时间内迅速成长起来。

为更加适应我国国情和时代要求，国内不少企业抛弃原有以模仿加工为主的设计文化，逐步转向自主研发和创新发展。新产品、新技术、新材料、新工艺不断涌现，推动着中国制造向中国创造加速迈进。华为、吉利、奇瑞、长安等企业奋起直追，为创新我国民族品牌的工业产品作出了巨大贡献。

3.1.1.4 文化创新

随着科技的发展，互联网时代下的工业设计文化呈现多元化、包容性和综合化的良好态势。人工智能等新一代信息技术与产业的深度融合，有力支撑了工业设计的文化创新和发展。数字化、网络化、智能化的发展助力打造中国设计文化生态系统，提升了中国设计文化自信与文化认同。

综合上述分析，我国工业设计文化发展经历了百废待兴、开拓视野、文化觉醒和文化创新等不同阶段。面对未来我国工业设计文化发展的走向，既要传承工匠精神又要树立文化自信，不断创新、开拓进取。

3.1.2 工业设计文化发展的政策

工业设计是一种将文化因素融入产品设计过程中的艺术和科学，其文化发展依托于一系列的政策文件。

3.1.2.1 《关于推进文化创意和设计服务与相关产业融合发展的若干意见》

2014年，在国务院发布的《关于推进文化创意和设计服务与相关产业融合发展的若干意见》[2]中，提出推进文化创意和设计服务等新型、高端服务业发展，促进与相关产业深度融合，推动产业转型升级。同时，指出包括塑造制造业新优势、加快数字产业发展、提升人居环境质量、提升旅游发展文化内涵、挖掘特色农业发展潜力、拓展体育产业发展空间、提升文化产业整体实力在内的重点任务。

3.1.2.2 《中国制造2025》

2015年，国务院印发的《中国制造2025》[3]明确了重点实施的五大工程（制造业创新中心建设工程、智能制造工程、工业强基工程、绿色制造工程、高端装备创新工程）及重点发展的十大领域（新一代信息技术产业、高档数控机床和机器人、航空航天装备、海洋工程装备及高技术船舶、先进轨道交通装备、节能与新能源汽车、电力装备、农机装备、新材料、生物医药及高性能医疗器械），也提出要“培育有中国特色的制造文化”。

3.1.2.3 《关于推进工业文化发展的指导意见》

2016年，工业和信息化部、财政部印发《关于推进工业文化发展的指导意见》[4]。该《意见》阐明了工业文化发展的战略意义、总体要求、主要任务和保障措施。其主要任务是：发扬中国工业精神；夯实工业文化发展基础；发展工业文化产业；加大工业文化传播推广力度；塑造国家工业新形象。

3.1.2.4 《国家"十三五"时期文化发展改革规划纲要》

2017年，中共中央办公厅、国务院办公厅印发的《国家"十三五"时期文化发展改革规划纲要》[5]指出：文化是民族的血脉，是人民的精神家园，是国家强盛的重要支撑。并提出：培育和践行社会主义核心价值观、繁荣文化产品创作生产、加快现代公共文化服务体系建设、完善现代文化市场体系和现代文化产业体系、传承弘扬中华优秀传统文化、提高文化开放水平、推进文化体制改革创新等。

3.1.2.5 《"十四五"文化发展规划》

2022年，中共中央办公厅、国务院办公厅印发的《"十四五"文化发展规划》[6]指出：文化是国家和民族之魂，也是国家治理之魂。并提出：强化思想理论武装、加强新时代思想道德建设和群众性精神文明创建、巩固壮大主流舆论、繁荣文化文艺创作生产、传承弘扬中华优秀传统文化和革命文化、提高公共文化服务覆盖面和实效性、推动文化产业高质量发展、推动文化和旅游融合发展、促进城乡区域文化协调发展、扩大中华文化国际影响力、深化文化体制改革、建强人才队伍、加强规划实施保障等。

3.1.2.6 《高举中国特色社会主义伟大旗帜 为全面建设社会主义现代化国家而团结奋斗》

2022年，党的二十大报告《高举中国特色社会主义伟大旗帜 为全面建设社会主义现代化国家而团结奋斗》[7]中提出：推进文化自信自强，铸就社会主义文化新辉煌；实施国家文化数字化战略。党的二十大报告数字技术催生新的文艺形态和文化业态，带来文化观念和文化实践的深刻变化。

3.1.2.7 《关于推进实施国家文化数字化战略的意见》

2022年，中共中央办公厅、国务院办公厅印发的《关于推进实施国家文化数字化战略的意见》[8]提出：到"十四五"时期末，基本建成文化数字化基础设施和服务平台，形成线上线下融合互动、立体覆盖的文化服务供给体系。到

2035年，建成物理分布、逻辑关联、快速链接、高效搜索、全面共享、重点集成的国家文化大数据体系，中华文化全景呈现，中华文化数字化成果全民共享。

3.1.3 工业设计文化发展的内涵

工业设计的文化与工业文明、文化产业、产业文化等密切相关。工业文化内涵丰富，包括工业物质文化（如工艺美术产品、工业设计产品、文化创意产品、工业装备产品、工业建筑、工业园区、工业遗产等均是工业物质文化的载体）和工业精神文化（如价值观念、道德规范、行为准则、审美观念、合作精神、效率观念、质量意识、可持续发展观）等不同方面。

工业设计文化发展的内涵包括如下几个方面。

3.1.3.1 发扬工匠精神

传播工业文化，发扬工匠精神，建立工业文化基础资源库，推动工业设计创新发展。2016年《政府工作报告》[9]中首提“工匠精神”（鼓励企业开展个性化定制、柔性化生产，培育精益求精的工匠精神，增品种、提品质、创品牌），工匠精神是中国共产党人精神谱系的伟大精神之一。弘扬精益求精的工匠精神，综合工业旅游、工业遗产、工艺美术等相关资源，推动工业文化理论体系的丰富和完善，引导企业追求科技创新和技术进步，夯实工业文化基础并提升工业文化软实力。

3.1.3.2 践行创新精神

依托开放共享的创新设计公共交流服务平台，建立多品类的工业文化资源库（如现代智慧工厂、新技术新业态体验站、新型工业基地等），立足于优秀传统文化（如中华武术、书法、传统节日、礼仪文化、中医、剪纸、皮影戏等），发展产品设计和服务设计，强化创新设计引领，整合技术体系、生产体系、资源体系、管理体系，推动工业设计从产品设计向高端综合设计服务转变。

3.1.3.3 融合产业发展

文化产业是一个多元化和复杂化的产业。通过产业融合、整合资源配置等方式融合各文化产业发展，发挥文化对产业转型升级的积极作用，打造文化传承产业区（如国家陶瓷文化传承创新试验区、涉及艺术数字媒体等领域的文化创意产业园区、苏州元和塘文化产业园区、浙江省横店影视文化产业区、浙江省衢州儒学文化产业园、天津市滨海新区智慧山文化创意产业园、河北省中国曲阳雕塑文化产业园、广东省龙岗数字创意产业走廊等），促进文化传承和创新，提升工业产品的品质质量及附加值。

3.1.3.4 传承传统文化

基于传统文化元素（如从原始社会简单的纹样到奴隶社会简洁、粗犷的青铜器纹饰，再到封建社会精美繁复的花鸟虫鱼、飞鸟走兽、吉祥图案纹样，都凝聚着相应时期独特的艺术审美观），通过工业文化的传承发展，延续民族文化、增添工业产品的人文艺术内涵、提高产品的竞争力和附加值（如阴阳平衡和天人合一等思想融入产品设计、北京奥运会祥云火炬设计、陶瓷文化产品设计、剪纸文化产品设计、建筑装饰文化设计等）。

3.1.3.5 增强品牌意识

针对目前产品设计的同质化现象，为突出产品的独特性和差异性，需要结合不同企业文化和理念，对设计研发进行深入研究。通过弘扬工匠精神、专注提升品质、突出文化内涵，强化工业产品的品牌意识，打造具有国际竞争力的工业设计产品和品牌。例如，作为全球领先的咖啡品牌星巴克，以舒适、社交、环保作为设计理念，营造出舒适、温馨的环境；作为全球领先高档品牌的香奈儿，以优雅、精致、高贵为设计理念，采用高贵的材料和精致的细节，让用户感受到品牌的独特魅力。

3.1.4 工业设计文化发展的思路

工业产品的文化属性是产品设计的未来发展方向之一[10]。工业设计的文化发展思路包括确定目标产品、确定文化元素、构建目标产品与文化元素的关联模型和产品设计展示（见图3.1）。

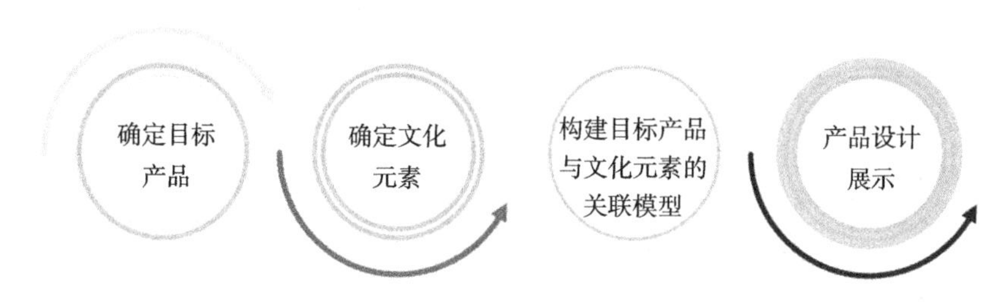

图3.1 工业设计文化发展的思路

3.1.4.1 确定目标产品

工业产品类型多样，功能各异。根据项目需求确定好目标产品后，分析该产品的目标用户、产品要素和设计要素等内容。

在目标产品的用户分析中，重点对用户的人机交互界面、使用情景、使用习惯和使用方式进行研究[11]。在目标产品的要素分析中，重点对产品进行功能解析（如产品功能性调查研究、功能系统分析、功能整理），形态解析（如产品形态构成要素拆解分析及研究），结构解析（如产品结构系统分析与研究），进而材料解析（如材料感觉物性研究、材料特征属性及加工工艺研究）[12]。在目标产品的设计要素分析中，重点对产品设计定位描述（如市场定位、功能定位、形态定位、结构定位）和产品设计定位图绘制（如变量选择与重组、问题的界定与分析）等进行分析。

3.1.4.2 确定文化元素

文化元素类型多样，包括以物质产品（如日常用品、建筑、艺术品、工具、服饰等）为代表的物质文化元素和以精神产品（如哲学、科学、宗教、艺术、伦理道德、价值观念等）为代表的精神文化元素。文化元素的提取范围涵盖显性文化特征和隐性文化特征两个方面[13]。显性文化特征主要表现为产品外形特征，隐性特征大多是精神层面的文化反馈（如儒家文化、道家文化、佛教文化、红色文化等）。

在工业产品的文化设计中，以目标对象的主要需求为导向，综合不同文化元素（以传统纹样元素为例）[14-15]（见表3.1）进行提取。

表3.1 传统纹样的文化元素

传统纹样类型	传统纹样名称
几何纹样	连珠纹、席纹、云雷纹、回纹、弦纹、条纹、绳纹、云纹、乳钉纹、漩涡纹、曲线纹等
动物纹样	蟠螭纹、龙纹、凤纹、饕餮纹、吻纹、辟邪纹、四神纹、麒麟纹、狮纹、虎纹、鹿纹、牛马纹、龟纹、鱼纹等
花鸟昆虫纹样	百花纹、团花纹、宝相花纹、柿蒂纹、莲花纹、莲瓣纹、忍冬纹、缠枝纹、卷草纹、折枝纹、瓜果纹、桃纹、石榴纹、葡萄纹、牡丹纹、兰花纹、梅花纹、孔雀纹、鸳鸯纹、喜鹊纹、蝴蝶纹等
吉祥纹样	如意纹、铜钱纹、文字纹、八吉祥、八卦纹、喜相逢、福禄寿喜、岁寒三友、竹报平安、瓜瓞绵绵、连中三元、玉棠富贵、三阳开泰等
人物纹样	飞天纹、人面纹、舞蹈纹、婴戏纹、仕女纹、高士纹、农耕纹、八仙纹、麻姑献寿和合二仙、五子夺魁、天官赐福、牛郎织女、竹林七贤等
其他纹样	博古纹、山水纹、波浪纹、绶带纹等

3.1.4.3 构建目标产品与文化元素的关联模型

为了准确把握隐性文化特征，结合相关分析方法构建目标产品与文化元素的关联模型[16]。在工业产品的文化设计中，目标产品与文化元素的关联分析方法见表3.2。

表3.2 目标产品与文化元素的关联性分析方法

目标产品样本	文化元素	二者间的关联性分析方法
图片、文字、视频等形式	物质文化元素、精神文化元素	图表相关分析 （通过绘制图表来进行可视化的数据分析）
		数学归纳法 （数学证明方法，如协方差及协方差矩阵分析）
		统计学分析法 （统计学方法，如帕累托图分析法、聚类分析法、多维尺度分析法、数量化理论分析法等）

3.1.4.4　产品设计展示

为了准确把握隐性文化特征，将文化特征按一定规则（如形状文法推理规则）进行演变。

形状文法推理规则分为生成性推演和衍生性推演两类。生成性推演包括置换与增删；衍生性推演包括缩放、镜像、复制、旋转、错切、贝塞尔曲线变换[17]。综合分析，得到具有文化设计元素的产品设计方案（见图3.2）。

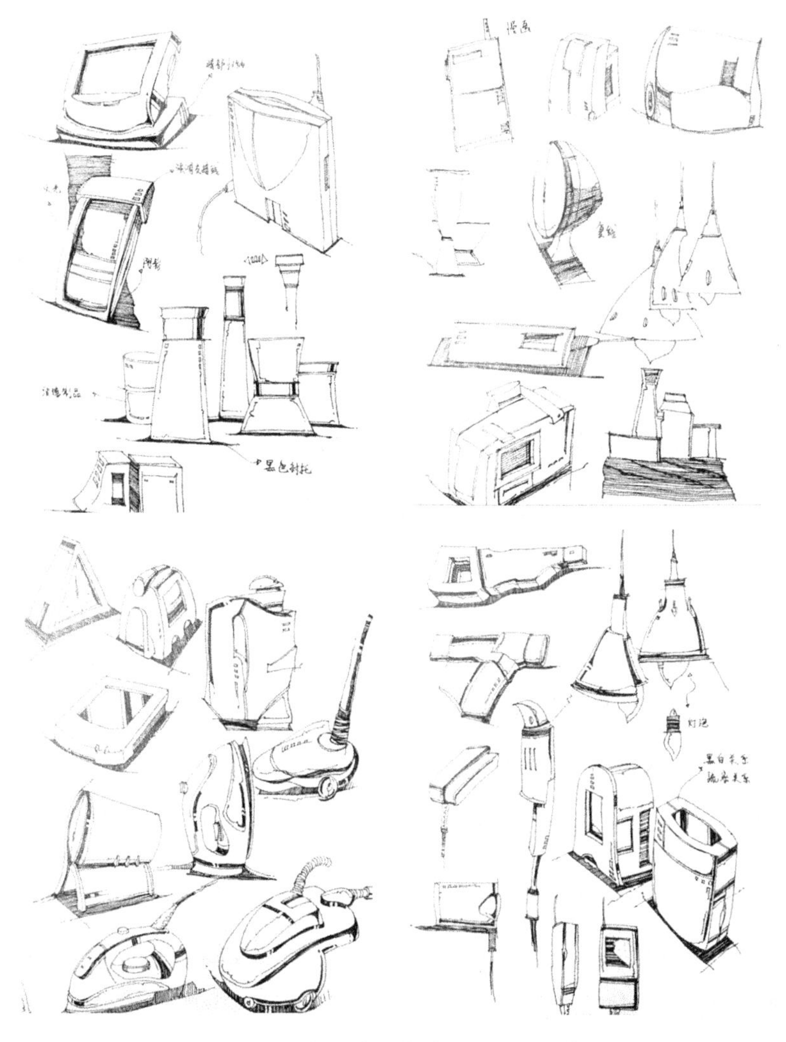

图3.2　文化设计元素的产品设计方案

3.2 工业设计文化发展的趋势

3.2.1 工业设计文化的创意新型业态

基于数字技术、网络技术、虚拟现实技术等新技术的发展，催生工业文化创意的新业态。

3.2.1.1 通过工业设计赋能，围绕战略性产业集群和传统优势产业，打造“工业+旅游”新业态

镌刻着工业时代痕迹的老厂房，化身为科技创意园和艺术展区等城市新地标。

例如：北京市798艺术区、天津市十八街麻花文化馆、山西省太原市东湖醋园、新疆生产建设兵团第六师唐庭霞露酒庄、甘肃省陇南市祥宇油橄榄工业旅游景区、云南省普洱市淞茂滇草六味中医药博览园、重庆市重庆工业文化博览园等。

3.2.1.2 通过文化赋能，打造“文化+旅游”新业态

例如：以古迹、古村落、古建筑等为主要旅游资源的文化遗产旅游（如长城文化旅游、故宫文化旅游等）；以地区独特节庆活动和习俗作为主要旅游资源的节庆活动旅游（如赛龙舟旅游等）；以宗教朝圣和探访寺庙等作为主要旅游资源的信仰宗教旅游（如佛教圣地四大名山旅游）；以观赏民间艺术和传统文化表演作为主要旅游资源的文艺表演旅游（如云南梦幻表演旅游）；以体验当地人的生活方式、风土人情和自然环境作为主要旅游资源的文化旅游（如景德镇陶溪川文创街区，推动陶瓷文化和矿业遗址等工业遗产项目活化利用）。

3.2.1.3 结合新技术，创建创新型企业、园区和特色小镇

例如：以开放共享和持续发展为依托，促进设计创新，积极推进工业设计高端化转型的良渚梦栖小镇；建立现代服务业集聚区并为全国制造产业提供工业设计服务的广东工业设计城；培育特色文化产品、提升设计品牌影响力和文

化产业发展水平的东方1号设计产业园；从产品战略方向、产品发展定位等多方面推动产品环保和智能一体化的谷仓新国货研究院等。

3.2.2　工业设计文化的数字化产业转型

随着数字技术和信息技术的快速发展，数字化技术的应用将为文化产业提供更广阔的发展空间，同时也会带来新的商业模式和盈利方式。

3.2.2.1　数字技术应用带动文化产品提质升级

依托虚拟现实、人工智能、物联网、增强现实、全息投影、智能交互等新一代信息技术发展，在数字文博、数字文旅、数字公共文化服务等领域开展新应用和新探索（涵盖数字化收藏、数字化展示、数字化研究、数字艺术创作等多方面），利用数字技术激发文化创新创造活力，为文物保护、博物馆展览等带来美好的文化体验，助推文化数字平台建设及文化事业和文化产业的高质量发展。

3.2.2.2　数字技术应用激活传统文化生命力

数字经济为文化产业高质量发展带来新的驱动力，利用数字技术增强中华文化展示和传播力量。例如：山西文物数字博物馆中，游客可以通过微信扫描二维码，进入云冈造像的虚拟空间参与文物鉴赏和趣味游戏（包括测量大佛的高度、填补北魏文物颜色等）。

3.2.2.3　数字技术应用完善国家文化大数据体系

基于信息技术的发展构建文化数字化基础设施和服务平台，利用数字赋能文化产业发展，推动文化资源的共创联结，以形成线上线下、协同共享、融合互动的文化服务体系。例如：龙脉文化云—中国传统文化云平台、中国文化遗产传承数字平台、国家古籍数字化资源总平台等。以中华优秀传统文化数字服务平台为例，其中包含儒家文化、齐文化、黄河文化、红色文化等内容，结合虚拟现实等数字技术展现文化内涵。

3.2.3 工业设计文化的多元化发展

随着人工智能、区块链、云计算、大数据等信息技术的发展和应用，工业设计文化的发展依托自然学科和人文学科等交叉设计学科，基于综合化、系统化的设计理念、关注社会问题和生态问题，倡导绿色设计和协调产业关系。

3.2.3.1 工业设计文化的多元化

随着用户需求的多样化（审美需求、功能需求、情感需求等），为满足不同程度和类型的需求，多元化融合的文化发展成为重要趋势。例如，根据用户的兴趣和需求，为他们量身定制文化旅游参观线路和活动，结合3D打印技术设计文化创意产品、提供更加贴心和专业的导览服务。

3.2.3.2 工业设计文化的综合化

在满足用户需求的同时，关注社会问题和可持续发展，通过节约资源、减少耗材、降低成本，追求设计过程中的最优化，通过工业设计去创造文化产品更高的经济效益与市场价值，并使其体现出明显的社会效益。例如，在文化创意产品的设计过程中，可以通过大数据分析和人工智能技术，实现用户需求的精准分析和个性化预测，进一步提高设计产品的用户满意程度。

3.2.3.3 工业设计文化的系统化

在数字化技术驱动工业设计文化发展时期，在设计文化产品的个性化与定制化服务、数字化与智能化技术的应用、可持续发展与环保理念、跨界融合与创新发展到文化传承与保护、用户参与和共享发展等方面，工业设计文化的系统化发展对数字化技术驱动商业模式创新起到重要作用。

3.2.4 工业设计文化的乡村赋能

乡村振兴战略是习近平总书记在2017年党的十九大报告中作出的重大决策部署，提出实施乡村振兴战略的总要求：产业兴旺、生态宜居、乡风文明、治理有效、生活富裕。乡村振兴不仅包括产业振兴和人才振兴，也包括文化振兴、生态振兴和组织振兴。

工业设计作为一种为乡村建设赋能增效的生产力，在助力乡村文化振兴方面具有重要的价值。

3.2.4.1 工业设计文化助力发展特色民俗艺术产业

通过设计思维、研究用户真实需求，打造艺术设计赋能乡村振兴的新模式和新路径，以创造未来产品为基石，以创造人类美好生活为目标，发展特色民俗艺术产业，助力乡村文化振兴。比如，山东聊城市高唐县三十里铺镇通过整合民俗文化资源和产业力量，形成了麦秆画、葫芦、剪纸、扇面四大产业，这些民俗艺术产业的发展成为善用当地特色艺术产业推动文化振兴的典型。

3.2.4.2 工业设计文化助力发展中国民间文化艺术活动

利用标识、出版物、平面广告、海报、产品包装等设计向大众传达乡村文化振兴的相关信息，利用工业设计助力乡村文化传承和文化发展。比如，北京市顺义区高丽营镇以戏曲之乡远近闻名，通过举办中国民间文化艺术活动，定期开展丰富多彩的文艺活动，传承发扬民俗传统文化，推动高丽营镇成为文化和旅游部公示的“中国民间文化艺术之乡”建设案例。

3.2.4.3 工业设计文化助力打造乡村文旅新品牌

工业设计依托环境心理学、设计美学、环境生态学等学科优势，对乡村建筑与景观、乡村空间与环境、乡村环境与社会等进行设计，通过推动乡村文化振兴、弘扬乡土文化、树立文明乡风建设，打造乡村文旅品牌，促进乡村振兴。比如，以闽南革命老区为依托，塑造“平和九寨沟”乡村文旅品牌的福建漳州平和县新建村；以旅游发展为理念，整合乡村生态环境和传统建筑资源，致力乡村文化振兴建设的福建省漳州市南靖县梅林镇坎下村等。

3.3 工业设计文化发展的案例

文化创意产品以文化为核心进行创新设计，具有商品自然价值和民族文化载体的双重属性。文化创意产品既要保护和传承文化，又要具有使用价值。

由于传统文化与现代文化具有较大的审美差异，很多具有实用价值的文物已不再适合于现代社会的需要。为满足现代文化创意产品的需求，在设计过程中需要将传统文化元素进行现代转化，以达到符合现代大众的审美需求。因此文化创意产品在设计过程中，需要以用户需求为切入点，从文化观点入手来寻找现代产品的文化内涵。

3.3.1 汝官窑设计元素的文化创意产品应用

在宋代“汝、官、哥、定、钧”五大名窑中，汝官窑以精美典雅、气度不凡的特点被历代文人雅士赞之为“五大名窑，汝之为魁”[17]。目前关于北宋汝官窑的研究大多仅停留在窑址、创烧年代、烧制工艺、官窑性质等方面，对其器型设计的探讨略显薄弱。因此本节通过对基于用户感性认知的北宋汝官窑器型的情感研究，拓展北宋汝官窑器型元素的现代应用范围，探寻汝官窑器型与当代设计的融合与传承之道。

汝官窑设计元素的文化创意产品设计应用包括如下过程。

3.3.1.1 汝官窑器型设计样本的搜集、获取与甄选

以北宋汝官窑陶瓷产品为研究对象，通过网络搜索和书籍翻阅等途径甄选出造型不同的汝官窑器样本图片。通过问卷调查，获得较有影响力的汝官窑器型的设计要素。如官窑器型口部、官窑器型颈部、官窑器型肩部、官窑器型腹部、官窑器型底部等。

3.3.1.2 汝官窑器型的感性意象词汇的搜集与选取

通过网络搜索和书籍翻阅等途径，筛选出具有代表性的描述汝官窑器型的感性意象词汇。如稳重的、单调的、细腻的、质朴的、大方的、柔和的、轻盈

的、优雅的、自然的、清新的、安静的、理性的等。

采用聚类分析法对北宋汝官窑器型的感性意象词汇进行分群，得出具有代表性的感性意象词汇。如轻盈的、优雅的、静态的、理性的。

3.3.1.3　汝官窑器型的设计空间的建立

基于汝官窑器型的设计要素和代表性、感性意象词汇，建立汝官窑器型的设计空间（见表3.3）。

表3.3　汝官窑器型的设计空间

设计要素	设计要素特征				
官窑器型口部	盘口	唇口	折沿	葵口	敛口
	花口	敞口	直口	复口	子口等
官窑器型耳部	龙耳	蒙耳	贯耳	牺耳	戟耳
	绳耳	鱼耳	鹦鹉耳	象耳	菊耳等
官窑器型颈部	鹅颈	长颈	短颈	直颈	细颈
官窑器型肩部	垂肩	削肩	丰肩	折肩	溜肩
官窑器型腹部	直筒腹	扁圆腹	弧腹	折腹	斜直腹
	垂腹	直腹	球腹	圆腹	阔腹等
官窑器型底部	平底	圈底	尖底	玉璧底	

3.3.1.4　分析汝官窑器型的设计要素与感性意象词汇间的关系

运用李克特量表对每一个有代表性的汝官窑器型样本进行感性词汇评价。

同时，对汝官窑器型样本与设计要素特点（如汝官窑器型口部、耳部、颈部、肩部、腹部和底部）进行定量对比分析。若样本特征与设计要素完全相同，则用数值5来表示。“完全相同”“相对相同”“相同”“不相同”“非常不相同”五种选项，分别对应数值5、4、3、2和1。

基于此，分析汝官窑器型中设计要素与感性意象词汇间的相互关系。

3.3.1.5 汝官窑器型匹配感性意象词汇的最佳设计要素分析

以感性评价矩阵中各感性词汇的评价值为因变量，设计要素为自变量，根据数量化理论Ⅰ进行感性词汇评价值与设计要素特征进行匹配。运用统计分析软件进行回归分析，获得各个感性词汇与设计要素之间的偏相关系数。

以汝官窑器型的代表性感性词汇“轻盈”为例。

官窑器型腹部中的每个类目的效用值由大到小排序为：长腹>直腹>垂腹>阔腹>圆腹>球腹，在北宋汝官窑器型的腹部，长腹的轻盈感程度大于球腹。

基于偏相关系数获得汝官窑器型各设计要素对感性词汇的贡献程度，且其值越大，则贡献度越大：官窑器型腹部>官窑器型底部>官窑器型颈部>官窑器型肩部>官窑器型口部，说明汝官窑器型的腹部在整个器型的轻盈程度上贡献最大，作用最强。

3.3.1.6 汝官窑设计元素的文化创意产品设计应用

利用现代设计方法和理念，开发出一款带有文化内涵的数据存储产品（见图3.3）。

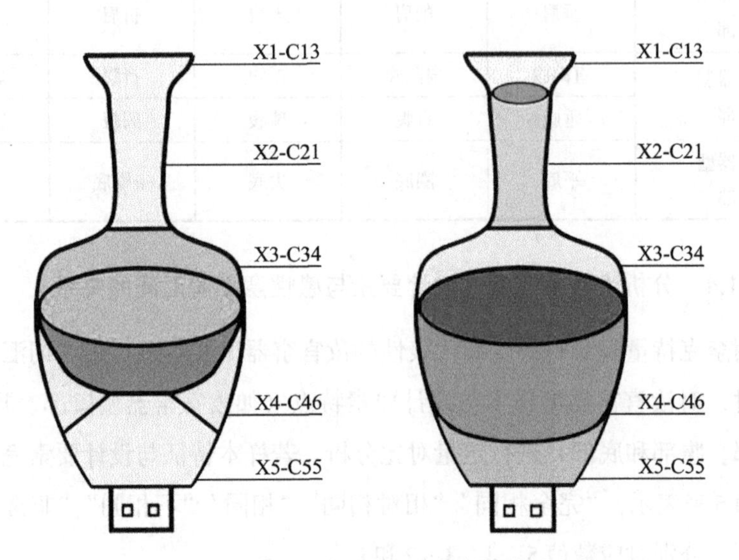

图3.3 结合汝官窑设计元素的数据存储产品

这款文化创意产品中的编号X1-C13、X2-C21、X3-C34、X4-C46、X5-C55分别表示北宋汝官窑器型的特定设计要素（官窑器型口部、官窑器型颈部、官窑器型肩部、官窑器型腹部、官窑器型底部）。该产品具备了一定的文化内涵，给人以流畅轻盈的美感。

3.3.2 石窟纹饰设计元素的文化创意产品应用

彬县大佛寺石窟地理位置位于甘肃敦煌石窟与洛阳龙门石窟之间，是陕西境内规模最大的石窟群，被誉为陕西古丝绸之路第一大佛[18]。以陕西省咸阳市彬县大佛寺石窟为案例，运用眼动分析方法将其文化特征的感性认识量化，为文化产品创意设计策略分析提供支持。

3.3.2.1 大佛寺石窟的文化解构

彬县大佛寺石窟是我国唐代佛教文化及石窟艺术的重要代表，石窟依山凿窟，错落有致地分布在崖面上，体现了石刻大佛艺术自西域东传至中国的流行，是大唐造像风格的映射，也是研究中国佛教及石窟建筑艺术的重要宝藏。

彬县大佛寺石窟内的西方三圣佛像、佛龛、其他佛像以及窟外的明镜台等是体现大佛寺文化的典型载体。通过筛选确定大佛寺石窟文化的典型特征样本，作为眼动实验的分析对象。

3.3.2.2 大佛寺石窟文化样本的眼动实验

采用眼动实验分析大佛寺石窟文化的典型特征样本，获得最能体现文化特征的区域和特征元素，为后续文化创意产品设计提供参考。

在眼动分析实验中，被测试者佩戴头盔式单眼眼动仪，进行多点定标测试和校准测试以实现精确追踪眼球运动。基于眼动实验配套的演示程序，循环播放大佛寺石窟文化特征的样本图片。最后以被测试者的视觉轨迹、热图和兴趣区域数据为参考，获得大佛寺石窟文化样本的特征元素。

①视觉轨迹：视觉轨迹反映了被测试者观察目标样本时的视觉浏览顺序和在每个注视点的注视时间。实验结果表明：被测试者最先注视大佛面部，先后观察了佛像左侧及右侧佛龛上的纹饰；被测试者的眼跳活动范围主要在佛像区域和纹饰区域。

②热图：热图将被测试者的注视情况通过颜色显示出来，通过不同颜色来显示样本被关注的热度。热图中红色表示关注时间最长，黄色次之，绿色表示关注时间较短。实验结果表明：大佛面部和左侧佛龛的纹饰受到被测试者的重点关注，此外右侧佛龛的纹饰也受到一定程度的关注。

③兴趣区域：兴趣区域是将样本划分成不同区域，研究被测试者在不同区域内的视觉规律，可以对比分析各个兴趣区域内的视觉浏览情况。实验结果表明：大佛寺石窟文化样本中的纹饰部分、佛像头部、佛像上身为被测试者的兴趣区域，受到相对较高的关注。

通过视觉轨迹、热图、兴趣区域三个层面，确定大佛寺石窟文化设计的重点关注对象：佛龛纹饰和佛像头部。

3.3.2.3 大佛寺石窟文化设计的要素提取

纹饰作为石窟文化的典型代表，蕴含着深厚的文化内涵。彬县大佛寺石窟上的图案纹饰种类丰富，包含莲花纹、卷草花纹、宝相花纹等多种纹饰。通过归纳整理，总结出应用于石窟艺术和瓷器的多类型图案纹饰（见表3.4）。

表3.4 应用于石窟艺术和瓷器的多类型图案纹饰

图案纹饰类型	图案纹饰特点
莲花花纹	莲花纹是寓意吉祥与典雅的传统装饰纹样
卷草花纹	卷草纹是以忍冬、荷花、兰花和牡丹等花草为基础的草叶纹样
宝相花纹	宝相花纹是对自然花卉（主要是莲花）进行艺术化处理的装饰图案； 宝相花纹象征着富贵、圣洁、端庄、美观、美满和幸福
团菊花纹	团菊象征了团圆、吉祥、如意的意义
绣球花纹	绣球花纹形态似绣球
百花花纹	百花纹是各种花卉的组成，主要以牡丹为主，色彩丰富

续表

图案纹饰类型	图案纹饰特点
蕉叶花纹	蕉叶花纹是由芭蕉叶组成的连续带状图案
三果花纹	三果花纹是装饰的吉祥图案，多为寿桃、石榴、佛手或寿桃、石榴、枇杷等
岁寒三友花纹	岁寒三友纹通常由象征常青的松、代表君子之道的竹和象征纯洁的梅组成，以表现坚贞不屈的品质。

基于相关设计方法，对大佛寺石窟上的图案纹饰特征进行重组、推演与改进。通过丰富图案纹饰的表现形式和特征，便于进一步地设计与应用。

3.3.2.4 大佛寺石窟文化创意产品设计应用

综合产品风格和文化特点，结合大佛寺石窟上的图案纹饰特征进行文化产品创意设计。

图3.4为文化创意产品之茶具设计（茶壶、公道杯、茶杯、茶罐等），结合大佛寺石窟文化的纹饰元素"卷草花纹""宝相花纹"和"莲花花纹"等，对茶壶壶身、壶把、壶嘴、壶盖等部分进行形态创新设计，将具象"花纹"通过设计推理逐渐演变为抽象图形。在色彩设计上，结合黑色、褐色、棕色等色系进行茶具设计。茶具优雅别致的造型尽显朴实与自然之美。

图3.4 大佛寺石窟文化创意产品之茶具设计

3.4 小 结

本章对工业设计文化的发展进行相关概述，包括发展的情况、发展的趋势、发展的案例。

（1）研究工业设计文化发展的历程、发展政策、发展内涵和发展思路。

（2）探究工业设计文化发展的趋势，即工业设计文化的创意新型业态、数字化产业转型、多元化发展和乡村赋能。

（3）探索工业设计文化发展的相关案例，如汝官窑设计元素的文化创意产品应用、石窟纹饰设计元素的文化创意产品应用和传统工艺元素的文化创意产品应用等。

参考文献

[1] 徐聪，谢文婷.中国工业设计文化发展回顾与趋势研判[J].重庆社会科学，2019（8）：117-128.

[2] 国务院以国发〔2014〕10号印发关于推进文化创意和设计服务与相关产业融合发展的若干意见[EB/OL].（2014-02-26）[2024-09-20]. https：//www.gov.cn/gongbao/content/2014/content_2644807.htm.

[3] 中国制造2025 [EB/OL].（2015-05-19）[2024-09-20]. https：//www.gov.cn/xinwen/2015-05/19/content_2864538.htm.

[4] 中共中央办公厅 国务院办公厅印发关于推进工业文化发展的指导意见[EB/OL].（2017-01-

08）[2024-09-20]. https：//news.cctv.com/2017/01/08/ARTI4xffxPdgVWC2k8Zv6OjK170108.shtml.

[5] 中共中央办公厅 国务院办公厅印发国家“十三五”时期文化发展改革规划纲要[EB/OL].（2017-05-08）[2024-09-20]. https://news.youth.cn/jsxw/201705/t20170508_9692389.htm.

[6] 中共中央办公厅 国务院办公厅印发“十四五”文化发展规划[EB/OL].（2022-08-16）[2024-09-20]. https：//www.gov.cn/zhengce/2022-08/16/content_5705612.htm.

[7] 高举中国特色社会主义伟大旗帜 为全面建设社会主义现代化国家而团结奋斗[EB/OL].（2022-10-25）[2024-09-20]. https：//baijiahao.baidu.com/s?id=1747703891356370505&wfr=spider&for=pc.

[8] 中共中央办公厅 国务院办公厅印发关于推进实施国家文化数字化战略的意见[EB/OL].（2022-05-22）[2024-09-20]. https：//www.gov.cn/xinwen/2022-05/22/content_5691759.htm.

[9] 李克强作政府工作报告[EB/OL].（2016-03-05）[2024-09-20]. https：//www.gov.cn/guowuyuan/2016-03/05/content_5049372.htm.

[10] 胡宇坤.产品文化内涵策划研究[D].西安：陕西科技大学，2015.

[11] 邓威.产品改良设计[M].北京：北京理工大学出版社，2020.

[12] 王文萌.体验经济时代的设计价值[M].北京：化学工业出版社，2022.

[13] 王伟伟，安胜男，胡宇坤.唐代建筑文化因子提取及应用研究[J].机械设计与制造工程，2015，44（11）：69-72.

[14] 古月.传统纹样[M].上海：东方出版社，2010.

[15] 王旭玮，曾沁岚.传统装饰设计与应用[M].北京：人民邮电出版社，2015.

[16] 王伟伟，王艺茹，胡宇坤，等.孔子问答镜的文化特征提取与设计应用研究[J].包装工程，2016，37（14）：126-130.

[17] 乔现玲，樊佳爽，胡志刚，等.北宋汝官窑器型情感研究[J].中国陶瓷，2015，51（4）：38-44.

[18] 汶晨光，苟秉宸，吴林健，等.基于眼动分析的文化设计基因提取与应用研究[J].计算机工程与应用，2018，54（11）：217-224.

第4章　工业设计服务的发展——发展设计服务

发展工业设计服务是国家提高创新能力的重要选择，工业设计服务业是创新经济时代国家战略选择与政策的重要组成部分。本章对工业设计服务的发展情况、发展趋势、发展案例进行研究。

4.1　工业设计服务发展的情况

2020年，工业和信息化部等15部门联合印发《关于进一步促进服务型制造发展的指导意见》[1]。明确提出："实施制造业设计能力提升专项行动"，推动服务型制造创新发展。2016年印发的《服务型制造发展专项行动指南》也明确把"设计服务提升行动"作为四大主要行动之一。这表明：工业设计已经成为服务型制造的重要方向之一，服务型制造创新设计能力的提升是政策关注的重点之一，创新设计能力提升就是要推动设计、服务、管理、工程的高度融合。21世纪，以计算机和网络技术为代表的新技术快速发展，知识创新和产业服务化转型成为适应新经济发展中的创新需求。基于服务的创新思维成为工业设计服务发展的重要一环。

产品的服务化和服务设计是设计创新的必经之路。从工业设计服务发展现状来看，设计服务相关支撑技术虽已形成多样化的理论与方法，但仍存在以下问题（见图4.1）。

图4.1　工业设计服务发展的问题

4.1.1　工业设计服务业层次发展的局限性

我国工业设计服务市场庞大而复杂，工业设计服务的产业化程度相对较低，工业化程度、整体经济规模以及专业化程度有待进一步提高。此外，工业设计企业所提供的专业服务相对集中于产品设计、包装设计、平面设计、环境设计等，设计的市场规模容易受到如经济环境、技术进步和行业需求等方面的影响。不少新兴服务需求难以得到有效满足（如商务服务业、科技交流业、居民服务业等），缺乏高端服务和个性化服务，工业设计服务业的市场规模和产业竞争力亟须提高。

4.1.2　工业设计服务关键支撑技术的局限性

工业设计服务的支撑技术部分局限于理论研究（如资源整合技术、需求整合技术和按需优化配置技术等），网络化应用研究的服务相对较少，相对缺乏设计支撑技术付诸实践的实用性验证。例如，工业设计用户感知意象的研究集中于理论和模型构建，缺乏将感知意象转化为产品设计的实践工具；工业设计网络化协同的研究大量集中于协同模型研究，缺乏协同创新的网络化实践。

4.1.3　工业设计服务对象单一

传统工业设计服务对象相对单一，仅针对设计企业、制造企业、销售企业等单向行业。服务平台无法为全产业链中的各用户提供协作与支持，未能实现平台资源的有效整合和动态智能匹配，无法满足市场对设计服务的多样化需求。

4.1.4 工业设计产业链不完整

设计在传统产业链条中依附于制造和营销，并处于从属地位。设计仅被作为使产品更美观、使用更舒服的视觉和触觉工具。大多数设计企业和设计师相对缺乏技术整合能力，未能为企业提供集设计、制造、管理、销售等一体化服务，无法为工业设计转型升级提供核心动力。

4.1.5 工业设计项目运作形式单一

传统工业设计项目运作形式相对单一，单纯按照制造企业或施工方的设想完成设计项目，仅依赖设计师自身的经验、直觉、灵感，无法保障各类新产品开发在数量、质量、周期上的严格要求与限制。此外，工业设计企业需要的知识管理系统缺少统一平台的指导，不能快速并科学地获取各类重要信息资源，以减少大量重复性工作，保障持续不断的设计创新。

4.2 工业设计服务发展的趋势

产品设计是制造业的灵魂，设计信息是产品工业设计中提高产品设计质量的主要因素之一[2]。随着工业设计产业链的逐步形成，以信息技术为指引的新工业设计价值链模式和机制亟须诞生。未来几年的工业设计发展尤为重要，将是我国工业设计发展方式转型、迎接新产业革命、加快创新型国家建设的关键时期。

工业设计服务发展的趋势见图4.2。

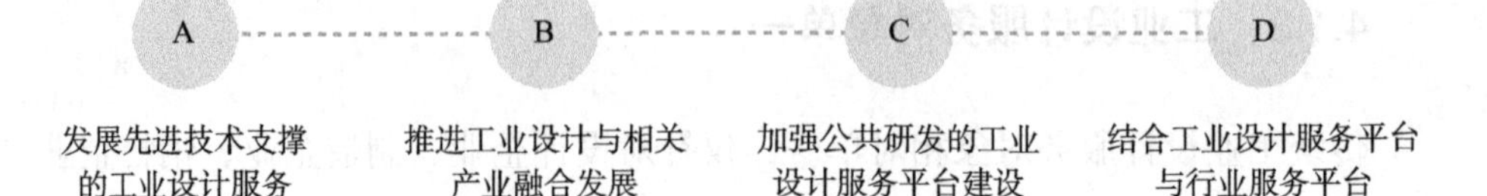

图4.2 工业设计服务发展的趋势

4.2.1 发展先进技术支撑的工业设计服务

现代企业把工业设计与信息技术相结合，联合相关高校、企业、科研院所、专家、客户等设计开发力量进行协同创新，已成为当前企业转型升级、提高开发能力、赢得市场份额的重要手段之一[3]。发展工业设计服务是企业提高创新能力的重要选择。

欧盟许多国家制订了关于发展工业设计服务的行动计划和设计战略，将其作为整合国家创新资源的优势工具，并与国家品牌战略相联系，发挥工业设计引领技术创新的潜在优势。许多国家将设计作为创新战略的重要内容，通过培养设计人才、振兴设计产业、创建设计文化，借助设计整合科技、制造、商业、文化等资源，提升产品竞争力和附加值，创建国际著名品牌。英国、荷兰、丹麦等欧洲国家先后设立设计相关协会，制定国家设计发展政策。日本、新加坡、韩国等国家也成立了专门设计机构。

在信息技术和网络技术发展的趋势下，应结合线上线下交互设计模式，集聚现有的工业设计资源和技术，构建“网络化创新+群体化协同”的创新设计服务机制，提高设计在现代社会中的引领地位和服务能力。基于这种新的设计模式和设计机制，要增强工业设计在新产品开发过程中的主导地位，提升工业设计在用户满足度、设计创新度方面的质量水平，并带来一定的社会与经济效益。

4.2.2 推进工业设计与相关产业融合发展

推进工业设计与相关产业融合发展，集聚工业设计资源，可以为设计企业提供信息、知识、人才、管理等多方面支持。通过整合产业链上中下游的企业群资源，为产业链企业群的采购、销售、售后服务、物流等业务协作和企业内外一体化资源集成提供可行的服务支撑，有利于加强产业链的纵向深度整合与协同[4]。

我国在2010年的政府工作报告中首次将工业设计列入生产性服务业，提出：要大力发展金融、物流、信息、研发、工业设计、商务、节能环保服务等面向生产的服务业，促进服务业与现代制造业有机融合。国务院印发的《关于推进文化创意和设计服务与相关产业融合发展的若干意见》指出：把设计服务提高到一个历史使命的重要关键时刻的重要任务，文化创意和设计服务具有高知识性、高增值性和低消耗、低污染等特征。依靠创新，推进文化创意和设计服务等新型、高端服务业发展，促进与相关产业深度融合，是调整经济结构的重要内容，有利于改善产品和服务品质、满足群众多样化需求，催生新业态、带动就业、推动产业转型升级。《战略性新兴产业分类（2018）》于2018年10月12日经国家统计局第15次常务会议通过。设计服务业被国务院定为战略性新兴产业。

在学习借鉴美国、日本、德国等工业设计强国经验的基础上，我国需要进一步加快工业设计产业建设，明确总体任务与阶段性推进目标，从系统创新和集成创新的角度提升产品价值含量与市场竞争力。在发展方略上，进一步深化工业设计产业化发展，以技术驱动产品与服务，对接创新驱动与制造强国战略。依托国家品牌体系建设，实施跨领域、跨地域的设计产业发展联动与设计创新合作项目，为工业设计与艺术、文化、科技、技术融合发展创造有利条件。

4.2.3 加强公共研发的工业设计服务平台建设

设计是一种创造性的活动，其目的是为产品、过程、服务以及它们在整个生命周期中构成的系统建立起多方面的品质。工业设计是将科技成果转化为生产力的关键环节，是塑造产品品牌，提升市场竞争力的重要抓手。党的十八大报告中明确提出要实施创新驱动发展战略。工业设计是制造的起点，是制造产业链的龙头，是促进转型升级的利器。我国从制造大国走向制造强国，乃至创造强国，必须重视工业设计，抓住这一创新的龙头，为创新驱动发展战略提供新的推动力，依靠工业设计实现强国梦。

目前，我国设计产业还处在初级阶段，具体表现为设计企业在工业设计的理论、设计转化技术、产业环节沟通、产业人才建设、综合管理等方面实力不足，还面临整体市场不成熟、需求不稳定、产业链尚不完整等系列问题。我国的科技原创和创新技术相对较少（如中国首创的技术体系、经营模式等方面），多数企业处在产业链的低端，产品和服务的附加值相对较低。针对这些问题，必须充分认识到设计创新对于工业设计服务发展的全局性和关键性。通过理论引领、技术支持、人才培育，提升自主设计能力，促进创新驱动发展，提升中国制造与服务价值。同时，重视建立面向工业设计的网络化平台及产业化应用体系，引导与激励企业开展产品创新与服务。

科技部《现代服务业科技发展"十二五"专项规划》[5]中提出：发展研发设计服务业，提高创新设计能力。为工业设计行业发展提出了明晰化的方向与具体措施：积极培育第三方工业设计机构，将工业设计服务支撑范围扩展到产品生命周期全过程。建立重点行业产品设计通用数据库、试验平台及设计服务平台，促进设计资源的共享利用。建立专业化设计服务标准和管理体系，促进各类专业性设计机构的集聚发展。提高科技服务能力，加速科技成果转化，促进科技服务产业化，做大做强科技服务业。

由此可知，加强公共研发服务平台建设有利于提升我国工业设计的发展水平和发展潜力。通过平台应用，可有效解决由设计资源分散而导致的价值链实现机制模糊与设计目标实现效率低下的问题，打通设计链闭环中各环节的关联障碍，实现资源利用的最大化，为制造业转型升级提供帮助[6]。

4.2.4 结合工业设计服务平台与行业服务平台

工业设计与相关产业融合发展的服务平台，可以集聚设计资源，并实现资源开放共享与集成应用。同时，工业设计服务平台为设计企业提供信息、知识、人才、管理等多方面支持，推动工业设计产业集群的提升和壮大。

工业设计云服务平台与行业设计服务平台相结合，是解决设计链闭环中各个环节的关联障碍问题的重要手段。传统工业设计的服务方式主要是面向特定区域提供本地化产品设计、人才培养、资源共享、信息传播等低端服务。由于这些设计资源相对分散，无法解决设计各环节的关联障碍问题，存在工业设计行业资源闲置、设计资源浪费（如过度的资源投入）和高端资源缺乏、设计链脱节（如策划、规划、设计、建设、运营等环节存在断层）等问题。因此，需要建立资源有效集聚、开放共享、上下游协同的服务平台，结合各行业全产业链闭环中创意需求，以及设计开发、仿真分析、生产制造、产品营销的发展需求，提升工业设计服务的水平和能力。

4.3 工业设计服务发展的案例

随着信息化的快速发展，云制造、云计算、物联网、大数据、虚拟化等新技术的应用，设计服务已成为一种创新模式（如众包、众筹等创新协作模式与设计服务产业相融合）。国内外已出现具有网络化协同创新的设计和制造服务平台（如天马行空服务平台、猪八戒服务平台等），这些服务平台涵盖了新的协作模式，为工业设计与相关产业融合发展提供了专业化、集约化和品牌化的服务。

4.3.1 工业设计相关的服务平台

服务平台是服务模式的载体。基于动态互联网资源，将创新设计转化为经济效益的设计服务平台不断出现（如圣鸿云服务平台等），将设计服务平台与工业设计相结合的典型产业案例也逐渐呈现（如汽车产业服务设计、船舶产业服务设计等）。这些现状对于实现设计资源集聚整合、提升设计相关行业服务质量、推进设计服务与相关产业融合发展具有重要意义。

随着信息技术的发展，谷歌（Google）、亚马逊（Amazon）等互联网行业建立了设计服务平台。

4.3.1.1 谷歌应用引擎平台

谷歌应用引擎是谷歌推出的网络应用开发平台，该平台允许在谷歌的基础架构上运行用户开发的网络应用程序，并根据应用访问量和数据存储需求进行相应扩展。通过使用谷歌应用引擎，基于引擎支持的动态网络服务、持久存储空间、自动扩展、快速检索和多样化搜索服务等相关功能，为用户提供实时、动态、个人化的服务。

4.3.1.2 亚马逊弹性云平台

亚马逊弹性云是相对较早的云服务平台之一，为用户提供可扩展的计算能力（即一种计算容量可调整的网络服务）。用户通过亚马逊弹性云提供的网络界面，系统根据用户需求动态地调整资源的分配和利用，实现灵活的数据存储、资源利用等服务内容。这种弹性架构可以帮助用户提高业务的灵活性和可用性，节省设备及维护等不必要的相关费用。

4.3.1.3 微软（Microsoft）操作系统平台

微软云计算平台主要有Windows Azure、Microsoft.NET服务、Microsoft SQL服务和Live服务四个组件，其中Windows Azure是云服务平台的核心。微软云服务平台依靠强大的分布式集群，为用户提供强大的计算和存储服务。通过互联网访问的基础设施，用户可以将应用程序和数据部署在服务平台上运行，并根据用户动态使用程度和范围进行服务付费。

综上可知，向用户提供网络服务的亚马逊云被视为云计算的先驱者，随着谷歌应用引擎和微软操作系统的推出，更多的服务平台参与服务发展与开拓中。

以谷歌、雅虎、亚马逊、赛富时、微软为代表的服务平台特征见表4.1。

表4.1 工业设计相关的服务平台特征

云服务平台	谷歌	雅虎	亚马逊	赛富时	微软
访问界面	Web-based GAE网站	Web-based YOS网站	Amazon EC2网站	Web-based force.com	Web-based Azure网站
平台特点	可弹性伸缩计算与存储资源	开放式策略	定制化的虚拟主机	集成开发平台	集成开发平台与在线服务

续表

云服务平台	谷歌	雅虎	亚马逊	赛富时	微软
关键技术	GFS MapReduce Bigtable	MapReduce HDFS HBase	采用开放源代码的虚拟化技术	Visualforce 用户界面	WServer2008 Hyper-V 虚拟化技术
开放源代码与否	未开源	Open Source	Open Source	未开源，仅开放API	未开源，仅开放API
程序开发语言	Java、Python	PHP、Python、Perl、Java	企业自行安装的操作系统和开发平台	Apex、Flex	VisualBasic、C#、.NET
数据库	BigTable 与 Gdata	HBase	Amazon S3	force.comDatabase	SQL Service
免费方案	免费开发10个应用程序	无应用程序数制	无	免费开发1个应用程序	无

4.3.2 工业设计相关的平台类型

依据服务内容，服务平台可划分为设计服务平台、制造服务平台和管理服务平台（见图4.3）。

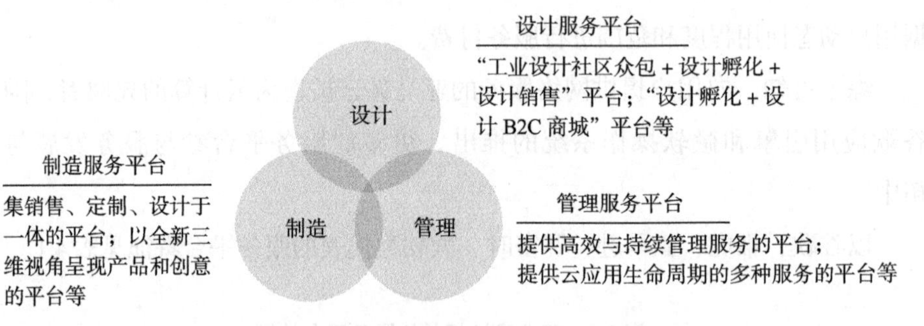

图4.3 工业设计相关服务平台类型

4.3.2.1 设计服务平台

设计服务平台是将云服务思想引入到设计相关领域，使设计资源得到有效管理和运用。设计服务平台有："工业设计社区众包+设计孵化+设计销售"的

Quirky平台；“设计孵化+设计B2C商城”的Threadless平台；互联网众筹平台Kickstarter；设计资源在线开源分享的Opendesk平台；家具设计孵化与加工定制的Fabsie平台；为用户提供在线设计解决方案的猪八戒服务平台；以设计空间为主要内容的设计服务平台等。

4.3.2.2 制造服务平台

在制造服务平台上通过整合制造资源实现资源共享和服务创新[7]。制造服务平台有：为用户提供三维打印定制服务的天马行空平台；为用户提供多种线上建模方式的“打印啦”平台；集销售、定制、设计于一体的Shapeways平台；用户可以上传自主设计的三维模型并选择打印材料和材质的3deazer平台；以全新三维视角呈现产品和创意的3dhub互动平台等。

4.3.2.3 管理服务平台

管理服务平台以实现可视化和层次化的有效管理为目标。管理服务平台有：利用众包方式，让用户参与产品开发过程的Skyform平台；帮助用户实现对公有云、私有云和混合云统一管理、为分散用户提供高效与持续管理服务的Fit2Cloud平台；提供云应用生命周期的多种服务的OpSnow平台等。

4.3.3 工业设计相关的平台模式

自设计、制造和管理服务平台涌现后，在云计算、物联网、大数据等新技术支撑下，众包、众筹、众创等服务模式逐渐发展。

工业设计相关的服务平台模式见图4.4。

4.3.3.1 众包模式

众包平台作为数字经济发展的一大趋势，打破了传统的雇佣关系，为企业获取外部资源提供了途径[8]。众包模式依托网络化环境，采用分布集中式的服务机制，将产品设计的开发任务以自由自愿的形式外包给相关成员，使创意设

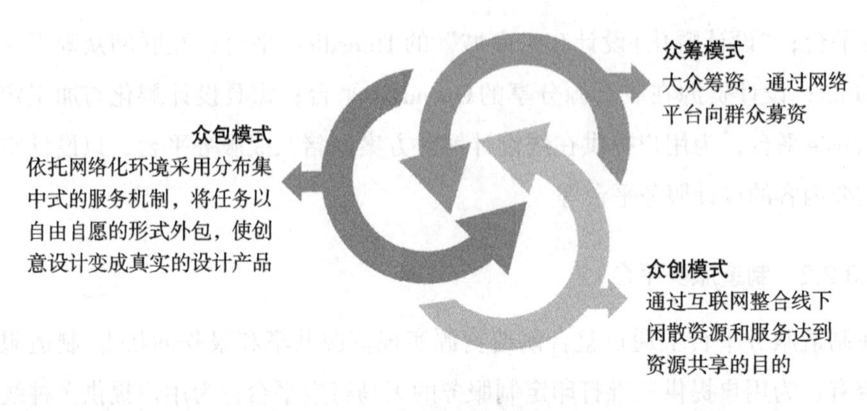

图4.4 工业设计服务平台模式

计变成真实的设计产品。该模式合理利用社会各方劳动力，具有多样性和低成本的特点。现有的服务平台中不少就采用了众包模式，如Threadless云平台、Quirky云平台和猪八戒网络平台等。虽然众包模式创造了一种全新的劳动力组织形式，节省了部分人力成本，也利于把工作化整为零简单化，但仍存在一些问题，在统筹调配功能和数据处理深度等方面还需进一步探索。

4.3.3.2 众筹模式

众筹是一种大众筹资的模式，通过网络平台向群众募资来支持各种活动。众筹作为供给侧结构性改革不容忽视的力量已被纳入"十三五"规划，通过众筹模式的交易规模在2020年将突破万亿[9]。该模式依靠大众力量进行创意和创新活动。众筹产品的成功离不开应用网络服务和升级用户体验。现有的众筹模式包括：通过互联网面对公众集资的众筹Kickstarter平台、京东众筹平台、万创众筹平台等。虽然众筹模式在不同应用领域取得了一定成果，但仍存在非法集资、知识产权权益受到侵犯、项目发起者存在经济风险等问题。

4.3.3.3 众创模式

随着互联网的普及和移动互联网的广泛应用，创新2.0模式形成，创新民主化环境和条件成熟，大众创新成为一种新的创新模式[10]。众创模式以达到资源共享为目的，通过互联网整合线下闲散资源和服务。现有众创模式包括：为用户提供快速成长与交流学习的京东众创平台、实现优质资源合理匹配的腾讯众创平台、聚集海量企业和建设工程全产业链服务的工程众创云平台等。这些平台综合线上线下服务，将创新与创业、孵化与投资相结合，对推进产业融合发展具有重要意义。但众创模式属于新生事物，在服务体系构建、运营能力维护和管理水平提高等方面仍需完善。

众包、众筹和众创均是以服务平台为载体的互联网新模式，各具特点（表4.2）。

表4.2 众包、众筹、众创服务模式的比较分析

	众包模式	众筹模式	众创模式
概述	整合标准化劳动	向大众筹资	整合非标准化劳动
营利方式	佣金、会费、免费-增值等	佣金、会费、免费-增值等	佣金、会费、免费-增值等
案例	猪八戒网、万创众包、一品威客、任务中国等	京东众筹、万创众筹、淘宝众筹、众筹网等	京东众创平台、腾讯众创平台、工程众创云平台等
角色构成	企业、平台、普通用户	发起人、支持者、平台	创业者、支持者、平台
特点	降低成本、合理利用劳动力，加快市场响应速度	低门槛、多样性、依靠大众力量、注重创意	开放性、低成本性、便利性
优点	具有专业性，提高生活品质，增强企业核心竞争力	大众参与，门槛低；快速融资	开放性、低成本性、共享性

①风险控制：众包模式和众创模式采用相对分散的风险控制策略，相对减少了风险发生造成总体损失的程度。众筹模式采用相对集中的风险控制策略，虽然可以减少风险分散带来的协调难度增大等问题，但若项目发起人出现问题，则会增加项目风险。

②服务主体：众筹项目的支持者多为普通用户，虽然降低了融资的难度和成本，但缺乏专业指导和评估。众包和众创项目的服务主体不再局限于个人和企业，更多依赖于研究机构和团队，使其为产品设计生命周期中的各类活动提供更加专业化和多元化的服务。

③服务构建：众包模式是由企业、服务平台和普通用户构成，众筹模式由

项目发起人、项目支持者和服务平台构建。众创模式由创业者、支持者和服务平台构成。相较于众包和众筹，众创较关注于硬件建设（如设施和设备等实际物质建设）而忽视了软件建设（精神状态和规则制度等精神建设），未形成相对成熟的体系结构。

通过众包、众筹和众创模式的比较分析可知，三者在依托环境、依托技术、服务资源、服务领域、服务方式、盈利方式等方面均具有相似点。

①依托环境：依托于云平台的网络化环境。

②依托技术：依托云计算、云安全和云存储技术。

③服务资源：借助互联网和云平台提供的资源和应用，实现各类资源统一的智能化管理。

④服务领域：服务领域广泛，涉及跨行业、跨领域的服务。

⑤服务方式：采用一对一、一对多、多对一等方式提供有针对性的服务。

⑥营利方式：向用户提供部分会员服务制度。

综合分析，无论何种模式均具有各自的优缺点，在实际活动中需要结合产品的行业生命周期、产品特性、投入与回报等进行判定，综合考虑各方面因素选择相对适合的服务模式。

4.3.4 工业设计相关的平台特点

工业设计服务是一种基于知识的网络化智能设计新模式。它将设计模式与云计算、物联网、高性能计算等技术相融合，对设计资源和设计能力进行虚拟化和服务化。通过对这些资源进行统一管理和经营，实现设计全生命周期过程的服务共享与协同，为用户提供随时获取、按需付费的设计服务。

云服务平台是一种实现资源有效集聚、开放共享、上下游协同的应用平台[11]。在工业设计云服务平台中，利用因特网接入技术和数据虚拟化技术，实现设计全生命周期设计资源和设计能力的共享与协同，为设计用户提供泛在的、随时获取、按需付费的设计云服务。工业设计服务平台由各类资源提供方（如消费者、设计公司、技术公司等）、服务需求方（如制造企业、行业协

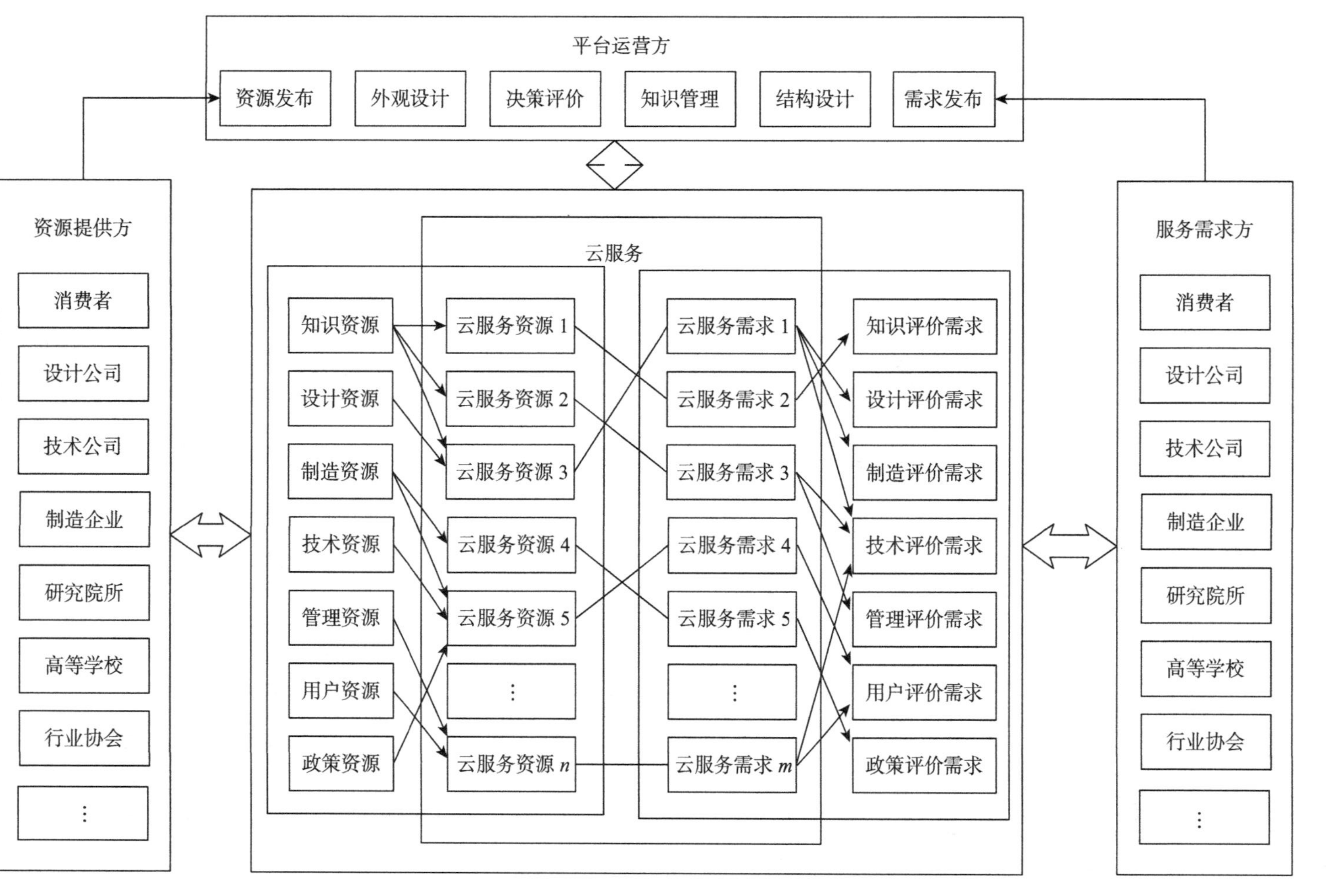

图 4.5　工业设计服务平台构成

会、科研院所等）和平台运营方（如服务平台运营商、技术工程师等）组成。通过服务需求方创造市场、资源提供方提供服务和资源、平台运营方管理平台来实现交易双方价值最大化。平台运营方的利益建立在服务需求方和资源提供方利益基础之上，通过交易固定费用和分成费用等方式保障和实现多方的利益。

工业设计服务平台构成见图4.5。

依托网络环境下的各类资源，构建具有用户主体多元化、设计专业化、资源共享化、管理动态化的服务平台，创新设计服务模式可以有效实现产品品牌塑造和高质量发展，以提升设计服务业的发展竞争力。

工业设计服务平台具有以下特点（见图4.6）。

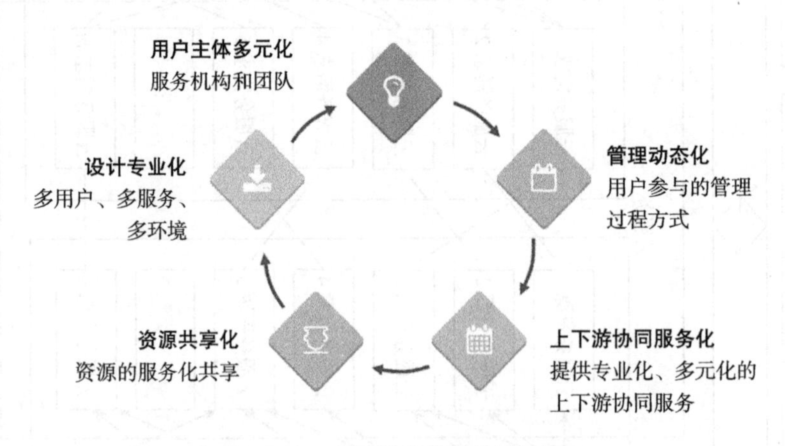

图4.6 工业设计相关服务平台特点

4.3.4.1 用户主体多元化

依托于网络化环境，工业设计的服务主体不再局限于个人和企业，更多依赖于服务机构和团队。服务主体包括设计公司、技术公司、制造企业、研究院所、高等学校和行业协会等机构的相关人员。普通用户既是服务资源的提供者，又是服务应用的消费者。

4.3.4.2　设计专业化

在多用户（多用户同时登录使用）、多服务（多种不同的服务方式以满足不同用户的需求和偏好）、多环境（不同使用环境、开发环境、实践环境等）的工业设计服务平台中，发展具有灵活性、伸缩性和扩展性的工业设计服务，并对网络环境下的相关资源和服务进行专业化管理，为工业设计方案的有效评价提供专业化支持。

4.3.4.3　资源共享化

网络服务平台是一个注重资源开放共享的系统，为用户提供包括数据采集、数据计算和数据集成的实时性服务。通过整合相关资源，收集、整理、储存相关资源信息，为工业设计方案提供有效的资源支持。

4.3.4.4　管理动态化

管理动态化指以用户需求为驱动力，集聚工业设计相关资源，引导用户参与的过程管理方式。以用户需求为出发点，通过准确把握用户需求和市场动态、加强服务运营管理，实现设计的网络化动态服务新管理。

4.3.4.5　上下游协同服务化

服务平台为工业设计生命周期中的相关活动提供专业化和多元化的上下游协同服务。基于智能化服务推荐技术和相关服务决策理论，实现社会性大规模的设计协同和资源共享。

综合上述分析，要将设计服务思想引入相关领域，使得设计资源得到有效的管理和应用。结合相应的接入技术和虚拟化技术，实现设计资源的网络化集中共享，从而实现基于知识创新的敏捷化、服务化、绿色化设计。

4.3.5　工业设计相关的平台架构

工业设计相关服务平台架构包括物理资源层、虚拟资源层、核心服务层、核心工具层、应用交易层、服务应用层，见图4.7。

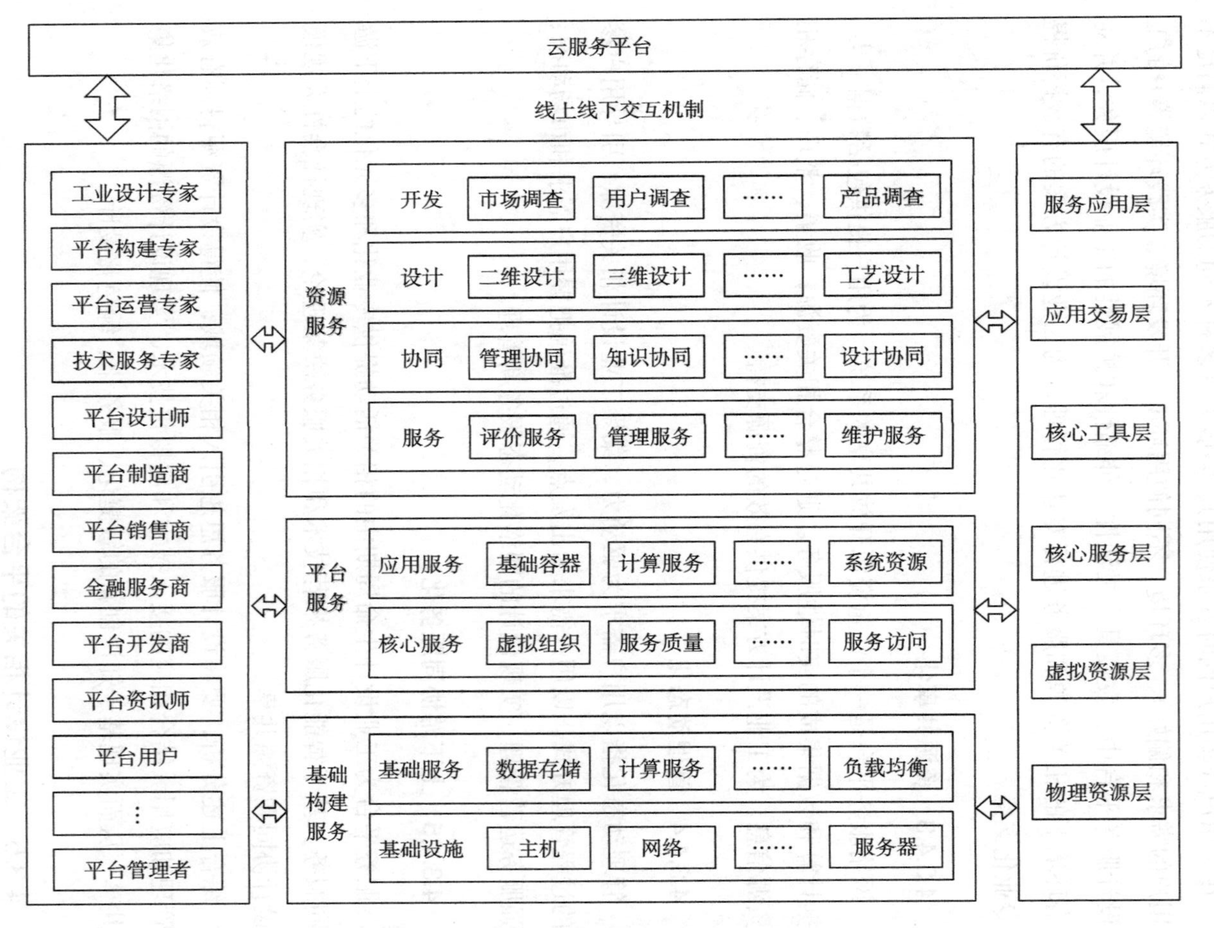

图 4.7 工业设计相关服务平台架构体系

4.3.5.1　物理资源层

物理资源层是工业产品设计服务平台的支撑基础，提供服务器资源、存储资源和网络资源。通过虚拟化技术为服务平台的规范运行提供数据存储、数据计算、数据管理等基础服务。

4.3.5.2　虚拟资源层

虚拟资源层集聚工业产品设计服务中分散异构的服务资源，通过资源建模、资源虚拟化、异构数据集成和服务定制建立资源虚拟化模型，将物理信息资源向虚拟资源转换，使云模式下的操作系统与应用程序支持众多分布式、异构的服务平台之间的资源共享与业务协作。

4.3.5.3　核心服务层

核心服务层为服务平台上不同身份的用户提供统一的访问入口，提供包括云端存储服务接入、资源服务质量管理、需求资源价值分析、服务团队偏好优选、设计方案评价等服务内容，以实现基于服务平台的知识共享和资源优化配置。

4.3.5.4　核心工具层

核心工具层为核心服务层提供支撑工具，通过建立线上线下交互式服务机制，基于云平台上的需求发布、知识管理和设计评价等服务模块，为云模式下的用户提供包括需求管理、需求分析、资源匹配、协同设计、方案评价、交易管理等多方面的工具支持。

4.3.5.5　应用交易层

应用交易层以满足用户需求为目标，通过对资源进行虚拟化和服务化管理，实现服务资源的开放共享和优化配置，提供包括设计、评价、生产、经营、管理等不同程度的服务交易项目。

4.3.5.6 服务应用层

服务应用层结合相应的接入技术和虚拟化技术，实现设计资源的网络化集中共享，用户可以参与项目的信息交互全过程。

4.3.6 工业设计相关的平台开发工具

工业设计服务平台包括网络前端展示部分和网络后端管理部分（见图4.8）。网络前端是指在工业设计中用户所接触的东西，包括关于产品信息的网络页面结构、网络页面外观视觉表现和网络页面交互实现。网络后端是云平台的逻辑部分，网络后端主要涉及数据库。在产品设计与开发过程中该部分主要与数据库进行交互，以实现高质量产品的品牌塑造和价值呈现的目标。评价原型系统通过网络前端和后端间的协作，用户在前端对工业产品设计进行交互或开发，后端将优化算法编入程序，对用户的信息数据进行分析处理，并将处理后的数据发送给前端。

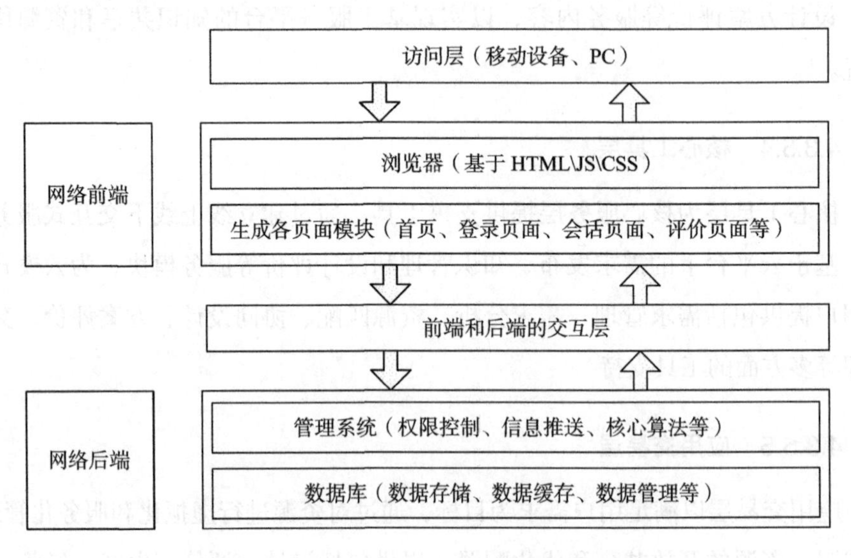

图4.8 工业设计服务平台的网络前端与后端

工业设计相关服务平台支持众多分布式、异构的行业资源共享与业务协作，充分考虑了全产业链闭环中创意需求、设计开发、仿真分析、生产制造、产品营销等环节的特点和发展需求，能有效地满足相关企业的应用需求[12]。合适的系统开发环境对于提高工业设计服务平台的工作效率和降低开发周期具有重要意义。工业设计相关服务平台以Eclipse为主要开发环境，主要编程语言为JavaScript、J2EE及PHP，通过将PHP语言嵌套到HTML语言中，实现前端平台连接后台数据库，进行数据计算、筛选和修改操作；运用MySQL进行数据库构架，针对平台各功能模块，分别建立支持不同模块的多个数据表，设置相应的数据关联，构架平台数据库。

工业设计相关服务平台的开发工具包括：用户管理工具、资源管理工具、信息管理工具、动态展示工具、功能实现工具等。

4.3.6.1 用户管理工具

以PKI（Public Key Infrastructure）和CA（Certificate Authority）技术为核心，构建云模式下用户的统一信任管理平台。集成注册服务和电子密钥管理，提供静态用户名和数字证书等多种认证方式，实现集中全面有效的用户管理，更好地实现业务系统整合和内容整合。

4.3.6.2 资源管理工具

为对服务平台上错综复杂的设计资源进行有效集聚和利用，采用MySQL Server、JDBC（Java DataBase Connectivity）、DAO（Data Access Object）、JNDI（（Java Naming and Directory Interface）等技术将分散和异构的服务资源进行有效管理，以达到实现产品创新设计与开发的目标。

4.3.6.3 信息管理工具

为实现基于用户需求的工业产品设计服务，建立网络环境下用户与服务平台的交互关系，用户可以通过交互界面向服务平台输入相关信息，并获得有效资源，采用JSP（java server page）、JS（JavaScript）、HTML（HyperText Markup Language）和CSS（Cascading Style Sheets）技术来实现交互界面。

4.3.6.4 动态展示工具

通过WebGL技术对工业产品设计进行虚拟的实物展示，利用计算机网络技术为用户提供交互感知服务。WebGL可以为HTML5 Canvas提供三维视角的动态展示功能，用户可以选择产品设计方案的不同角度进行灵活展示。

4.3.6.5 功能实现工具

为有效实现服务平台上的分析、设计、制造、评价等项目，采用Java语言的Spring MVC（Spring Model-View-Controller）编程思想、Java语言的软件开发工具包JDK（Java Development Kit）和Tomcat服务器来实现工业产品设计与开发的相关技术功能。前端利用Visual Studio Code工具，后端利用Visual Studio工具构建应用程序。

4.3.7 工业设计相关的平台流程

工业设计服务平台的运行流程包括需求处理、团队构建、方案生成、评价优选和数据库更新。工业设计服务平台的运行流程见图4.9。

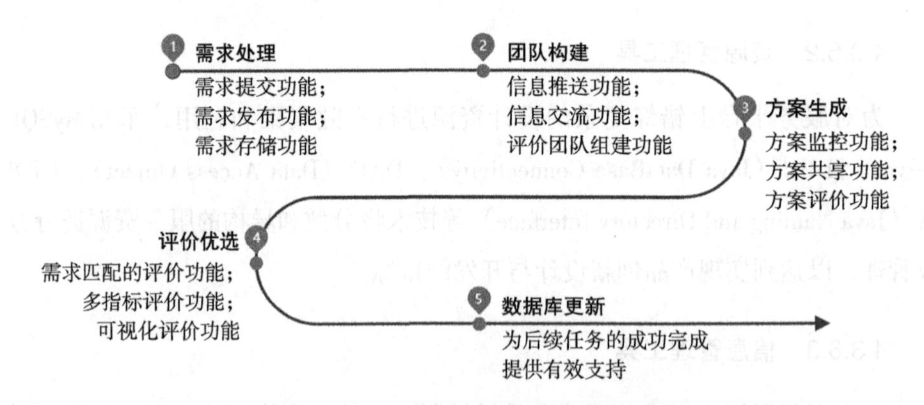

图4.9 工业设计服务平台的运行流程

4.3.7.1 需求处理

基于网络环境，用户注册并登录云平台，通过网络交互式对话机制邀请服务需求方提出相关问题，对特定问题进行高度概括，并发布文本类格式的任务需求信息。将信息资源进行规范化存储，构建用户需求数据库和任务要求数据库。

为提高工业产品设计的用户需求体验，需对用户需求进行有效处理，实现如下功能。

（1）需求提交功能：为用户提供规范化的需求提交格式，在规范化格式内完成对工业产品设计需求的语言描述，并制定对需求的约束限制条件。

（2）需求发布功能：用户可以在平台启动需求发布功能，通过对工业产品设计的需求信息进行整理和分析，系统性地从需求信息中检索并获取准确、适用的信息。

（3）需求存储功能：平台系统在完善用户信息（用户属性、用户类别、用户级别等）的基础上，构建需求数据库，将有价值信息规范化存储。

4.3.7.2 团队构建

工业产品设计服务团队平台决策系统基于用户需求和任务类型，将任务信息相继推送给平台中的服务提供者。根据虚拟网络团队的特点以及成员选择的原则，通过构建团队优选决策模型，组建设计师、工程师、制造商等多主体成员，并向其推荐与任务相关的知识和工具。

为实现工业产品设计的有效评价，需对参与产品设计评价的团队成员进行比较与优选，组建具有多元化主体的评价团队。产品设计评价团队的组建主要实现如下功能。

（1）信息推送功能：依据用户需求，向服务平台中的各类成员推送评价任务信息，将申请参与评价任务决策的成员信息反馈给用户。通过信息推送功能帮助用户高效率地发掘有价值的信息。

（2）信息交流功能：将用户参与引入产品设计全生命周期过程中，用户可以通过交互工具（如交互软件等）完成与消费者、设计师、制造商、销售商等群体的信息交流服务。

（3）评价团队组建功能：通过建立一套系统性的团队成员评价目标，分别从个人能力、服务能力、合作能力各方面对申请参与设计评价任务决策的成员进行优选，组建设计与评价团队。

4.3.7.3 方案生成

基于云服务平台中的相关资源（存储资源、设计资源和制造资源等）和工具，服务团队为需求用户提供产品设计的专业化服务，并生成多个任务方案。

利用开放共享的交互环境和信息资源，基于交互设计工具，邀请优选设计师依据用户需求进行概念方案设计，将用户参与引入产品设计过程中。产品设计方案的共享展示主要实现如下功能。

（1）方案监控功能：对产品设计方案各阶段进行实时监控，便于服务提供方及时准确地了解用户要求，在服务中能够准确快速地发现问题并减小影响范围。

（2）方案共享功能：通过构建存储云资源池，对云平台中的设计资源、制造资源、计算资源、存储资源、网络资源等进行管理。通过共享线上线下的产品设计方案资源推动设计创新。

（3）方案评价功能：为从云服务平台上大量设计方案中优选出重要方案并进行针对性评价，依据云服务平台注册用户对共享设计方案的评价结果，构建优选设计方案数据库，为产品设计方案的需求匹配评价提供给目标对象。

4.3.7.4 评价优选

任务完成后，服务团队将产品设计方案上传至服务平台中的虚拟展示与交互系统，邀请用户和平台决策者对产品设计方案进行评价。利用服务平台中的相关资源，结合云服务模式与相应机制，构建产品设计的评价决策模型，优选出满足用户需求的产品设计方案。

基于特定产品的用户需求数据库和评价指标数据库，构建用户需求与评价指标间的关系模型，为产品设计方案评估机制提供数据支持。产品设计方案评价的结果展示主要实现如下功能。

（1）需求匹配的评价功能：以需求导向为目标、以整合资源为手段，获得基于用户需求的产品设计方案。

（2）多指标评价功能：基于网络前端对产品设计的相关信息进行评价和赋值，网络后端根据用户需求与评价指标间的匹配模型，筛选出体现评价指标特征的产品设计方案。

（3）可视化评价功能：将设计方案评价结果以可视化的形式展示出来，辅助用户直观了解设计方案的内涵和价值。

4.3.7.5 数据库更新

任务成功验收后，将本次任务所获得的知识和经验信息资源计入云平台数据库，为后续任务的成功完成提供有效支持。

4.3.8 工业设计相关的平台案例

以猪八戒服务平台、设计癖服务平台、一品威客服务平台为例进行分析（见图4.10）。

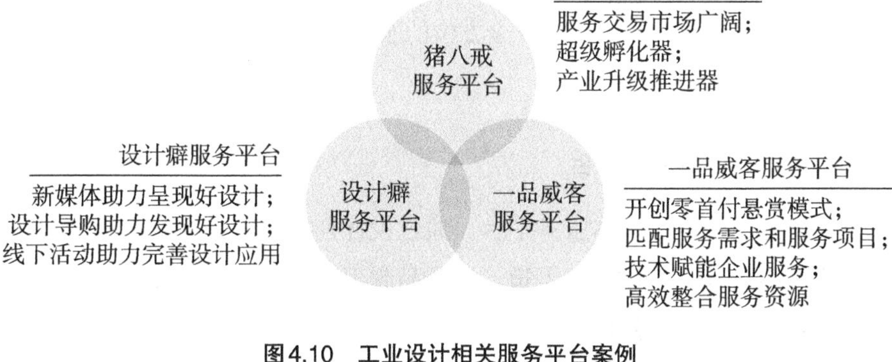

图4.10 工业设计相关服务平台案例

4.3.8.1 猪八戒服务平台

猪八戒平台于2006年创建，经过数十次腾云行动，已成长为国内领先企业数字服务平台、人才共享平台、服务交易独角兽企业，为中小微企业提供700

多项基础服务类目[13]。猪八戒网开创式地搭建起知识工作者与雇主的双边市场，通过线上线下的资源与大数据沉淀，为他们构建突破时空限制的生意、工作、生活的一体化系统。

猪八戒平台具有如下优点。

①服务交易市场广阔：该平台入选国家双创示范基地。提供企业管理服务、品牌创意服务、企业营销服务、产品制造服务、软件开发服务以及个人生活服务等。

②超级孵化器：通过大数据应用开启实体孵化空间，将服务提供方和服务需求方进行有效匹配，以达到满足市场服务需求、商业价值和社会价值的目标。

③产业升级推进器：依托互联网平台优势，通过工业设计和相关服务支撑，实现与用户需求匹配的“互联网+”产业升级。

综上，猪八戒平台服务流程为：需求方在平台上发布需求，服务商线下进行设计并在线上提交作品稿件，经过需求方确认作品方案后，需求方支付服务方悬赏金，双方互评后完成交易。该服务平台以服务交易为主，为用户提供在线设计解决方案。猪八戒平台提供招标、比稿、计件选稿等多种服务，采用线上发布需求、线下设计、线上提交的模式，简明易懂，易操作；服务交易项目种类非常丰富，涵盖创意设计、品牌建设、网站服务、网络营销、文案策划、生活服务等多种行业，为用户提供全方位的服务交易；平台服务模式应用广泛，目前已拥有较大的用户量。

4.3.8.2 设计癖服务平台

设计癖是一个设计媒体服务平台，通过设计连接品牌和大众消费者，帮助企业改进产品设计、拓展销售渠道、提升品牌形象。同时，为设计师提供展示交流平台和大赛活动报名服务等内容。

设计癖的战略框架被定义成四个层次：推动设计创业（推动物联网创业）；两大利器或称两种工具（即互联网和创投模式）；面向设计师、工程师和程序员三类人群；包含新媒体、创业平台、电子商务和孵化器四种业务模式[14]。

设计癖服务平台具有如下优点。

①新媒体助力呈现好设计：设计癖服务平台提供产品快报、产品评测和人物访谈三大服务，向用户呈现设计资讯、产品图文展示、用户及设计师人物访谈等。

②设计导购助力发现好设计：基于设计癖服务平台独有的设计导购服务，通过“买手”模式精选全球范围内的好设计，并引导消费购买。

③线下活动助力完善设计应用：设计癖服务平台为广大设计师和品牌提供了充分的线下路演和展示空间，帮助设计师们进一步扩大品牌影响力。

综合上述分析，设计癖服务平台主要以设计类的资讯为内容，为用户提供一个可寻找有趣设计内容的空间。该平台受众主要为设计师和设计爱好者，遍及全国。设计癖服务平台为用户提供多样化的评论方式，不仅包括一般的文字评价，还有投票评价以及多种点赞评价。平台整合知名院校、企业、设计师及设计类网站的站点链接，并提供与企业设计展会的合作项目，协助完成这些项目的线下工作。

4.3.8.3　一品威客服务平台

在信息化高速发展的时代背景下，众包商业模式带来创新服务的开放模式。一品威客网是一个服务外包平台，其服务交易品类涉及创意设计、网站建设、网络营销、文案策划、生活服务、软件开发、电商服务、影视动漫、翻译服务等多种行业。服务内容涵盖平面设计、营销推广、网站建设、装修设计、工业设计、文案策划、知识产权等现代服务领域。

一品威客服务平台具有如下优点。

①开创零首付悬赏模式：与传统投标模式相比，悬赏模式赋予用户更大的选择范围，具有自由灵活的服务特点，相对适合简单的设计、策划类任务。

②匹配服务需求和服务项目：一品威客服务平台整合各方资源，基于创新和高效的众包平台和数字市场，通过深度洞察用户需求，持续推动产品迭代创新。

③技术赋能企业服务：一品威客服务平台依托精准建模、高效匹配、自动

推荐等先进技术，利用人才链接、融合发展、平台赋能，为区域经济发展带来活力。

④高效整合服务资源：采用集成“创业孵化+成长加速+市场引导”一体的陪伴式服务，充分发挥平台共享经济示范效应，促进市场发展和繁荣。

综合上述分析，一品威客服务平台结合人工智能、大数据和云计算等先进技术，采用不同的服务模式（第一代以全额悬赏任务为主要收益模式；第二代以抽佣为主要获利模式；第三代采用拓展增值业务收益模式），通过营造互利共赢、健康发展的企业服务生态圈，构建数字经济发展并带动地区产业升级。

4.4 小 结

本章对工业设计服务的发展进行相关概述，包括发展的背景、发展的趋势、发展的平台。主要包括以下内容。

（1）基于工业设计服务的发展背景，了解并认识到我国工业设计服务的现存问题（如工业设计服务业层次偏低、服务对象单一、产业链不完整、项目运作形式单一等）。

（2）研究工业设计服务发展的趋势，总结出需要发展先进技术支撑的工业设计服务、推进工业设计与相关产业融合发展、加强公共研发的工业设计服务平台建设等。

（3）探索工业设计服务发展平台的类型、模式、特点、案例、架构和流程，推进工业设计产业化、专业化、集约化、品牌化发展。

参考文献

[1] 十五部门关于进一步促进服务型制造发展的指导意见. 发展服务型制造专项行动指南[EB/OL].（2020-07-15）[2024-09-23]. https：//www.gov.cn/xinwen/2016-07/28/content_5095552.htm.

[2] 陈炜. 产品工业设计信息网络化应用关键技术研究[D]. 西安：西北工业大学，2006.

[3] 张阿维，张明喜.关于构建中小纺机企业工业设计服务中心的研究[J].包装工程，2016，37（6）：5.

[4] 李斌勇，孙林夫，王淑营，等.面向汽车产业链的云服务平台信息支撑体系[J].计算机集成制造系统，2015（10）：2787-2797.

[5] 现代服务业科技发展“十二五”专项规划，2012年1月19日科学技术部印发规划[EB/OL].（2012-02-22）[2024-09-23]. https：//www.gov.cn/gzdt/2012-03/22/content_2097018.htm.

[6] 初建杰，李雪瑞，余隋怀.面向工业设计全产业链的云服务平台关键技术研究[J].机械设计，2016，33（11）：125-128.

[7] CHEN J，MO R，YU S，et al. The optimized selection strategy of crowdsourcing members in cloud-based design and manufacturing platform[J]. Advances in Mechanical Engineering，2020，12（2）.

[8] 靖鲲鹏，郑璐.基于演化博弈的企业内部式众包模式激励策略研究[J].昆明理工大学学报（自然科学版），2023，48（5）：201-210.

[9] 刘晓峰，黄沛.KIA众筹模式下产品线设计与定价策略研究[J].管理工程学报，2021，35（4）：141-151.

[10] 刘志迎，陈青祥，徐毅.众创的概念模型及其理论解析[J].科学学与科学技术管理，2015，36（2）：52-61.

[11] 樊佳爽，余隋怀，初建杰，等.工业设计云服务平台下基于用户偏好的设计团队成员优选决策方法[J].计算机集成制造系统，2019，25（11）：11.

[12] 刘敬，余隋怀，初建杰.设计云服务平台下网络团队成员优选决策研究[J].计算机集成制造系统，2017，23（6）：1205-1215.

[13] 赵泉午，游倩如，杨茜，等.数字经济背景下中小微企业服务平台价值共创机理——基于猪八戒网的案例研究[J].管理学报，2023，20（2）：171-180.

[14] 赵毅平，张明.把设计和梦想变现——专访设计癖与36氪创始人李艳波[J].装饰，2015（1）：68-73.

第5章　工业产品设计服务发展的策略

为解决产品设计过程中非结构化信息的有效规范和管理问题、用户与设计师存在的认知差异问题、产品开发缺少创新性和创造性问题、设计服务优选决策问题、设计方案与用户需求匹配问题、产品设计方案多目标评价效率问题等，本章分别构建了包括产品数据获取策略、产品意象分析策略、产品设计发展策略、产品服务优选策略、产品需求匹配策略和产品多目标评价策略。

5.1　与相关产业融合的产品数据获取策略

工业设计过程中设计师需要参考大量信息来丰富思维空间。为从错综复杂的各类信息中萃取有价值的知识，需要对数据信息进行有效的规范和管理。本章对数据获取与分析策略的背景、内涵和方法进行概述，并以某产品为案例进行应用验证。

5.1.1　产品数据获取的背景

工业设计过程中需要大量非结构化信息（如文本、图像、视频、三维数字模型、虚拟场景等）来丰富思维空间，以激发出创新和可行的设计概念。随着互联网技术的发展与应用，网络化服务为数据获取技术提供了环境支持。

国内外研究人员对数据获取与分析的相关领域进行了探索，基于统计科学、运筹学和信息科学整合互联网模式的海量数据，从数据评价理论与方法、数据评价系统与模型和数据评价应用与实例等多个视角对数据获取与分析进行研究。

5.1.1.1　产品数据评价理论与评价方法

数据评价理论与评价方法的研究包括数据指标选取、数据语言处理、数据指标权重确定等内容。构建科学而合理的评价指标体系是评价结果可靠性的基础和保障。目前数据评价指标权重的确定方法有定性分析法和定量分析法[1]。主观定性评价主要有专家直接打分法、德尔菲法、访谈观察法、归纳分析法等，主要依靠专家的主观判断与评价，由于专家的个人水平、专业领域等差别可能导致评价片面性等问题，当前学者致力于寻找更加客观的定量评价理论与方法，消除人的主观性、片面性。定量分析法的主要内容包括统计分析、线性回归分析、多目标决策分析等。定性分析是定量分析的基本前提。定量分析使定性分析更科学和准确。近年来，为使赋权结果科学合理，综合主观和客观的组合赋权方法被成功应用于不同领域。

5.1.1.2　产品数据评价系统与模型

数据评价系统与模型的构建基于不同的理论和方法。国内外学者从不同角度对评价系统和评价模型进行了研究：成方敏等提出一种基于用户知识存量模型的用户个性化知识服务方法，构建产品知识服务的评价系统[2]；王海伟等引入信息熵对设计方案的指标权向量进行优化[3]。李玉鹏等提出一种结合数据包络分析的数据分析方法[4]；邱华清等对多目标规划的产品评价方法进行分析[5]；杨涛等利用粗糙集理论，对构建基于客户需求偏好的产品多属性决策模型进行研究[6]。李雪瑞等构建了云制造模式下机械产品设计知识的优选评估模型[7]；王亚辉等提出一种结合多目标优化与粒子群算法的产品造型设计决策系统[8]。

5.1.1.3　产品数据评价应用与实例

基于数据挖掘与分析系模型，通过对数据参数的优化选取、数据指标的规范化处理、数据模型的数学构建，为多元化的数据评价应用提供技术支撑。樊佳爽等为有效准确地实现设计方案的优化选择，建立了处理不确定性决策信息的模糊评价机制，对运输领域产品进行应用研究[9]。陈健等从工业设计角度出发提出多目标群体决策方法，对云环境中众包产品造型设计方案在制造过程中的决策问题进行研究，以医疗镇痛泵的造型设计为例进行验证[10]。李文华等为解决造型评价中主观评价方法缺少定量数据支持的问题，提出一种评价应用研究的支持向量机回归模型[11]。吴通等构建了计算机辅助产品造型设计的评价决策系统[12]。杨柳等以交互方式建立产品设计的量化分析模型[13]。

国内外学者从不同方面对数据获取与分析进行了探索。在互联网大数据时代，网络化服务对数据获取技术提出了更高要求。为进一步促进工业设计服务与相关产业融合发展，从错综复杂的信息中萃取有价值的知识，需要对数据获取与分析策略进行研究。

5.1.2 产品数据获取的方法

在工业产品设计服务与产业融合发展中，需要对数据挖掘与分析技术进行研究。主要研究内容包括：系统性地从非结构化信息中获取准确和适用的知识；对类型多样的非结构化信息进行规范化处理。

5.1.2.1 产品数据的获取

(1) 交互式会话。

交互式会话是一种用户和系统之间具有交互作用的信息处理方式。用户通过服务平台上的输入输出系统，以填表的会话方式将需求信息存储于服务系统中，并通过终端设备显示系统的处理结果。

网络的交互式对话获取过程由需求描述、需求管理和需求获取组成。为保持产品设计方案与用户需求的一致性，需要建立用户与产品开发人员间的沟通机制。基于包括参数型需求描述、单一需求描述、多元需求描述和综合性需求描述的描述形式，利用相应工具获取用户全面需求信息。其中参数型需求多以参数值或参数区间的形式描述，比如设计成本取值范围、设计方案提交期限等；

多元需求描述较单一需求描述，较多地呈现在需求数据库中，如设计方案造型独特、色彩明朗、功能良好和性能完善等需求。综合性需求描述是一种信息量丰富、数据形式多样的描述方式，包括文本、图像、视频、三维数字模型、虚拟场景等非结构化信息。研究利用网络交互式会话技术获取用户主观提出的工业产品设计需求。

（2）网络爬虫。

网络爬虫技术是互联网采集数据的重要工具。通过网络爬虫技术可以为搜索引擎提供全面和实时的数据。网络爬虫包括通用网络爬虫、聚焦网络爬虫、增量式网络爬虫和深层网络爬虫。聚焦网络爬虫相较其他网络爬虫而言，相对避免了爬行算法的复杂度和实现难度。在实施网页抓取时会对特定内容进行处理和筛选，以提高整个网络的采集覆盖率和页面利用率。

在网络环境下，为全面客观地了解用户需求，基于聚焦网络爬虫技术，通过爬虫程序爬取相关网站中的用户需求数据，对用户需求进行深刻洞察。基于发起请求、获取响应内容、解析内容和保存数据的爬取过程，通过浏览器客户端向服务器端发送服务请求，对获得的响应内容进行解析，提取海量网页中不完整的需求信息，以结构化统一的方式存储于本地数据文件中，并对其进行分析和整理，以获取用户互联网行为所体现出的产品设计需求数据。

5.1.2.2 产品数据的分析

模糊集理论是一种用数学语言描述模糊性的科学方法，由美国计算机与控制论专家扎德教授提出[14]。该理论包含如下内容。

（1）模糊集合。

设论域❶X上的模糊集合$\tilde{V}$由隶属度函数$\mu_{\tilde{V}}(x)$来表征，则对于任意$x \in X$，均有一个确定的隶属度函数$\mu_{\tilde{V}}(x) \in [0,1]$与之相对应。模糊集合$\tilde{V}$表示为

$$\tilde{V} = \left\{ (x, \mu_{\tilde{V}}(x)), x \in X \right\} \tag{5.1}$$

若X为有限可数集，$\tilde{V}$表示为

❶ 论域是由所有个体组成的集合，这些个体构成一个不空的集合，即论述的区域或范围。

$$\tilde{V}=\sum\mu_{\tilde{V}}(x)/x \tag{5.2}$$

若X为无限不可数集，$\tilde{V}$表示为

$$\tilde{V}=\int\mu_{\tilde{V}}(x)/x \tag{5.3}$$

式中：$\mu_{\tilde{V}}(x):\rightarrow[0,1]$。

若$\mu_{\tilde{V}}(x)$的值近似于1，表示x隶属于$\tilde{V}$的程度相对较高；若$\mu_{\tilde{V}}(x)$的值近似于0，则表示x隶属于$\tilde{V}$的程度相对较低。

模糊集合$\tilde{V}$的隶属度函数表示为

$$\mu_{\tilde{V}}(x)=\begin{cases}0,x\leqslant 1\\ \left[1+(x-1)^{-1}\right]^{-1},x>1\end{cases} \tag{5.4}$$

(2) 模糊关系。

设$\tilde{R}_1$和$\tilde{R}_2$是集合$V\times N$中的模糊关系，定义$\tilde{R}_1$和$\tilde{R}_2$并集和交集关系的隶属度函数表示为

$$\tilde{R}_1\cup\tilde{R}_2:\mu_{\tilde{R}_1\cup\tilde{R}_2}(v,n)=\mu_{\tilde{R}_1}(v,n)\cup\mu_{\tilde{R}_2}(v,n) \tag{5.5}$$

$$\tilde{R}_1\cap\tilde{R}_2:\mu_{\tilde{R}_1\cap\tilde{R}_2}(v,n)=\mu_{\tilde{R}_1}(v,n)\cap\mu_{\tilde{R}_2}(v,n) \tag{5.6}$$

模糊集合交集和并集的运算用模糊矩阵的形式表示[15]。

(3) 三角模糊数。

三角模糊数是一种具有完整运算和大小比较规则的数值确定方法。

三角模糊数由$\tilde{V}=(v_1,v_2,v_3)$表示，其隶属函数$\mu_{\tilde{V}}(x)$表示为

$$\begin{aligned}&\mu_{\tilde{V}}(x)=0,x<v_1;\\&\mu_{\tilde{V}}(x)=\frac{x-v_1}{v_2-v_1},v_1\leqslant x\leqslant v_2;\\&\mu_{\tilde{V}}(x)=\frac{v_3-x}{v_3-v_2},v_2\leqslant x\leqslant v_3;\\&\mu_{\tilde{V}}(x)=0,x\geqslant v_3;\end{aligned} \tag{5.7}$$

式中：v_1,v_2,v_3均为实数且$v_1\leqslant v_2\leqslant v_3$。三角模糊数的下限与上限分别用$v_1$和$v_3$表示，模糊程度表示为$\left|v_3-v_1\right|$。

每个三角模糊数均对应着一个非模糊数的表现形式，三角模糊数用 $\tilde{V}=(v_1,v_2,v_3)$表示，其倒数表示为

$$\tilde{V}^{-1}=(1/v_3,1/v_2,1/v_1) \tag{5.8}$$

三角模糊数对应的非模糊数表示为

$$S(\tilde{V})=\frac{v_1+2v_2+v_3}{4} \tag{5.9}$$

式中：$0\leqslant(v_1,v_2,v_3)$。

给定两个三角模糊数 $\tilde{V}=(v_1,v_2,v_3)$ 和 $\tilde{N}=(n_1,n_2,n_3)$，二者间运算遵循如下公式。

两个三角模糊数的加法表示为

$$\tilde{V}(+)\tilde{N}=\left(v_1+n_1,v_2+n_2,v_3+n_3\right),v_1\geqslant0,n_1\geqslant0 \tag{5.10}$$

两个三角模糊数的减法表示为

$$\tilde{V}(-)\tilde{N}=\left(v_1-n_1,v_2-n_2,v_3-n_3\right),v_1\geqslant0,n_1\geqslant0 \tag{5.11}$$

两个三角模糊数的乘法表示为

$$\tilde{V}(\times)\tilde{N}=\left(v_1\times n_1,v_2\times n_2,v_3\times n_3\right),v_1\geqslant0,n_1\geqslant0 \tag{5.12}$$

两个三角模糊数的除法表示为

$$\tilde{V}(/)\tilde{N}=\left(v_1/n_1,v_2/n_2,v_3/n_3\right),v_1\geqslant0,n_1\geqslant0 \tag{5.13}$$

两个三角模糊数间的距离表示为

$$d\left(\tilde{V},\tilde{N}\right)=\sqrt{1/3\left[\left(v_1-n_1\right)^2+\left(v_2-n_2\right)^2+\left(v_3-n_3\right)^2\right]} \tag{5.14}$$

三角模糊数间的距离表示如图5.1所示。

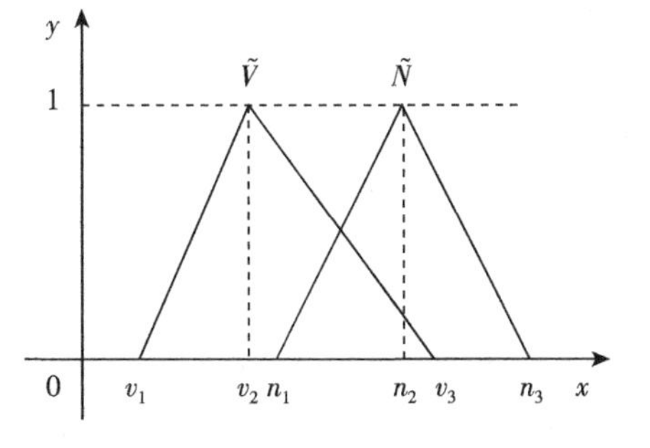

图5.1　三角模糊数间的距离

（4）语言变量。

语言变量表示人工语言中的短语或词汇，语言变量集是一种利用人工语言来描述客观事物的集合。它为决策者提供了用于描述复杂现象近似表征方法的量化术语。在数据信息的模糊评价过程中，通过

建立评价语言集合，以多维度的评价语言作为评判方式。设评价语言集为$L=\{l_1,l_2,l_3,l_4,l_5,l_6,l_7,l_8,l_9\}$，从$l_1$至$l_9$表示决策者对评价指标由高到低的认可程度排序，即极端重要、非常重要、尤其重要、更加重要、比较重要、相对重要、一般重要、略微重要和同等重要。表5.1为评价决策者打分权重语言变量对应的三角模糊数。

表5.1　评价决策者打分权重语言变量对应的三角模糊数

模糊数	语言变量	三角模糊数	模糊数	语言变量	三角模糊数
$\tilde{9}$	极端重要	（7，9，9）	$\tilde{9}^{-1}$	极端不重要	（1/7，1/9，1/9）
$\tilde{8}$	非常重要	（6，8，8）	$\tilde{8}^{-1}$	非常不重要	（1/6，1/8，1/8）
$\tilde{7}$	尤其重要	（5，7，9）	$\tilde{7}^{-1}$	尤其不重要	（1/5，1/7，1/9）
$\tilde{6}$	更加重要	（4，6，8）	$\tilde{6}^{-1}$	更加不重要	（1/4，1/6，1/8）
$\tilde{5}$	比较重要	（3，5，7）	$\tilde{5}^{-1}$	比较不重要	（1/3，1/5，1/7）
$\tilde{4}$	相对重要	（2，4，6）	$\tilde{4}^{-1}$	相对不重要	（1/2，1/4，1/6）
$\tilde{3}$	一般重要	（1，3，5）	$\tilde{3}^{-1}$	一般不重要	（1/1，1/3，1/5）
$\tilde{2}$	略微重要	（2，2，4）	$\tilde{2}^{-1}$	略微不重要	（1/2，1/2，1/4）
$\tilde{1}$	同等重要	（1，1，3）	$\tilde{1}^{-1}$	同等不重要	（1，1，1/3）

5.1.2.3　产品数据的转化

传统产品数据的确定主要通过面对面访谈或市场问卷调查等主观方法，利用提问、倾听和观察的方式定义产品信息。由于决策者具有个体差异性，使得产品信息具有主观性、模糊性和片面性，不利于产品数据和用户需求的准确表达和客观转化。

质量功能配置是20世纪60年代由日本学者提出的一种由客户需求驱动产品设计和生产过程的多层次演绎分析方法。其核心思想是通过增加客户满意度来提高市场占有率，以用户为出发点，将目标客户的主观需求信息转化为产品设计质量要求[16]。

在本章节中，为有效明确用户需求，引入质量功能配置方法。利用质量功能配置的核心工具质量屋，对用户需求数据与产品信息数据间的相互关系进行模糊分析，构建以用户需求为导向的产品信息数据优选模型。通过构建基于用户需求驱动的产品设计方案的信息数据，为用户需求数据向产品信息数据的准确转化提供科学依据。

质量屋是质量功能配置的核心和重要工具，它通过矩阵图示将用户需求和产品技术要求等相联系起来，以满足用户需求为出发点进行产品设计开发。但质量屋存在如下问题。

①质量屋形式的静态性。质量屋的部件结构缺乏灵活应用，表现形式未根据实际应用需求而作相应调整。

②质量屋内容的主观性。质量屋用户需求的获取内容相对主观，未能相对全面客观地获取用户需求信息。

③质量屋权重分析的片面性。质量屋权重分析的方法多局限于简单加权，缺少科学有效的定量分析方法。

为解决上述问题，研究结合模糊集理论提出了模糊质量屋的概念。

模糊质量屋具有如下特点。

①模糊质量屋形式的灵活性。改变传统质量屋的固有结构，依据现实情况，将用户需求、技术特征、关系矩阵、相关性矩阵、竞争性评估和技术评价扩展为用户需求、用户需求模糊权重、评价目标、评价目标模糊权重、模糊关系矩阵、模糊相关性矩阵和模糊竞争性评估。

②模糊质量屋内容的客观性。改变用户需求的主观获取方式，利用云模式下的网络交互式会话技术和网络爬虫技术获取较为客观准确的用户需求信息，并将其输入至模糊质量屋中。

③模糊质量屋权重分析的科学性。采用数学方法，结合模糊集理论，利用隶属度函数将特征函数的值域由二值{0,1}扩展至区间[0,1]，建立隶属函数并对需求信息进行模糊描述，用模糊集合来描述具有不确定和模糊的需求信息，并对用户需求进行模糊关联性分析，使模糊质量屋的计算更为科学合理。图5.2为产品概念设计方案用户需求向评价目标模糊转化的质量屋工具。

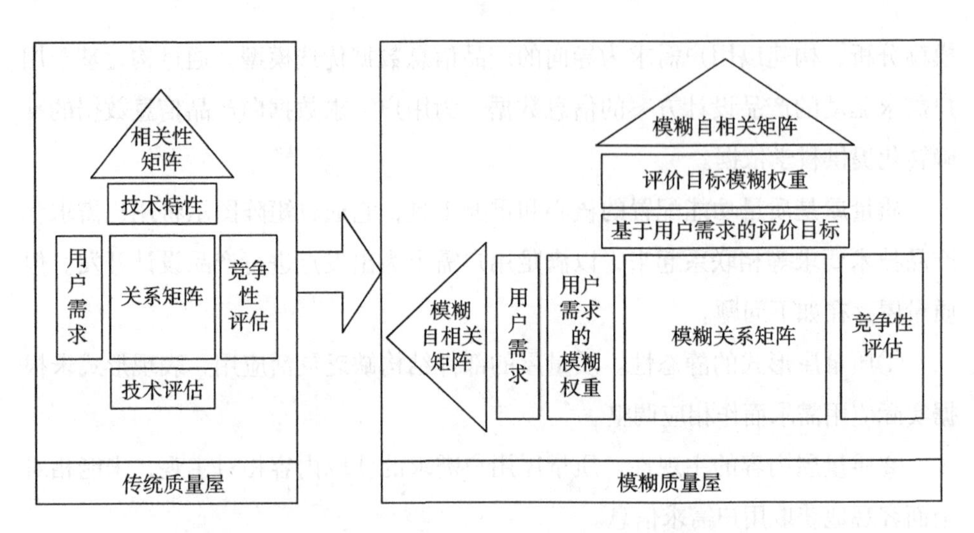

图5.2 用户需求数据向产品信息数据转化的质量屋工具

综合上述分析，通过集成模糊集理论的优势（分析非确定性用户需求信息），质量功能配置的优势（构建用户需求与产品相关信息的关系模型），利用模糊集理论和质量功能配置对工业产品进行设计研究。通过模糊质量屋构建用户需求与产品信息的关联模型，分析二者间的模糊映射关系，能为实现用户需求向产品设计的有效转化提供参考依据。

5.1.3 产品数据获取的模型

在工业产品设计过程中，以用户需求为导向，利用网络交互技术和网络爬虫技术，对工业产品设计服务需求进行网络化获取。产品设计的需求获取主要从两个方面进行：一是利用网络交互式对话方式对用户主观提出的需求信息进行获取和分析；二是利用网络爬虫技术对用户的互联网行为进行采集与挖掘，从中获取用户行为信息。为从云模式下的大量信息和海量数据中萃取有价值的工业产品设计服务需求信息，可采用数学语言描述模糊性的科学方法，结合三角模糊数对需求信息的重要程度进行定量化处理。通过建立用户需求重要程度的模糊分析模型，从多个角度对需求信息进行梳理和分析，以此为依据进行工业产品设计与开发。

数据获取与分析技术模型主要由基于交互式会话技术和网络爬虫技术的用户主客观需求数据获取、基于模糊集理论的工业产品设计需求数据分析、基于质量功能配置的工业产品设计需求数据转化三部分组成（见图5.3）。

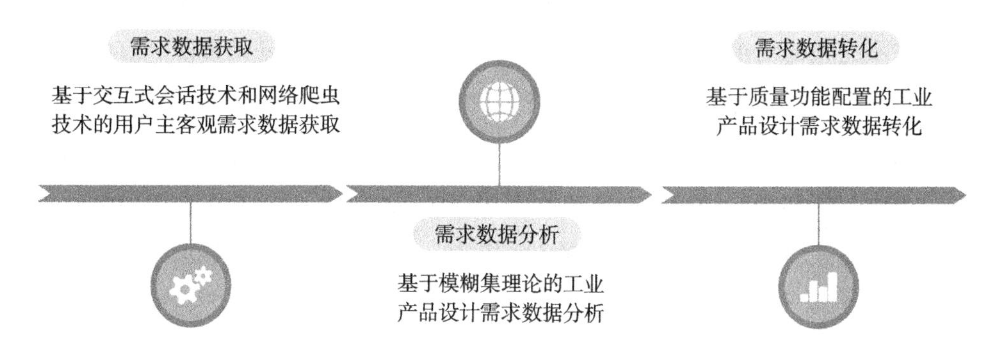

图5.3　数据获取与分析技术模型

5.1.3.1　基于交互式会话和网络爬虫的工业产品设计需求获取

（1）基于交互式会话技术的主观数据获取。

主观信息研究用以分析用户主观提供的需求信息，以指导企业进行设计生产。用户需求分析包括用户需求获取、分析及转换等阶段。客户需求获取常用的方法有选择菜单法、洽谈法、基于网络的交互式对话等。客户需求分析阶段主要运用的方法是数据挖掘，对客户需求进行关联分析、聚类分析，以寻找客户需求为目标。

针对用户网络调查提出的需求，基于资源开放共享的服务平台对用户需求进行获取。首先，利用不同的需求描述形式，采用网络的交互式会话技术，以提问的方式与用户进行沟通并获取用户需求。其次，结合相应的接入技术和虚拟化技术，将用户需求以填表的会话方式输入至服务系统中，通过服务平台前端和后端间的协作联系，将用户输入到前端网页页面的需求信息初步整理归纳，输出至服务平台后端的数据库中。最后，邀请服务平台中的决策者，采用定量分析方法，依据需求属性、需求类型和需求内容对获取的有效信息进行筛选，将具有完整性、可行性和无歧义性的需求信息输出至服务系统中。

(2) 基于网络爬虫技术的客观数据获取。

针对用户互联网行为进行数据获取，通过对用户行为需求的准确把控，实现网络特定话题的识别与跟踪，提高客户需求分析的效率和质量。

针对用户的互联网行为，通过对需求爬取目标进行定义和描述，提取海量网页中不完整的需求信息，为准确获取用户需求信息提供基础参照。首先，利用服务平台上的数据挖掘工具和网络爬虫技术，依据用户需求定义爬取目标，对网页进行带有目的性的抓取。其次，针对用户的互联网行为进行采集，通过结合聚类分析和关联性分析，深入挖掘用户的隐性需求偏好并对相关数据进行整理。最后，将需求信息输出至服务系统中，并通过终端设备显示系统的处理结果。

5.1.3.2 基于模糊集理论的工业产品设计需求数据分析

为有效明确用户需求信息，要结合模糊集理论进行需求数据分析。

首先，构建产品设计需求信息的成对比较矩阵。邀请不同决策者对各产品设计服务信息进行模糊判断。设有p个多维度的评价语言，j个参与评价的决策者，则第j个决策者对服务信息i_i的评价结果表示为

$$\tilde{R}_{ij} = (\tilde{r}_{ij1}, \tilde{r}_{ij2}, \cdots, \tilde{r}_{ijp}) \tag{5.15}$$

基于产品设计服务信息集和模糊评价语言集，构建决策者全集对服务信息全集的模糊评判矩阵。

$$\tilde{\boldsymbol{R}} = \begin{array}{c} \begin{array}{cccc} i_1 & i_2 & \cdots & i_n \end{array} \\ \left[\begin{array}{cccc} \tilde{r}_{11} & \tilde{r}_{12} & \cdots & \tilde{r}_{1n} \\ \tilde{r}_{21} & \tilde{r}_{22} & \cdots & \tilde{r}_{2n} \\ \vdots & \vdots & \tilde{r}_{ij} & \vdots \\ \tilde{r}_{n1} & \tilde{r}_{n2} & \cdots & \tilde{r}_{nn} \end{array}\right] \begin{array}{c} i_1 \\ i_2 \\ \vdots \\ i_n \end{array} \end{array} \tag{5.16}$$

式中：$\tilde{r}_{ij}$为服务信息i对服务信息j的模糊比较值。

其次，确定产品设计相关指标的模糊权重。通过整理模糊评价矩阵，构建产品设计信息的综合评价模型。基于几何平均数确定模糊几何平均值及各产品信息的模糊权重。

$$\tilde{m}_i = \sqrt[n]{\tilde{r}_{i1} \otimes \tilde{r}_{i2} \otimes \cdots \otimes \tilde{r}_{ij}} \tag{5.17}$$

式中：$\tilde{m}_i$为产品信息i对产品信息全集的模糊比较值的几何平均值。

$$\tilde{w}_i = \tilde{m}_i \otimes \left(\tilde{m}_1 \oplus \tilde{m}_2 \oplus \cdots \oplus \tilde{m}_n\right)^{-1} \tag{5.18}$$

式中：$\tilde{w}_i$为产品信息i的模糊权重。由三角模糊数$\tilde{w}_i = \left(w_{i1}, w_{i2}, w_{i3}\right)$表示，其中$w_{i1}, w_{i2}$和$w_{i3}$分别代表模糊数的下限值、中间值和上限值。

最后，获得工业产品设计相关信息的总体评价结果。

$$W_i = \tilde{w}_i \times w_d \tag{5.19}$$

式中：W_i为服务信息i的综合权重；w_d为服务信息所属维度权重。

5.1.3.3 基于质量功能配置的工业产品设计需求数据转化

在工业产品设计过程中，为实现用户需求向产品设计的有效转化，要结合质量功能配置和模糊理论，构建表示用户需求向产品设计的模糊质量屋转化模型。

该模型包含以下几部分模块。

①用户需求。表示产品设计的用户需求信息，位于质量屋的左部。基于互联网技术，将有价值的需求信息作为研究对象输入至质量屋的需求部分。

②用户需求的模糊权重。表示用户需求的模糊权重系数及重要程度排序。

③用户需求的模糊自相关矩阵。表示用户需求各要素间的模糊自相关关系。

④基于用户需求的评价目标。表示基于用户需求的产品概念设计方案的评价目标，位于质量屋的上部。

⑤产品设计的模糊权重。基于用户需求实现产品设计的经济性、环境性、技术性和功能性等，对产品设计各要素的重要程度进行排序。

⑥产品设计的模糊自相关矩阵。表示产品设计各要素间的模糊自相关关系。位于质量屋的顶部，用模糊数表示设计各要素间的关联程度。

⑦用户需求与产品设计的模糊关系矩阵。表示用户需求与产品设计各要素间的模糊关系，位于质量屋的中部。结合模糊集理论，用模糊数表示用户需求与设计要素间的关联程度。

⑧模糊竞争性评估矩阵。表示产品设计的模糊竞争性关系，位于质量屋的右部。以市场为导向，从评价目标的实现成本、功能质量、社会价值等影响竞争力的因素着手进行度量。

在工业产品设计过程中，结合图5.4模糊质量屋的架构，可构建产品用户需求数据向设计要素的模糊转化模型。通过重点分析用户需求自相关模糊关系矩阵、

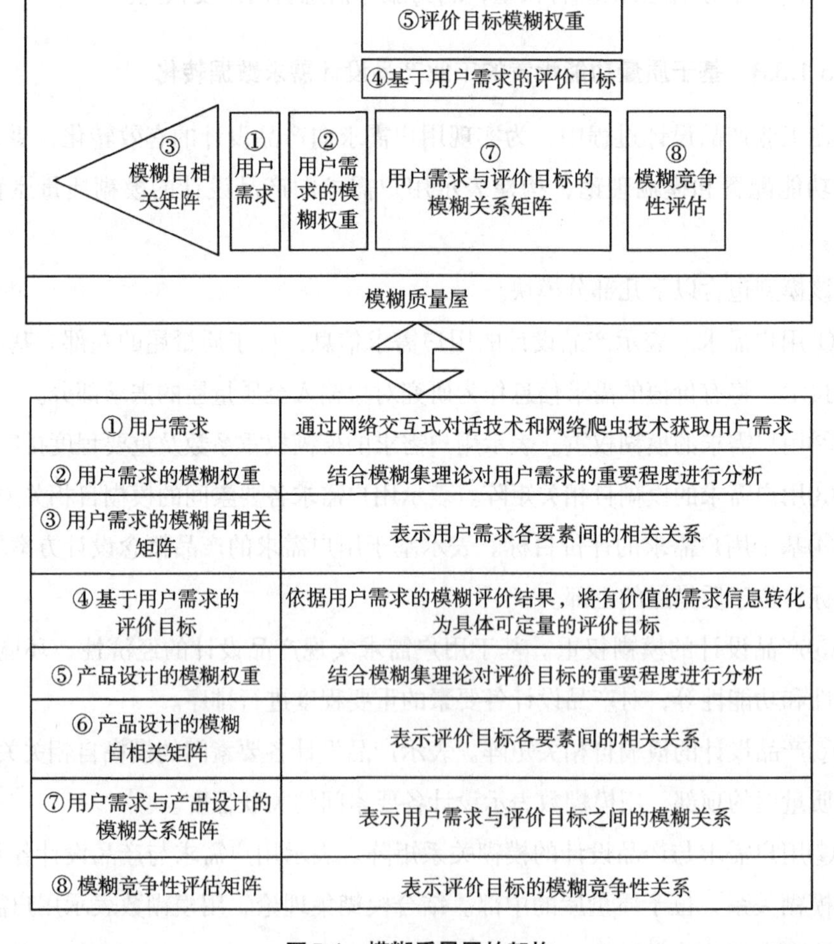

① 用户需求	通过网络交互式对话技术和网络爬虫技术获取用户需求
② 用户需求的模糊权重	结合模糊集理论对用户需求的重要程度进行分析
③ 用户需求的模糊自相关矩阵	表示用户需求各要素间的相关关系
④基于用户需求的评价目标	依据用户需求的模糊评价结果，将有价值的需求信息转化为具体可定量的评价目标
⑤ 产品设计的模糊权重	结合模糊集理论对评价目标的重要程度进行分析
⑥ 产品设计的模糊自相关矩阵	表示评价目标各要素间的相关关系
⑦用户需求与产品设计的模糊关系矩阵	表示用户需求与评价目标之间的模糊关系
⑧ 模糊竞争性评估矩阵	表示评价目标的模糊竞争性关系

图5.4 模糊质量屋的架构

设计要素自相关模糊关系矩阵、用户需求与设计要素的模糊关系矩阵等内容，从用户需求出发通过定性和定量综合分析，实现工业产品设计从用户需求到设计的准确转化。

以模糊质量屋转化模型为基础，通过构建用户需求与产品设计要素的关系矩阵，分析二者间的相关程度，实现产品设计用户需求向设计要素的有效转化。具体过程如下。

（1）构建产品设计要素的模糊相关性矩阵。

依据用户需求重要程度的模糊评价结果，将有价值的需求信息转化为可定量的产品设计要素。通过分析不同设计要素间的自相关关系，构建产品设计要素的模糊相关性矩阵$\boldsymbol{E}$。

$$\begin{array}{c} \\ \boldsymbol{E}= \end{array} \begin{array}{c} \begin{matrix} e_1 & e_2 & \cdots & e_n \end{matrix} \\ \begin{bmatrix} e_{11} & e_{12} & \cdots & e_{1n} \\ e_{21} & e_{22} & \cdots & e_{2n} \\ \vdots & \vdots & e_{ij} & \vdots \\ e_{n1} & e_{n2} & \cdots & e_{nn} \end{bmatrix} \end{array} \begin{array}{c} \\ e_1 \\ e_2 \\ \vdots \\ e_n \end{array} \tag{5.20}$$

式中：$\boldsymbol{E}$为设计要素的模糊自相关关系矩阵；e_{ij}为第i项设计要素与第j项设计要素间的模糊相关程度。

（2）构建产品用户需求与设计要素间的模糊关系矩阵。

邀请不同决策者对用户需求和设计要素间的关系进行模糊判断。依据专家打分权重语言变量对应模糊数，采用非常相关、比较相关、一般相关、不很相关、非常不相关等语言变量集来表示决策者对二者间关系的模糊判断。利用量化术语描述复杂现象的近似表征方法，构建用户需求和设计要素间的模糊关系矩阵$\boldsymbol{R}$。

$$\begin{array}{c} \\ \boldsymbol{R}= \end{array} \begin{array}{c} \begin{matrix} d_1 & d_2 & \cdots & d_p & \cdots & d_q \end{matrix} \\ \begin{bmatrix} r_{11} & r_{12} & \cdots & r_{1p} & \cdots & r_{1q} \\ r_{21} & r_{22} & \cdots & r_{2p} & \cdots & r_{2q} \\ \vdots & \vdots & & \vdots & & \vdots \\ r_{i1} & r_{i2} & \cdots & r_{ip} & \cdots & r_{iq} \\ \vdots & \vdots & & \vdots & & \vdots \\ r_{n1} & r_{n2} & \cdots & r_{np} & \cdots & r_{nq} \end{bmatrix} \end{array} \begin{array}{c} \\ e_1 \\ e_2 \\ \vdots \\ e_i \\ \vdots \\ e_n \end{array} \tag{5.21}$$

式中：$\boldsymbol{R}$为用户需求和设计要素间的模糊关系矩阵；d_p为用户需求项，其中$1 < p < q$；e_i为设计要素项，其中$1 < i < n$；r_{ip}为第i项用户需求与第p项设计要素间的模糊关系程度。

（3）优选用户需求驱动的产品设计要素。

采用矩阵图解法，从市场和用户需求出发，通过分析产品设计要素的模糊自相关矩阵、用户需求与设计要素模糊关系矩阵，建立用户需求驱动的产品设计要素优选模型。以上述模糊评价结果为依据，求得产品设计要素的最终权重W_i，并以非模糊数$S(W_i)$的形式表示。

$$W_i = \tilde{W}_i \times R\tilde{w}_i \tag{5.22}$$

式中：W_i为产品设计要素i的最终权重；$\tilde{W}_i$为产品设计要素i的模糊权重；$R\tilde{w}_i$为第i个产品设计要素与全部用户需求的模糊关系权重。

5.1.4 产品数据获取的案例

根据用户在服务平台上发布的游艇产品设计任务需求，对网络环境下产品的需求数据进行获取和分析，为生成产品设计方案提供有效依据。

5.1.4.1 游艇设计的数据获取与分析

针对用户互联网行为进行游艇概念设计需求数据的采集与挖掘：以八爪鱼网页数据采集器为工具，对特定主题词“游艇”进行网络爬虫，分别将包括精艇游艇网在内的专业网站、京东商城在内的商务网站和新浪微博在内的社交网站作为获取对象，重点对关于游艇产品设计的用户评论信息进行挖掘。采用数据可视化工具Splunk对评价数据进行预处理，将评价数据以CSV（Comma Separate Values）的格式载入到Splunk工具中，通过建立评价信息数据库索引，设置索引属性与评价数据库进行关联，提取频繁出现的相似性评价字段，统计出各评价字段数量及其在总体评论中所占比例的大小。

基于交互式会话技术和网络爬虫技术的游艇概念设计需求获取：基于云模式下的资源集聚平台，利用网络交互式会话技术，以问卷调研的形式获取用户需求，包括游艇用途、性能（设计航速、稳性能力、排水速度）、结构、规格（艇体长度、艇体宽度、艇体排水量）、型式（圆舭型、尖舭型、混合型）、材质、使用条件、技术经济指标、特别要求等信息。后端决策系统对需求信息进行初步归纳整理，将用户需求发布到云平台中。

以用户网络调查提出的需求为主要依据，参照用户互联网行为所采集的需求，依据卡诺模型对获取的游艇概念设计需求信息进行划分。卡诺模型是一种用于分析用户需求对用户满意度的影响的方法，卡诺模型将需求划分为魅力型需求（极大提高用户满意度）、期望型需求（提高用户满意度）、必备型需求（与用户满意度呈正相关关系）、无差异型需求（与用户满意度关系不大）、反向型需求（与用户满意度呈负相关关系）。游艇概念设计需求信息划分为：安全性需求、舒适性需求、机械性能需求、功能性需求、造型需求、设计风格需求、保护环境需求、节约能源需求、经济可承受需求、契合品牌特色需求和附加服务需求，构建游艇概念设计方案的需求信息层次表（表5.2）。

表5.2 游艇概念设计方案的用户需求信息层次

一级需求 D_n	二级需求 d_n
D_1安全性需求	空间安全性 d_{1-1}
	动力安全性 d_{1-2}
	设计安全性 d_{1-3}
	使用安全性 d_{1-4}
D_2舒适性需求	内外结构的舒适性设计 d_{2-1}
	建造材料的舒适性设计 d_{2-2}
	配套设施的舒适性设计 d_{2-3}
D_3机械性能需求	有动力游艇 d_{3-1}
	无动力游艇 d_{3-2}
D_4功能性需求	休闲型游艇 d_{4-1}
	商务型游艇 d_{4-2}
	作业型游艇 d_{4-3}
D_5造型需求	游艇外观轮廓造型设计 d_{5-1}
	游艇上层建筑造型设计 d_{5-2}

续表

一级需求 D_n	二级需求 d_n
	游艇主船体造型设计 d_{5-3}
D_6设计风格需求	浪漫风格设计 d_{6-1}
	豪华风格设计 d_{6-2}
	典雅风格设计 d_{6-3}
D_7保护环境需求	内部环境保护系统设计 d_{7-1}
	外部环境保护系统设计 d_{7-2}
D_8节约能源需求	内部节约能源需求 d_{8-1}
	外部节约能源需求 d_{8-2}
D_9经济可承受需求	中低产阶层消费水平 d_{9-1}
	中高产阶层消费水平 d_{9-2}
D_{10}契合品牌特色需求	品牌人格化特征（追求个性）d_{10-1}
	品牌年轻化内涵（活泼灵动）d_{10-2}
	品牌情感共鸣（感性与理性兼顾）d_{10-3}
D_{11}附加服务需求	维修保养 d_{11-1}
	驾驶训练 d_{12-1}

5.1.4.2 游艇设计的需求分析与设计思路

依据用户需求分析模型，结合三角模糊数对游艇设计需求信息的重要程度进行分析。

邀请3名决策者，依据三角模糊数对应的评价语言变量，以安全性需求为例，构建游艇设计的需求信息评判矩阵。

$$\tilde{\boldsymbol{R}}_1=\begin{array}{c}\begin{matrix} d_1 & d_2 & d_3 & d_4\end{matrix}\\ \begin{bmatrix}1 & \tilde{5} & \tilde{5} & \tilde{3}\\ \tilde{5}^{-1} & 1 & \tilde{6} & \tilde{7}\\ \tilde{5}^{-1} & \tilde{3}^{-1} & 1 & \tilde{4}\\ \tilde{3}^{-1} & \tilde{7}^{-1} & \tilde{4}^{-1} & 1\end{bmatrix}\end{array}\begin{matrix}d_1\\d_2\\d_3\\d_4\end{matrix},\tilde{\boldsymbol{R}}_2=\begin{array}{c}\begin{matrix} d_1 & d_2 & d_3 & d_4\end{matrix}\\ \begin{bmatrix}1 & \tilde{4} & \tilde{7} & \tilde{6}\\ \tilde{4}^{-1} & 1 & \tilde{3} & \tilde{4}\\ \tilde{7}^{-1} & \tilde{5}^{-1} & 1 & \tilde{3}\\ \tilde{6}^{-1} & \tilde{4} & \tilde{3}^{-1} & 1\end{bmatrix}\end{array}\begin{matrix}d_1\\d_2\\d_3\\d_4\end{matrix},\tilde{\boldsymbol{R}}_3=\begin{array}{c}\begin{matrix} d_1 & d_2 & d_3 & d_4\end{matrix}\\ \begin{bmatrix}1 & \tilde{3} & \tilde{5} & \tilde{6}\\ \tilde{3}^{-1} & 1 & \tilde{5} & \tilde{5}\\ \tilde{5}^{-1} & \tilde{7}^{-1} & 1 & \tilde{5}\\ \tilde{6}^{-1} & \tilde{5}^{-1} & \tilde{5}^{-1} & 1\end{bmatrix}\end{array}\begin{matrix}d_1\\d_2\\d_3\\d_4\end{matrix} \tag{5.23}$$

为确保矩阵一致性，借助MATLAB，求得模糊评价矩阵的最大特征值。利用公式（5.24）分别计算模糊评价矩阵的一致性比率。

$$\mathrm{CR}=\frac{\left(\lambda_{\max}-n\right)/(n-1)}{\mathrm{RI}} \tag{5.24}$$

式中：CR为模糊评价矩阵的一致性比率；RI为模糊评价矩阵的随机指数；$\lambda_{\max}$为模糊评价矩阵的最大特征根。

由计算可知：这些模糊评价矩阵的一致性比率均小于0.1，通过一致性检验。

$$\begin{array}{c} \\ \tilde{\boldsymbol{R}}_{1-2-3}= \end{array}\begin{array}{c} \begin{array}{cccc} d_1 & d_2 & d_3 & d_4 \end{array} \\ \left[\begin{array}{cccc} 1,1,1 & \tilde{5},\tilde{4},\tilde{3} & \tilde{5},\tilde{7},\tilde{5} & \tilde{3},\tilde{6},\tilde{6} \\ \tilde{5}^{-1},\tilde{4}^{-1},\tilde{3}^{-1} & 1,1,1 & \tilde{6},\tilde{3},\tilde{5} & \tilde{7},\tilde{4},\tilde{5} \\ \tilde{5}^{-1},\tilde{7}^{-1},\tilde{5}^{-1} & \tilde{6}^{-1},\tilde{3}^{-1},\tilde{5}^{-1}, & 1,1,1 & \tilde{4},\tilde{3},\tilde{5} \\ \tilde{3}^{-1},\tilde{6}^{-1},\tilde{6}^{-1} & \tilde{7}^{-1},\tilde{4}^{-1},\tilde{5}^{-1} & \tilde{4}^{-1},\tilde{3}^{-1},\tilde{5}^{-1} & 1,1,1 \end{array}\right]\begin{array}{c} d_1 \\ d_2 \\ d_3 \\ d_4 \end{array} \end{array} \tag{5.25}$$

构建游艇设计安全性需求信息的综合评价模型，通过确定安全性需求信息的模糊比较值，确定各需求信息的模糊权重。以d_2和d_1需求为例，计算不同需求信息的模糊比较值。

$$\tilde{r}_{d_1-d_2}=\sqrt[3]{\tilde{r}_{12}^{1}\otimes\tilde{r}_{12}^{2}\otimes\tilde{r}_{12}^{3}}=\left(\tilde{5}\otimes\tilde{4}\otimes\tilde{3}\right)^{1/3}=(1.817,3.914,5.943) \tag{5.26}$$

同理可得，安全性需求中各需求信息的模糊比较值分别为

$$\begin{aligned} \tilde{r}_{d_1-d_1}&=(1.000,1.000,1.000) \\ \tilde{r}_{d_1-d_3}&=(3.556,5.593,7.611) \\ \tilde{r}_{d_1-d_4}&=(2.519,4.762,6.839) \end{aligned} \tag{5.27}$$

基于模糊比较值求得各需求信息的模糊几何平均数。

$$\tilde{m}_1=\sqrt[4]{\tilde{r}_{d_1-d_1}\otimes\tilde{r}_{d_1-d_2}\otimes\tilde{r}_{d_1-d_3}\otimes\tilde{r}_{d_1-d_4}}=\left(2.161,3.204,5.082\right) \tag{5.28}$$

同理可得，安全性需求中各需求信息的模糊几何平均数分别为

$$\begin{aligned} \tilde{m}_2&=\left(3.051,3.409,5.023\right) \\ \tilde{m}_3&=\left(2.167,3.024,4.512\right) \\ \tilde{m}_4&=\left(3.562,3.701,3.185\right) \end{aligned} \tag{5.29}$$

基于需求信息模糊几何平均值进一步确定各需求信息的模糊权重。

$$\tilde{w}_{d_1}=\tilde{m}_1\otimes(\tilde{m}_1\oplus\tilde{m}_2\oplus\tilde{m}_3\oplus\tilde{m}_4)^{-1}=\left(0.106,0.309,0.469\right) \tag{5.30}$$

同理可得，安全性需求中各需求信息的模糊权重分别为

$$w_{d_2} = (0.121, 0.239, 0.422)$$
$$w_{d_3} = (0.097, 0.124, 0.396) \quad (5.31)$$
$$w_{d_4} = (0.162, 0.208, 0.516)$$

基于需求信息模糊几何平均值进一步确定各需求信息的模糊权重。

$$w_{D_1} = (0.105, 0.390, 0.408)$$
$$w_{D_2} = (0.127, 0.374, 0.592) \quad (5.32)$$
$$w_{D_3} = (0.192, 0.408, 0.616)$$

综合各权重，采用同样方法获得游艇设计需求信息的综合模糊权重，见表5.3。

表5.3 游艇概念设计方案需求数据信息的模糊权重

D_n一级需求	$\tilde{W}$综合模糊权重	$S(\tilde{W})$非模糊数表示
D_1安全性需求	（0.026，0.074，0.132）	0.076
D_2舒适性需求	（0.019，0.034，0.185）	0.051
D_3机械性能需求	（0.035，0.064，0.119）	0.070
D_4功能性需求	（0.023，0.064，0.115）	0.083
D_5造型需求	（0.035，0.104，0.129）	0.081
D_6设计风格需求	（0.019，0.034，0.185）	0.067
D_7保护环境需求	（0.034，0.065，0.106）	0.066
D_8节约能源需求	（0.026，0.044，0.122）	0.059
D_9经济可承受需求	（0.019，0.034，0.185）	0.065
D_{10}契合品牌特色需求	（0.004，0.042，0.076）	0.063
D_{11}附加服务需求	（0.036，0.034，0.106）	0.053

由于各三角模糊数均对应着一个非模糊数，通过计算游艇设计需求数据信息的非模糊数权重值，优选出重要程度高的需求信息。在一级需求中：安全性>创新性>功能性>交互性；在二级需求中：休闲功能>品牌特色>使用安全性>附加服务>操作交互>作业功能>视觉交互>动力安全性>空间安全性>商务功能>环保理念>听觉交互。

由游艇概念设计的用户需求最终权重可知（见图5.5），作为一种水上娱乐的消费品，决策者对于实现游艇概念设计方案的安全性需求的迫切满足程度最高，创新类需求次之。在游艇概念设计中不仅要考虑到游艇概念设计方案的休闲功能、娱乐功能、商务功能、作业功能等功能因素；以及可靠性、安全性、舒适性等性能因素，和产品造型风格、美学价值、人机环境、听觉交互等交互因素；还要综合考虑其他经济、社会和环境要求。该结果为构建满足用户需求的游艇概念设计方案提供参考。

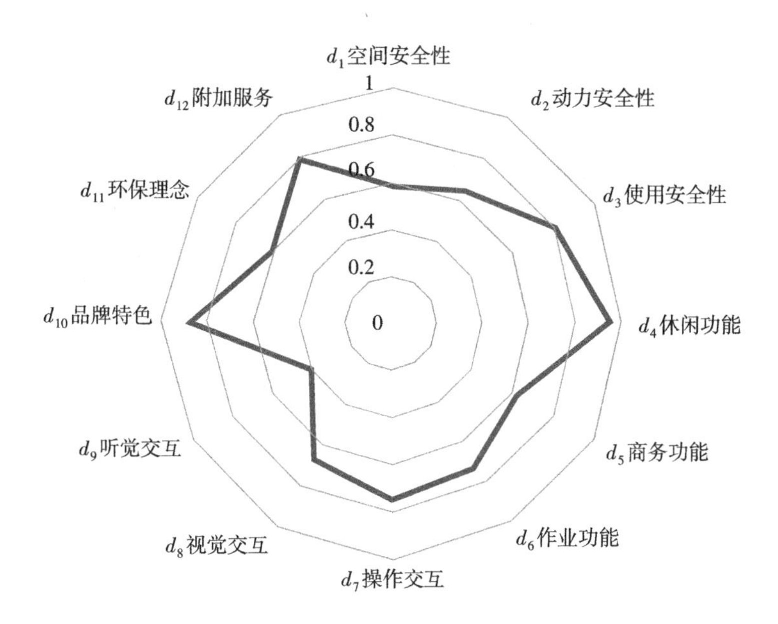

图5.5　游艇设计的用户需求信息权重雷达图

基于数据挖掘和分析技术的游艇概念设计方案思路如下。

①游艇概念设计的安全性用户需求启示：依据用户对于游艇概念设计的需求分析，在游艇的概念设计过程中，不仅要重视对于游艇空间安全和动力安全的设计，还需要综合考虑用户的使用安全需求。比如游艇安全扶手的高度和范围是否合适，以保障用户的使用安全；游艇边缘是否有凸起的安全设计，以避免用户失足掉落海中；游艇前甲板是否具有安全提醒的视觉配色设计等，以保障用户的安全需求。

②游艇概念设计的功能性用户需求启示：依据游艇用途、大小、设备情况、安全级别等方面的不同，游艇功能也各具特点。在众多各具特色的游艇设计中，以休闲娱乐功能为主的游艇较受市场欢迎。这类游艇多为家庭购买，在概念设计时需要考虑到家庭使用的舒适性、经济性和娱乐性。在用于商务会议、公司聚会等商务活动的游艇概念设计中，需要更多地体现出游艇的奢华性、空间感和品质感。而在消防艇、打捞艇、捕鱼艇、钓鱼艇等这类作业艇的概念设计中，需要更多地考虑到游艇的实用性和功能性。

③游艇概念设计的交互性用户需求启示：在游艇交互性需求的设计中，需要考虑用户的操作交互、视觉交互和听觉交互等，还需要考虑游艇结构设计、材料设计、空间设计等方面。游艇的概念设计不仅要注重其功能性、安全性和舒适性，人们对游艇的情感倾向、心理需求也尤为重要。在游艇的视觉交互设计中，造型设计和色彩设计尤为重要，如果用较具亲和力的圆弧线条来代替尖锐的折角或直线，会呈现出现代且典雅的风格；运用稳定、均衡等形式美法则，则可增强游艇外型的整体感和风格感。

④游艇概念设计的创新性用户需求启示：在游艇创新的概念设计中，需要考虑用户的品牌需求和附加服务需求，从用户体验、材料创新、造型创新、动力方式等不同视角切入设计，结合新的设计理念和设计结构对游艇这一产品进行创新创意设计，以提高用户对游艇设计的满意程度。

5.1.4.3 游艇设计的数据转化与分析

为有效实现游艇需求驱动的设计要素体系构建，应利用质量功能配置在连接用户需求和设计要素中的优势，实现游艇用户需求向设计要素的准确转化。过程如下。

首先，萃取游艇产品设计要素：基于游艇产品设计需求信息的模糊权重分析结果，提取重要程度较高的需求信息，将其转化为可定量的设计要素（见图5.6）。

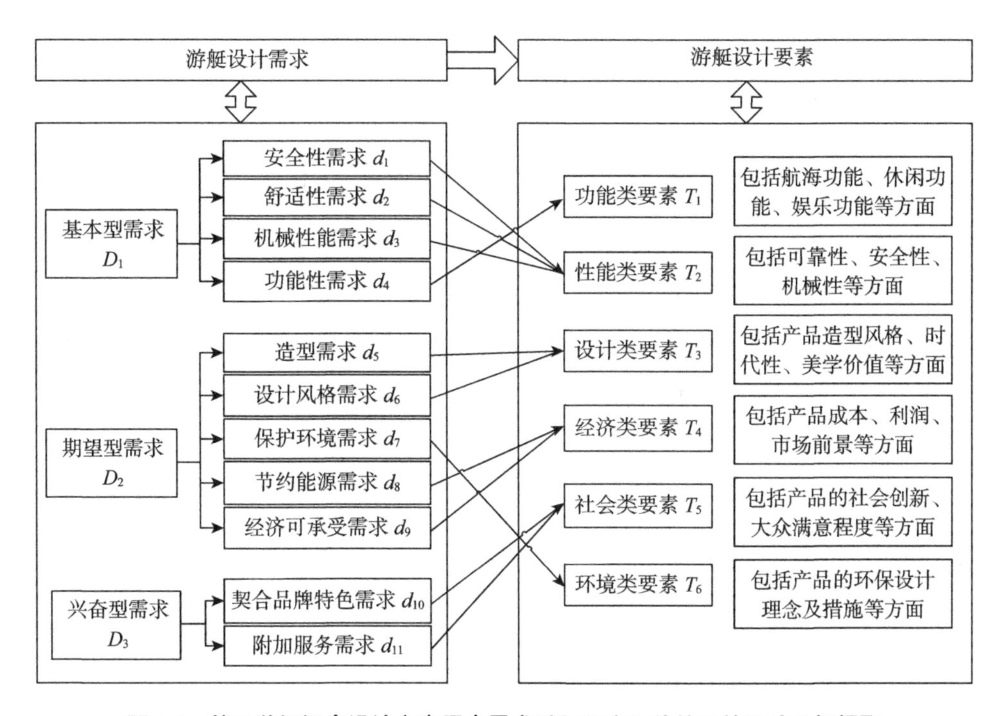

图5.6　基于游艇概念设计方案用户需求重要程度评价结果的评价目标提取

在游艇设计需求的评价结果中，安全性需求的重要程度最高，功能性需求次之，综合基本型各需求，将其转化为功能类要素（T_1）和性能类要素（T_2）；在期望型需求中，造型需求的重要程度最高，设计风格需求次之并依次大于保护环境需求和经济可承受需求，综合期望型各需求，将其转化为设计类要素（T_3）、环境类要素（T_6）和经济类要素（T_4）；在兴奋型需求中，契合品牌特色需求和附加服务需求的重要程度差异不明显，将其转为社会类要素（T_5）。

基于模糊集理论，对游艇设计要素 T_1~T_6 的重要程度进行模糊分析。

首先，邀请5名决策者，构建游艇设计要素的综合评价矩阵，求得各设计要素的模糊几何平均数及模糊权重，获得各设计要素的评判结果。

$$\tilde{W}_{T_1}=(0.372,0.723,0.962),\tilde{W}_{T_2}=(0.284,0.452,0.769),\tilde{W}_{T_3}=(0.204,0.535,0.628) \tag{5.33}$$

$$\tilde{W}_{T_4}=(0.372,0.723,0.962),\tilde{W}_{T_5}=(0.186,0.306,0.732),\tilde{W}_{T_6}=(0.275,0.374,0.584) \tag{5.34}$$

计算游艇设计要素的非模糊数权重值，即：

$$S\left(\tilde{W}_{T_1}\right)=0.695,S\left(\tilde{W}_{T_2}\right)=0.492,S\left(\tilde{W}_{T_3}\right)=0.486 \tag{5.35}$$

$$S\left(\tilde{W}_{T_4}\right)=0.373,S\left(\tilde{W}_{T_5}\right)=0.383,S\left(\tilde{W}_{T_6}\right)=0.381 \tag{5.36}$$

其次，分析游艇需求和设计要素间的模糊关系：邀请决策者对游艇用户需求d_1~d_{11}与设计要素T_1~T_6间的相关程度进行评判，分别以评价数值1、3、5、7、9相对应的不同符号○—◎—◆—★—●来表示二者间的关联程度。依据专家打分权重语言变量对应的三角模糊数，构建二者间的比较矩阵$\tilde{\boldsymbol{B}}_1$。

$$\tilde{\boldsymbol{B}}_1=\begin{array}{c} \begin{matrix} d_1 & d_2 & d_3 & d_4 & d_5 & d_6 & \cdots & d_{11} \end{matrix} \\ \left[\begin{matrix} \tilde{9},\tilde{9},\tilde{7},\tilde{9},\tilde{7} & \tilde{7},\tilde{9},\tilde{5},\tilde{7},\tilde{7} & \tilde{7},\tilde{5},\tilde{7},\tilde{9},\tilde{7} & \tilde{5},\tilde{7},\tilde{7},\tilde{7},\tilde{9} & \tilde{3},\tilde{5},\tilde{3},\tilde{5},\tilde{7} & \tilde{5},\tilde{7},\tilde{5},\tilde{3},\tilde{5} & \cdots & \tilde{3},\tilde{1},\tilde{3},\tilde{5},\tilde{3} \\ \tilde{5},\tilde{7},\tilde{7},\tilde{5},\tilde{5} & \tilde{5},\tilde{7},\tilde{7},\tilde{7},\tilde{5} & \tilde{7},\tilde{5},\tilde{5},\tilde{7},\tilde{9} & \tilde{9},\tilde{5},\tilde{7},\tilde{5},\tilde{5} & \tilde{3},\tilde{3},\tilde{3},\tilde{3},\tilde{5} & \tilde{3},\tilde{5},\tilde{3},\tilde{3},\tilde{3} & \cdots & \tilde{1},\tilde{3},\tilde{1},\tilde{1},\tilde{1} \\ \tilde{7},\tilde{5},\tilde{9},\tilde{5},\tilde{7} & \tilde{5},\tilde{7},\tilde{7},\tilde{9},\tilde{7} & \tilde{9},\tilde{5},\tilde{9},\tilde{5},\tilde{3} & \tilde{7},\tilde{5},\tilde{5},\tilde{5},\tilde{3} & \tilde{3},\tilde{1},\tilde{3},\tilde{7},\tilde{5} & \tilde{5},\tilde{5},\tilde{3},\tilde{3},\tilde{5} & \cdots & \tilde{3},\tilde{1},\tilde{1},\tilde{3},\tilde{5} \\ \tilde{3},\tilde{5},\tilde{5},\tilde{7},\tilde{7} & \tilde{3},\tilde{5},\tilde{3},\tilde{7},\tilde{5} & \tilde{7},\tilde{5},\tilde{5},\tilde{5},\tilde{3} & \tilde{3},\tilde{5},\tilde{7},\tilde{9},\tilde{5} & \tilde{7},\tilde{5},\tilde{3},\tilde{5},\tilde{5} & \tilde{5},\tilde{3},\tilde{7},\tilde{7},\tilde{9} & \cdots & \tilde{3},\tilde{5},\tilde{3},\tilde{3},\tilde{7} \\ \tilde{3},\tilde{1},\tilde{3},\tilde{3},\tilde{5} & \tilde{5},\tilde{7},\tilde{5},\tilde{3},\tilde{3} & \tilde{3},\tilde{1},\tilde{3},\tilde{1},\tilde{1} & \tilde{1},\tilde{1},\tilde{3},\tilde{3},\tilde{5} & \tilde{7},\tilde{7},\tilde{7},\tilde{5},\tilde{3} & \tilde{3},\tilde{3},\tilde{3},\tilde{3},\tilde{1} & \cdots & \tilde{5},\tilde{5},\tilde{7},\tilde{5},\tilde{3} \\ \tilde{5},\tilde{3},\tilde{1},\tilde{3},\tilde{1} & \tilde{3},\tilde{5},\tilde{3},\tilde{1},\tilde{1} & \tilde{1},\tilde{1},\tilde{3},\tilde{3},\tilde{1} & \tilde{3},\tilde{5},\tilde{3},\tilde{3},\tilde{1} & \tilde{1},\tilde{3},\tilde{3},\tilde{1},\tilde{1} & \tilde{1},\tilde{3},\tilde{3},\tilde{1},\tilde{5} & \cdots & \tilde{3},\tilde{1},\tilde{1},\tilde{1},\tilde{3} \end{matrix}\right] \end{array} \begin{matrix} T_1 \\ T_2 \\ T_3 \\ T_4 \\ T_5 \\ T_6 \end{matrix} \tag{5.37}$$

以计算游艇安全性用户需求d_1与功能类设计要素T_1间的模糊关系为例：

$$\begin{aligned} \tilde{b}_{T_1-d_1} &= \sqrt[3]{\tilde{b}_{1-1}^{1}\otimes\tilde{b}_{1-1}^{2}\otimes\tilde{b}_{1-1}^{3}\otimes\tilde{b}_{1-1}^{4}\otimes\tilde{b}_{1-1}^{5}}=\left(\tilde{9}\otimes\tilde{9}\otimes\tilde{7}\otimes\tilde{9}\otimes\tilde{7}\right)^{1/5} \\ &= \left[(7,9,9)\otimes(7,9,9)\otimes(5,7,9)\otimes(7,9,9)\otimes(5,7,9)\right]^{1/5} \\ &= \left[(7\times7\times5\times7\times5)^{1/5},(9\times9\times7\times9\times7)^{1/5},(9\times9\times9\times9\times9)^{1/5}\right] \\ &= (6.20,8.20,9.00) \end{aligned} \tag{5.38}$$

同理，获得游艇其他用户需求与设计要素间的模糊比较值：

$$\tilde{b}_{T_1-d_2}=(5.00,7.00,8.60);\tilde{b}_{T_1-d_3}=(4.20,4.40,7.40);\tilde{b}_{T_1-d_4}=(3.00,5.00,7.00) \tag{5.39}$$

$$\tilde{b}_{T_1-d_5}=(2.60,4.20,6.60);\tilde{b}_{T_1-d_6}=(3.00,5.00,7.00);\tilde{b}_{T_1-d_7}=(2.30,4.60,6.80) \tag{5.40}$$

$$\tilde{b}_{T_1-d_8}=(2.60,3.00,3.40);\tilde{b}_{T_1-d_9}=(0.80,1.40,3.20) \tag{5.41}$$

$$\tilde{b}_{T_1-d_{10}}=(1.00,1.80,2.60);\tilde{b}_{T_1-d_{11}}=(1.40,3.00,4.20) \tag{5.42}$$

求得功能类设计要素T_1对用户需求d_1~d_{11}的模糊比较值的几何平均数。

$$\tilde{m}_{T_1-d_{1\sim11}} = \sqrt[14]{\tilde{b}_{1-1} \otimes \tilde{b}_{1-2} \otimes \tilde{b}_{1-3} \otimes \cdots \otimes \tilde{b}_{1-11}}$$
$$= \Big[(6.20 \times 5.00 \times 4.20 \times 3.00 \times 2.60 \times 3.00 \times 2.30 \times 2.60 \times 0.80 \times 1.00 \times 1.40)^{1/11},$$
$$(8.20 \times 7.00 \times 4.40 \times 5.00 \times 4.20 \times 5.00 \times 4.60 \times 3.00 \times 1.40 \times 1.80 \times 3.00)^{1/11},$$
$$(9.00 \times 8.60 \times 7.40 \times 7.00 \times 6.60 \times 7.00 \times 6.80 \times 3.40 \times 3.20 \times 2.60 \times 4.20)^{1/11} \Big]$$
$$= (2.64, 4.42, 6.58) \tag{5.43}$$

同理，获得游艇用户需求与设计要素间模糊比较值的几何平均值。

$$\tilde{m}_{T_2-d_{1\sim11}} = (2.47, 4.27, 5.98), \tilde{m}_{T_3-d_{1\sim11}} = (2.64, 4.52, 6.43), \tilde{m}_{T_4-d_{1\sim11}} = (2.37, 3.87, 5.05) \tag{5.44}$$

$$\tilde{m}_{T_5-d_{1\sim11}} = (1.02, 2.09, 3.20), \tilde{m}_{T_6-d_{1\sim11}} = (1.42, 2.57, 3.32) \tag{5.45}$$

获得功能类设计要素 T_1 与用户需求 d_1~d_{11} 的模糊关系权重。

$$R\tilde{w}_{T_1-d_{1\sim11}} = \tilde{m}_{T_1-d_{1\sim11}} \otimes (\tilde{m}_{T_1-d_{1\sim11}} \oplus \tilde{m}_{T_2-d_{1\sim11}} \oplus \tilde{m}_{T_3-d_{1\sim11}} \oplus \cdots \oplus \tilde{m}_{T_{11}-d_{1\sim11}})^{-1}$$
$$= [2.64/(6.58 + 5.98 + 6.43 + 5.05 + 3.20 + 3.32 + 4.02),$$
$$4.42/(4.42 + 4.27 + 4.52 + 3.87 + 2.09 + 2.57 + 2.86), \tag{5.46}$$
$$6.58/(2.64 + 2.47 + 2.64 + 2.37 + 1.02 + 1.42 + 1.38)]$$
$$= (0.076, 0.143, 0.229)$$

$R\tilde{w}_{T_1-d_{1\sim11}}$ 为功能类设计要素 T_1 与用户需求 d_1~d_{11} 的模糊关系权重。

同理，获得游艇其他设计要素 T_2~T_6 与用户需求 d_1~d_{11} 的模糊关系权重。

$$R\tilde{w}_{T_2-d_{1\sim11}} = (0.063, 0.106, 0.149), R\tilde{w}_{T_3-d_{1\sim11}} = (0.078, 0.097, 0.162),$$
$$R\tilde{w}_{T_4-d_{1\sim11}} = (0.067, 0.075, 0.124), R\tilde{w}_{T_5-d_{1\sim11}} = (0.053, 0.086, 0.169),$$
$$R\tilde{w}_{T_6-d_{1\sim11}} = (0.048, 0.077, 0.122) \tag{5.47}$$

计算游艇设计要素与用户需求的模糊关系权重，以非模糊数的形式表示，即：

$$S\left(R\tilde{w}_{T_1-d_{1\sim11}}\right) = 0.147, S\left(R\tilde{w}_{T_2-d_{1\sim11}}\right) = 0.106, S\left(R\tilde{w}_{T_3-d_{1\sim11}}\right) = 0.108 \tag{5.48}$$

$$S\left(R\tilde{w}_{T_4-d_{1\sim11}}\right) = 0.085, S\left(R\tilde{w}_{T_5-d_{1\sim11}}\right) = 0.098, S\left(R\tilde{w}_{T_6-d_{1\sim11}}\right) = 0.081 \tag{5.49}$$

最后，优选需求驱动的游艇设计要素：为准确获得基于用户需求的游艇设计要素，建立用户需求和设计要素间的模糊质量屋模型，优选出需求驱动的游艇设计要素。

该模型包括3类需求（基本类需求D_1、期望类需求D_2和兴奋类需求D_3）和6类设计要素（性能类要素T_1、功能类要素T_2、设计类要素T_3、经济类要素T_4、社会类要素T_5和环境类要素T_6）。基于游艇设计要素的模糊权重、用户需求和设计要素间的模糊关系权重，求得需求驱动的游艇设计要素的最终权重。

$$W_{T_1} = S(\tilde{W}_{T_1}) \times S(R\tilde{w}_{T_1 - d_{1\sim11}}) = 0.695 \times 0.147 = 0.102 \tag{5.50}$$

$$W_{T_2} = S(\tilde{W}_{T_2}) \times S(R\tilde{w}_{T_2 - d_{1\sim11}}) = 0.492 \times 0.106 = 0.052 \tag{5.51}$$

$$W_{T_3} = S(\tilde{W}_{T_3}) \times S(R\tilde{w}_{T_3 - d_{1\sim11}}) = 0.486 \times 0.108 = 0.053 \tag{5.52}$$

$$W_{T_4} = S(\tilde{W}_{T_4}) \times S(R\tilde{w}_{T_4 - d_{1\sim11}}) = 0.373 \times 0.085 = 0.032 \tag{5.53}$$

$$W_{T_5} = S(\tilde{W}_{T_5}) \times S(R\tilde{w}_{T_5 - d_{1\sim11}}) = 0.383 \times 0.098 = 0.038 \tag{5.54}$$

$$W_{T_6} = S(\tilde{W}_{T_6}) \times S(R\tilde{w}_{T_6 - d_{1\sim11}}) = 0.081 \times 0.381 = 0.031 \tag{5.55}$$

式中：W_{T_1}~W_{T_6}为游艇6类设计要素的最终权重值；$S(\tilde{W}_{T_1})$~$S(\tilde{W}_{T_6})$为游艇设计要素的模糊权重；$S(R\tilde{w}_{T_1 - d_{1\sim11}})$~$S(R\tilde{w}_{T_6 - d_{1\sim11}})$为游艇设计要素与用户需求的模糊关系权重。

由游艇设计要素的最终权重可知，决策者对于实现游艇功能类设计要素的迫切程度最高，设计类设计要素则次之，社会类设计要素最低。在评价过程中不仅要考虑到游艇休闲功能和娱乐功能等功能因素，可靠性和安全性等性能因素，以及产品造型风格和美学价值等设计因素，还要综合考虑其他经济、社会和环境要求。该结果可为游艇概念设计思路提供科学依据。

5.1.5 小结

本节对工业设计服务与产业发展的数据获取与分析策略进行概述，以游艇设计为例进行案例验证。包括以下内容。

（1）以网络技术为背景，研究以用户需求为导向，利用大数据技术和网络交互技术，对工业产品设计的用户需求进行网络化获取。

（2）基于三角模糊数和层次分析法构建需求数据的重要度分析模型，依据各需求权重大小对特定产品进行针对性设计。

（3）研究以用户需求为驱动力、网络技术为新背景、产品设计为新目标，在充分考虑到需求数据获取的差异性和多样性、需求数据分析的模糊性和主观性的基础上，提出一种结合网络化和信息化的用户驱动的数据挖掘与分析模型，对工业设计服务与产业融合发展具有重要意义。

（4）后续研究中引入云计算、物联网等相关技术和运筹学等理论，以提升需求数据获取和分析的智能化程度和准确化精度。

参考文献

[1] FAN J S，YU S，CHU J，et al. Research on multi-objective decision-making under cloud platform based on quality function deployment and uncertain linguistic variables [J]. Advanced Engineering Informatics，2019（42）：100932.

[2] 成方敏，余隋怀，初建杰，等.基于用户知识存量的3D打印云平台知识服务方法[J].计算机集成制造系统，2020，26（9）：2541-2551.

[3] 王海伟，刘更，杨占铎.机械产品设计方案多指标综合评价方法[J].哈尔滨工业大学学报，2014，46（3）：99-103.

[4] 李玉鹏，吴玥.基于改进随机多目标可接受度分析的产品服务系统方案评价[J].计算机集成制造系统，2018，24（8）：2071-2078.

[5] 邱华清，耿秀丽.基于多目标规划的产品延伸服务规划方法[J].计算机集成制造系统，2018，24（8）：2061-2070.

[6] 杨涛，杨育，薛承梦，等.考虑客户需求偏好的产品创新设计方案多属性决策评价[J].计算机集成制造系统，2015（2）：417-426.

[7] 李雪瑞，余隋怀，初建杰.云制造模式下采用Rough-ANP的机械设计知识优选推送策略[J].机械科学与技术，2018，37（9）：1387-1395.

[8] 王亚辉，余隋怀.基于多目标粒子群优化算法的汽车造型设计决策模型[J].计算机集成制造系统，2019，53（8）：1517-1524.

[9] FAN J S，YU S，YU M，et al. Optimal selection of design scheme in cloud environment：A novel hybrid approach of multi-criteria decision-making based on F-ANP and F-QFD [J]. Journal of Intelligent and Fuzzy Systems，2020，38（3）：3371-3388.

[10] 陈健，莫蓉，余隋怀，等.云环境下众包产品造型设计方案多目标群体决策[J].浙江大学学报，2019，53（8）：1517-1524.

[11] 李文华，余隋怀，于明玖，等.支持向量机回归模型在航空座椅造型眼动评价中的应用[J].机械科学与技术，2018，37（11）：1768-1775.

[12] 吴通，周宪，陆长德，等.群决策方法在产品设计评价中的应用[J].航空计算技术，2008，38（4）：90-93.

[13] 杨柳，汪天雄，张润梅，等.基于模糊层次分析法的智能电饭煲设计评价与应用[J].机械设计，2019，36（4）：129-133.

[14] ZADEH L A. Fuzzy sets [J]. Information and Control，1965，8（3）：338-353.

[15] ZADEH L A. Fuzzy logic= computing with words [J]. IEEE Transactions on Fuzzy Systems，1996，4（2）：103-111.

[16] 吴若仟，江屏，卢佩宜，等.产品设计中基于质量功能配置的需求转化过程[J].计算机集成制造系统，2021，27（5）：1410-1421.

5.2 与相关产业融合的产品意象分析策略

在以用户为导向的买方市场中，工业产品设计要满足用户的生理需求和心理需求。工业设计服务与产业发展的感性意象分析策略有助于设计师了解用户情感需求，准确把握用户感知意象。本章对感性意象分析策略的背景、内容概述、解决方法和应用案例进行分析。

5.2.1 产品意象分析的背景

随着工业产品技术和功能同质化现象的加剧，产品间的竞争已不止是性能、功能和价格等方面的较量，而是更加强调工业产品造型和情感设计的关系。造型是产品的物质载体和精神载体，也是用户和设计师间沟通的重要媒介。在感性消费和体验经济时代，用户更偏好于那些具有个人属性和情感认同造型特征的工业产品。为了预测产品的成功性，控制并优化其效能，必须将用户的主观需求和客观要求外显化，进行产品造型与用户感性意象的关联性研究。

基于统计科学、运筹学、信息科学等领域，从用户需求、感性工学和感性意象设计等多个视角进行相关研究。

5.2.1.1 用户需求

在以用户为导向的买方市场中，市场竞争日趋激烈，产品周期不断缩短，顾客需求愈来愈多方位化和多层次化。工业产品设计不仅要满足用户的生理要求，还需要满足用户的心理需求。用户会按自身需求和偏好选择商品。针对这种情况，企业更加重视产品创新，新产品开发也由过去过分注重技术因素，转为现在认真考虑顾客到底需要什么，即从以产品为中心转向以顾客为中心。一些企业开始把更多的精力放在新产品开发前期的顾客需求分析，挖掘他们的真实需要。国内学者何方蓉等通过发掘高校宿舍核心问题，得出大学生宿舍桌柜家具的设计规律[1]。余继宏等围绕以用户为中心的设计理念，探究办公家具的用户体验和创新设计方法[2]。李启光等对基于木材加工特性的室内桌椅创新设计进行研究[3]。陈新等对便携式可变形桌椅进行设计研究[4]。叶俊男等结合卡诺模型与质量功能配置模型，探索针对露营椅的创新设计方法[5]。周丽先以临海家具户外产业为案例，对临海家具产品的隐性设计知识进行获取分析[6]。张婉玉等对基于用户需求的成都瓷胎竹编产品设计进行研究[7]。胡亚静等通过分析生活方式各因素与家具风格设计的相互关系，得出自然环境主要影响家具用材和品类，政治经济主要影响家具形制和装饰的结论[8]。

5.2.1.2 感性工学

随着经济发展和消费水平的提高，顾客在购买产品时更看重产品的感觉特性。比如：人对产品的心理感受和整体印象，反映顾客情感需求和偏好。在工业产品设计创造过程中，设计师会将自己对产品的认知、情感通过合理的设计方法表达出来，这样的产品除了拥有表面上的形态、色彩、质感等直观属性，还蕴含着设计师赋予产品的高层次的感性意象，这种感性意象可以借以感性意象词汇来进行描述。

产品造型中蕴含的感性意象大多数取决于设计师的品味而非用户的偏好；另外，不同用户的情感意象具有差异性，情感意象随着用户阅历、知识层面、生活环境的不同而变化。罗坤明等通过分析江西非遗传统竹编工艺种类和现状，利用层次分析法对竹编家具产品进行设计研究[9]。钟代星等以休闲家具产品为例，利用知识图谱对休闲家具产品设计的知识管理进行研究，为家具产品的情感化设计提供参考[10]。张婉玉等以包容性设计为视角、人机工程学为支撑，对面向介助老人的包容性座椅设计进行研究[11]。李国华等基于感性意象量化试验对蒙古族家具装饰知识获取与重用进行实践研究[12]。赵梦歌等基于民族器物意象元素对家具设计中的创新应用进行探索[13]。李竞杰等基于个体辅助躺椅的设计策略，对老年人可携式的户外休闲躺椅设计进行研究[14]。谭雨婕等利用联合分析法对儿童家具定制设计进行分析研究[15]。目前，很多企业已将产品竞争重点转到功能特性之外的感觉特性上。

5.2.1.3 感性意象设计

感性意象的研究亦属于热门领域。浙江大学的罗仕鉴等研究了感性意象理论在工业设计领域中的应用，并提出了感性意象研究的热点问题和发展趋势[16]；张书涛等根据感性工学的知识，获取了用户的感知与产品造型形态之间的对应关系[17]；苏建宁等运用数量化一类理论研究了用户的感性意象与产品的造型设计要素之间的关系，并开发了相应的程序[18]。

目前对于感性意象的研究主要集中在以下方面：①运用不同学科知识（社会学、认知心理学等）研究用户的需求；②结合定性和定量分析方法研究用户感性意象设计；③建立基于感性工学知识的评价系统等。如何抓住用户的感性意象信息，并将其转化为适当的设计元素，建立产品造型与用户感性意象之间的映射关系，为后续产品创新设计提供依据，是目前亟须解决的重要问题。

5.2.2 产品意象分析的方法

感性意象的研究间接反映了用户的情感需求以及心理评价的标准。意象是思维活动的基本单位，是一个心理学名词，凝聚着人类深层次的情感活动，反映着人们真实的心理需求。感性意象从属于感性工学，感性工学是一门将感性需求与工学技术相结合的学科。如何将用户的感官、情感与产品的本质及设计特点结合起来，是感性工学设计的核心价值。

本研究基于感性工学，通过将用户的感性需求定量化，用于指导设计师进行工业产品再设计。研究涉及设计心理学、设计符号学、人机工效学以及感性工学等学科。不同用户的感性意象具有差异性，工业产品意象分析技术包括数量化理论、多维尺度分析法、聚类分析法、帕累托图分析法等（见图5.7）。

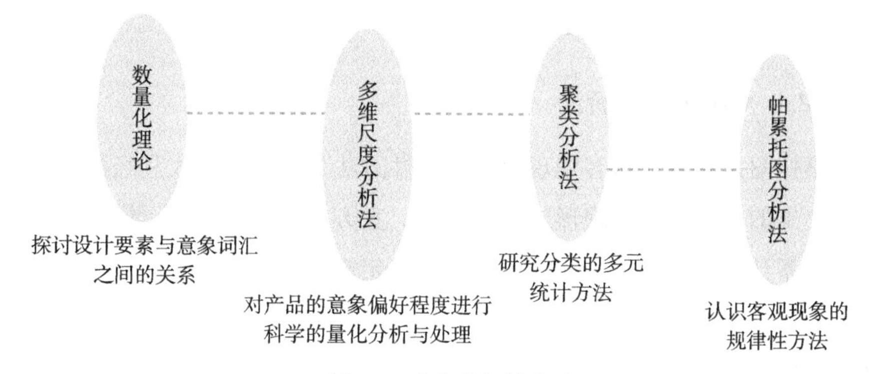

图5.7 意象分析技术

5.2.2.1 数量化理论

数量化理论是实现定性分析和定量分析间有效转化的统计方法。将产品感性意象词汇的评价值作为因变量，产品设计要素的每个类目作为自变量，建立预测模型并对二者关系进行定量分析。但是传统的数量化理论并没有考虑到各要素间相互关系的作用对于评价结果的影响，因此本研究结合加权处理方法对其进行改进。

5.2.2.2 多维尺度分析法

多维尺度分析法是感性工学中的重要方法之一，是一种应用于社会学、心理学等领域的多重变量分析方法。该方法以用户的感性需求为基础，为辅助设计师挖掘产品设计策略提供参考价值。通过多维尺度分析法，将多维空间数据转化为二维空间数据，对工业产品的意象偏好程度进行科学的量化分析与处理。

5.2.2.3 聚类分析法

聚类分析法是感性工学中研究分类的多元统计方法。聚类分析常见算法包括*K*-均值聚类算法（采用簇中对象的平均值作为簇中心）、*K*-中心点聚类算法（采用簇中离平均值最近的对象作为簇中心）、系统聚类（采用层次聚类方法）。*K*-均值聚类算法是基于最小化误差函数对数据进行合理划分的聚类算法，具有速度快、易于理解和实现的优势。

5.2.2.4 帕累托图分析法

帕累托图是一种认识客观现象的规律性方法，它是由意大利经济学家帕累托总结提出的。其主要表现形式是直方图。直方图中横坐标表示影响因素，纵坐标表示累计频率。研究采用帕累托原理确定产品设计的影响因素，将产品设计各因素依据相关频数（即重要程度）绘制成直方图，选取累计频率在0~90%区间的产品造型要素，将其确定为主要设计因素。

5.2.3 产品意象分析的模型

工业设计服务与产业融合发展的感性意象分析技术路线如图5.8所示。

研究结合感性意象分析，将用户的主观需求和客观要求外显化，进行产品造型与用户感性意象的关联性研究。基于感性工学的研究理论和方法，构建包括工业产品设计意象词汇库、工业产品设计要素库、工业产品设计意象词汇库与设计要素库间的关联分析三部分。

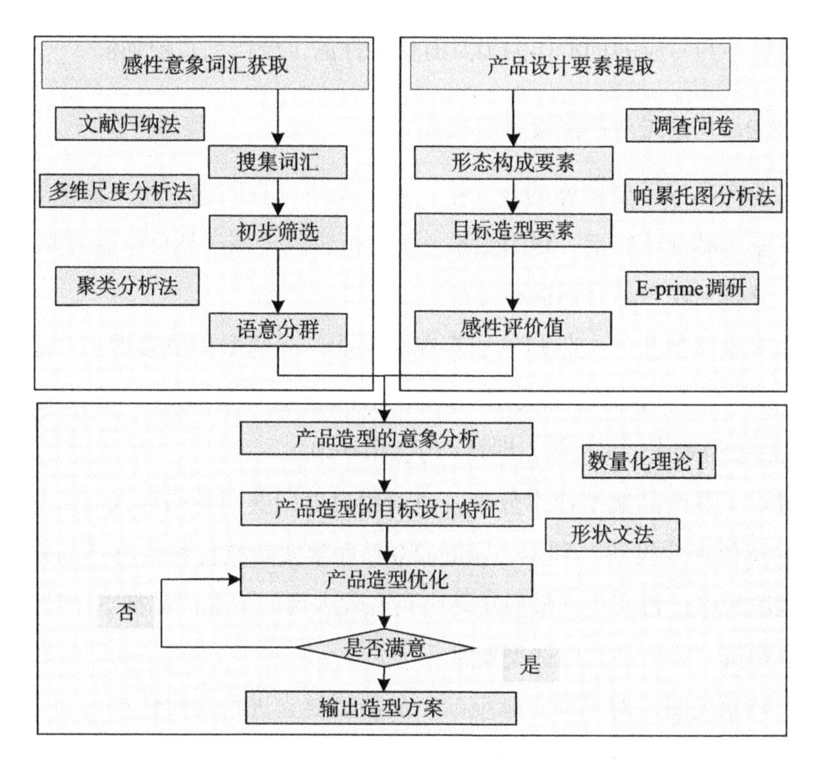

图5.8　工业设计服务与产业融合发展的感性意象分析技术路线

5.2.3.1　工业产品设计意象词汇库

（1）获取工业产品设计意象词汇。

从相关网站、书籍等途径收集适用于描述工业产品的不同意象评价词汇。利用多维尺度分析法筛选工业产品意象词汇，挖掘不同意象词汇间的隐性关系。将意象词汇的目标对象设为N个初始类，利用欧几里得直线距离公式分别计算各个类目的中心坐标，分析判断各类目间的距离、各类目中目标对象到中心坐标的距离，并进行意象词汇分类调整，最后得出产品意象评价词汇的分群数目。

（2）筛选工业产品设计意象词汇。

采用聚类分析法（K-均值聚类算法）对产品感性意象词汇进行有效分群，并确定意象代表性词汇。设有N个产品的意象评价词汇群，将不同意象词汇的二维空间坐标样本随机分进这些词汇群中。计算词汇群中各样本与其群中心距离远近，通过不断重复与迭代，最终获得相对满意的距离结果。将离群中心最近的坐标样本与对应的词汇作为最具有代表性的工业产品意象词汇。

5.2.3.2 构建工业产品设计要素库

在工业产品设计要素库的建立中，通过网络调查问卷、用户访谈等方法搜集整理工业产品设计要素，利用帕累托图分析法确定该产品目标造型要素。

（1）分析工业产品目标造型要素。

利用头脑风暴法、文献归纳法等选取工业产品造型构成要素。产品造型构成要素（P）分为外观造型要素（p_1）、结构造型要素（p_2）、功能造型要素（p_3）、工艺造型要素（p_4）等，即$P=(p_1,p_2,\cdots,p_n)$。

通过对工业产品典型样本分析，邀请用户以调查问卷的形式对产品造型构成要素进行代表性投票。利用E-prime2.0心理学实验软件将目标产品样本图片制作成刺激程序进行实验，最后统计出具有代表性的工业产品样本图片。

（2）甄选工业产品目标造型要素。

运用帕累托图法对不同贡献度的产品造型要素进行层次性类目划分，并结合李克特量表的定量分析方法对产品造型要素进行打分。用5、4、3、2、1数值分别表示“非常重要”“重要”“或重要或不重要”“不重要”“非常不重要”。根据评价结果，甄选出工业产品目标造型要素，共同构成产品造型要素库。

5.2.3.3 工业产品意象词汇库与设计要素库间的关系分析

结合数量化理论Ⅰ构建产品意象词汇与造型特征要素的数学关联模型，分析工业产品意象词汇与造型特征要素间的相互关系，用以辅助设计师进行满足用户需求的产品设计。

设工业产品造型要素涉及m个项目，即$(x_1,x_2,\cdots,x_m)$，考虑到不同造型要素对工业产品这一基准变量的影响，从而对该产品进行预测。设第m个项目有C_m个类目，$i=1,2,\cdots,m$，则共有$\sum_{i=1}^{m} c_i = p$个类目。

利用公式（5.56）可以判断工业产品造型要素各类目与对应的意象词汇之间的影响关系。

$$y_j = \sum_{i=1}^{m}\sum_{k=1}^{c_i} X_{ik}(j)a_{ik} + c_j \tag{5.56}$$

式中：y_j为工业产品样本的意象词汇评价值；$X_{ik}(j)$为工业产品造型要素类目权重值，即第i个项目的第k个类目的权重值；a_{ik}为工业产品造型要素类目，即第i个项目的第k个类目；c_i为常数项。

利用SPSS软件对工业产品意象词汇评价值与造型要素评价值进行多元回归分析，计算预测模型。

5.2.4　产品意象分析的案例

5.2.4.1　桌椅组合产品的意象分析设计

以桌椅组合产品设计为例对意象分析模型进行验证。

（1）桌椅组合产品意象词汇库的建立。

首先，筛选桌椅组合产品设计的意象词汇：通过问卷调查法、头脑风暴法等获取关于桌椅组合产品设计的感性意象词汇。最初收集了36个描述桌椅组合产品的词汇：现代的–稳固的–舒适的–自然的–安全的–耐用的–圆润的–柔和的–高端的–坚固的–传统的–理性的–简约的–协调的–实用的–规整的–流畅的–安稳的–稳重的–独特的–科技的–有序的–精确的–个性的–整洁的–特色的–均衡的–大方的–轻巧的–干净的–饱满的–典雅的–时尚的–完整的–统一的–韵律的，在经过初步筛选后得到如表5.4所示的17个感性意象目标词汇。

表5.4　桌椅组合产品的意象目标词汇

V_1	V_2	V_3	V_4	V_5	V_6	V_7	V_8	V_9	V_{10}	V_{11}	V_{12}	V_{13}	V_{14}	V_{15}	V_{16}	V_{17}
稳重的	科技的	简约的	精密的	大方的	现代的	自然的	饱满的	规整的	轻巧的	圆润的	协调的	理性的	流畅的	亲切的	韵律的	独特的

其次，分析桌椅组合产品设计的意象词汇关系：设计桌椅组合产品的意象词汇关系调查问卷，建立桌椅组合产品意象词汇的相似频数矩阵。邀请10位实验者对17个词汇进行分群操作，实验者依据主观联想将感性意象表现相似的词

汇填写到同一群组中，所分群为2群至6群，并且每个词汇只能出现一次。统计整理两两词汇在同一群出现的频数，将统计结果转化为17×17的相似性矩阵，并利用SPSS统计学软件进行多维尺度分析。为证明多维尺度分析结果的有效性，当压力系数在0.100~0.000时表示数据达到标准、样本可以选取。

最后，将桌椅组合产品设计的意象词汇进行分群：将感性意象词汇的维度空间坐标值进行聚类分析，当群数为4时压力系数最小而决定系数值最大，故将17个意象词汇划分为4个群（见图5.9）。

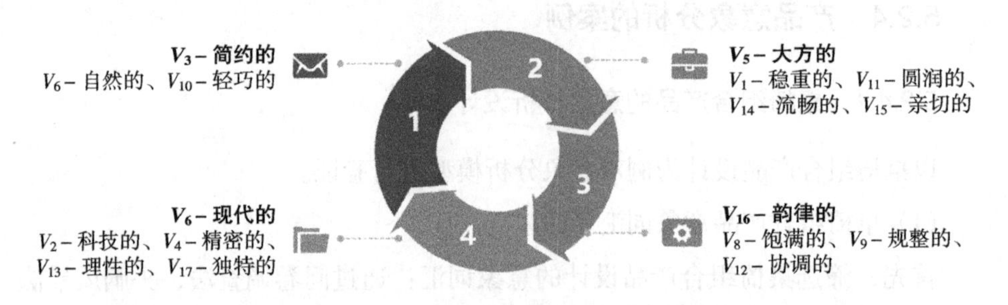

图5.9 桌椅组合产品设计意象词汇的分群

选取各群组中距离中心点最近的意象词汇作为代表词汇，即：V_3–简约的，V_5–大方的，V_6–现代的，V_{16}–韵律的。在代表意象词“V_3–简约的”群组中包括：V_6–自然的、V_{10}–轻巧的；在代表意象词“V_5–大方的”群组中有：V_1–稳重的、V_{11}–圆润的、V_{14}–流畅的、V_{15}–亲切的；在代表意象词“V_6–现代的”群组中有：V_2–科技的、V_4–精密的、V_{13}–理性的、V_{17}–独特的；在代表意象词“V_{16}–韵律的”群组中有：V_8–饱满的、V_9–规整的、V_{12}–协调的。

（2）桌椅组合产品的造型要素库的建立。

首先，筛选代表性桌椅组合产品设计样本：基于查阅文献法和专家访谈法，收集各类桌椅组合产品图片。邀请5名用户对桌椅组合产品进行投票，筛选出42张代表性样本图片。利用E-prime2.0心理学实验软件将样本图片制作成刺激程序进行实验。利用李克特5级量表对样本图片进行打分，最后统计出16张代表性桌椅组合的产品设计图片。

其次，筛选桌椅组合产品设计的造型要素：基于国内外关于设计学、心理学等领域的知识，通过文献归纳法、专家访谈法和问卷调查法概括出影响桌椅组合产品造型的不同设计要素：座椅椅脚、座椅支架、座椅椅背、座椅椅面、座椅扶手、座椅坐深、桌腿、桌面、桌板、桌面支架等。

利用帕累托图进行调研数据分析，在累计百分比大于80%的前提条件下，得出不同设计要素对产品造型表现的不同贡献度。选定了5个重要形态特征要素：桌面（X_1）、座椅椅面（X_2）、座椅椅背（X_3）、桌面支架（X_4）、座椅支架（X_5），如图5.10所示，横坐标表示产品造型要素，纵坐标表示各要素对产品造型的贡献度。

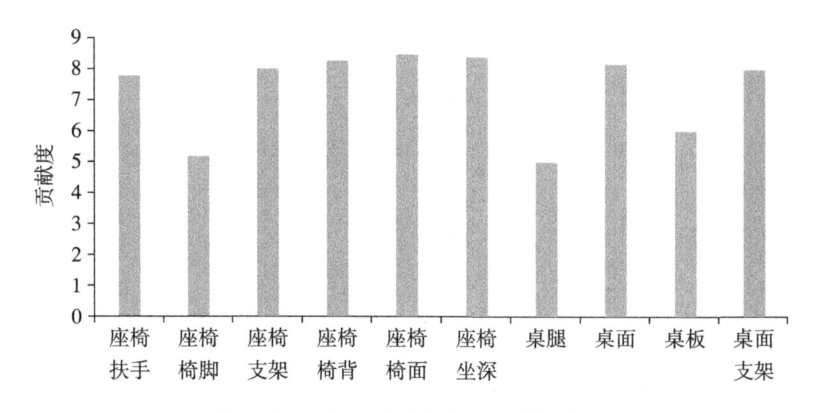

图5.10　桌椅组合产品设计的形态要素

最后，分析桌椅组合产品设计的造型要素图谱：对桌椅组合产品设计特征要素进行分析比较发现：桌面（X_1）的特征要素中多为圆形（E_{11}）、圆方形（E_{12}）、矩形（E_{13}）和半圆形（E_{14}）；座椅椅面（X_2）的特征要素中多为圆形（E_{21}）、圆方形（E_{22}）、矩形（E_{23}）、半圆形（E_{24}）和梯形（E_{24}）；座椅椅背（X_3）的特征要素中多为圆方形（E_{31}）、矩形（E_{32}）、扇形（E_{33}）、半圆形（E_{34}）和无椅背（E_{35}）；桌面支架（X_4）和座椅支架（X_5）的特征要素中多为无包（E_{41}/E_{51}）、半包（E_{42}/E_{52}）和全包（E_{43}/E_{53}）。桌椅组合产品设计特征要素图谱见表5.5。

表5.5 桌椅组合产品设计的造型要素图谱

造型要素	设计分类要素示意图				
桌面（X_1）	E_{11}圆形	E_{12}圆方形	E_{13}矩形	E_{14}半圆形	
座椅椅面（X_2）	E_{21}圆形	E_{22}圆方形	E_{23}矩形	E_{24}半圆形	E_{25}梯形
座椅椅背（X_3）	E_{31}圆方形	E_{32}矩形	E_{33}扇形	E_{34}半圆形	E_{35}无椅背
桌面支架（X_4）	E_{41}无包	E_{42}半包	E_{43}全包		
座椅支架（X_5）	E_{51}无包	E_{52}半包	E_{53}全包		

（3）建立桌椅组合产品设计意象词汇与设计特征要素间的关系模型。

首先，构建设计意象词汇与设计特征要素间的相互关系模型：邀请10名实验者依据主观意象对各样本不同的感性词汇进行打分，调查问卷示例见表5.6。量尺中1、2、3、4、5分别表示不同感性词汇与样本间的相关程度，即1表示不相关、2表示弱相关、3表示中等相关、4表示比较相关、5表示非常相关。经过分析整理，利用SPSS数据分析软件分别计算样本的众数、中位数、平均值，见表5.6中意象词汇感性评价值部分。

表5.6 桌椅组合产品设计意象词汇调查问卷示例

样本	感性词汇	量尺				
样本图片	V_3-简约的	5	4	3	2	1
	V_5-大方的	5	4	3	2	1

续表

样本	感性词汇	量尺				
样本图片	V_6-现代的	5	4	3	2	1
	V_{16}-韵律的	5	4	3	2	1

将16个样本图片与形态特征要素进行对比并进行量化处理，若桌椅组合产品图片中包含此形态特征设计要素则将其定义为1，不具备的形态特征要素则定义为0，见表5.7。

表5.7 桌椅组合产品样本感性评价值与设计特征要素

	意象词汇感性评价值				设计特征要素量化值															
	V_3-简约的	V_5-大方的	V_6-现代的	V_{16}-韵律的	桌面(X_1)			座椅椅面(X_2)			座椅椅背(X_3)			桌面支架(X_4)			座椅支架(X_5)		
					E_{11}	…	E_{14}	E_{21}	…	E_{25}	E_{31}	…	E_{35}	E_{41}	E_{42}	E_{43}	E_{51}	E_{52}	E_{53}
1	4.20	4.42	3.14	4.51	0	…	0	0	…	0	0	…	0	1	0	0	1	0	0
2	2.67	4.02	2.34	2.05	1	…	0	1	…	0	0	…	1	1	1	0	1	0	0
3	4.67	4.68	3.68	3.89	0	…	0	0	…	0	0	…	0	1	1	0	1	0	0
4	4.77	4.21	4.20	4.61	0	…	0	0	…	0	0	…	1	1	0	0	1	0	0
5	3.86	3.98	4.25	4.13	0	…	0	0	…	0	0	…	0	1	0	0	0	1	0
⋮	⋮	⋮	⋮	⋮	⋮	⋮	⋮	⋮	⋮	⋮	⋮	⋮	⋮	⋮	⋮	⋮	⋮	⋮	⋮
15	4.19	3.27	4.58	2.13	0	…	0	0	…	0	0	…	0	0	1	0	1	0	0
16	4.52	3.12	3.89	4.01	0	…	0	0	…	0	0	…	0	0	0	1	1	0	0

其次，分析设计意象词汇与设计特征要素间的相互关系：利用SPSS数据分析软件以桌椅组合产品各样本的感性词汇评价值为因变量，设计特征要素量化值为自变量进行回归分析。在数量化理论Ⅰ的支撑下对桌椅组合产品的感性评价值与设计要素进行匹配，得到各感性词汇与设计要素间的偏相关系数（见表5.8）。

表5.8 桌椅组合产品意象评价词汇与设计特征要素的偏相关系数

意象评价词汇	设计特征要素偏相关系数				
	桌面（X_1）	座椅椅面（X_2）	座椅椅背（X_3）	桌面支架（X_4）	座椅支架（X_5）
V_3-简约的	0.921	0.802	0.852	0.792	0.759
V_5-大方的	0.775	0.839	0.756	0.764	0.746
V_6-现代的	0.809	0.796	0.780	0.897	0.909
V_{16}-韵律的	0.637	0.638	0.790	0.740	0.658

以意象评价词汇“V_3-简约的”为例，由图5.11可知：桌椅组合产品的桌面支架（X_4）和座椅支架（X_5）中的全包（E_{43}和E_{53}）设计要素与意象评价词汇“简约的”贡献程度成反比。

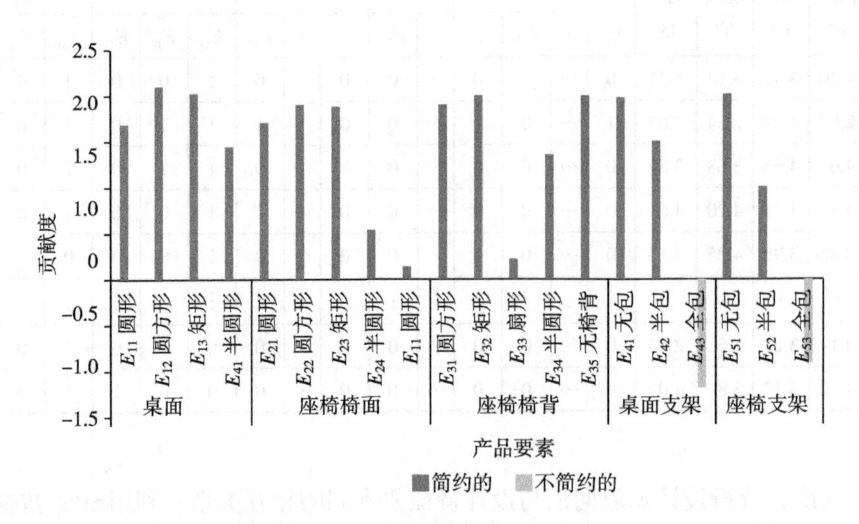

图5.11 桌椅组合产品意象评价词汇与设计特征要素的关系直方图

桌椅组合产品意象评价词汇“简约的”与设计特征要素的偏相关系数排序为：桌面（X_1）（0.921）>座椅椅背（X_3）（0.852）>座椅椅面（X_2）（0.802）>桌面支架（X_4）（0.792）>座椅支架（X_5）（0.759）。设计要素类目的效用值由的排序表示为：圆方形>矩形>圆形>半圆形>扇形>梯形。

为了验证该方法和结果的可行性，重新选择15个桌椅组合产品样本，重复上述实验步骤，得出新的感性评价词汇“简约的”与各设计特征要素之间的函数关系式，利用T检验法成功验证其有效性。

最后，基于用户需求的桌椅组合产品的优化设计：对桌椅组合产品的设计特征与意象词汇进行关联性分析，获得更符合用户意象需求的桌椅组合产品设计策略。

在桌椅组合产品的造型设计方面比较重视桌面、座椅椅背和座椅椅面的造型设计。若设计中线条多为曲线、圆角或少棱角的形态，给人一种韵律、亲和、柔美的感性认识；若设计线条和元素中带有直角或边棱，给人一种简约、现代和理性的认知。在桌椅组合产品设计方案中，人们普遍对带有圆方角、矩形、扇形、圆形等元素的产品造型表示好感。桌椅组合产品的设计策略见图5.12。

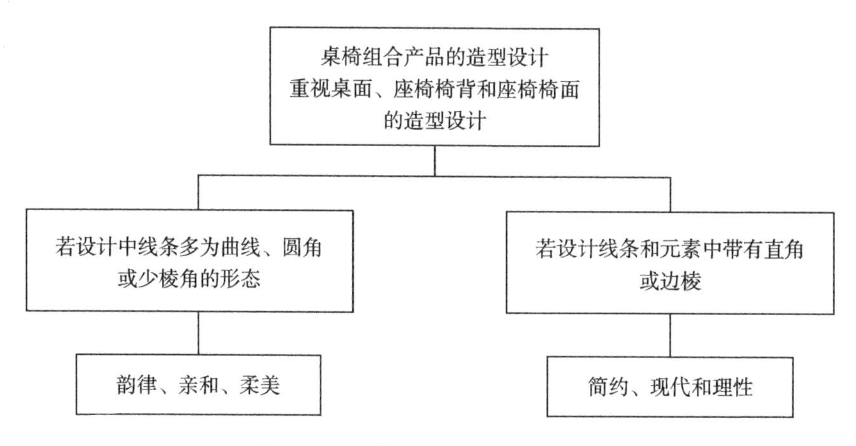

图5.12 桌椅组合产品的设计策略

在用户需求的桌椅组合产品设计中，采用形状文法策略通过限定形状推理规则采用缩放、坐标微调、错切等操作，对桌椅组合产品进行基于感性意象的优化设计。上述设计策略有助于辅助设计师形成满足用户需求的桌椅组合产品设计方案（见图5.13）。

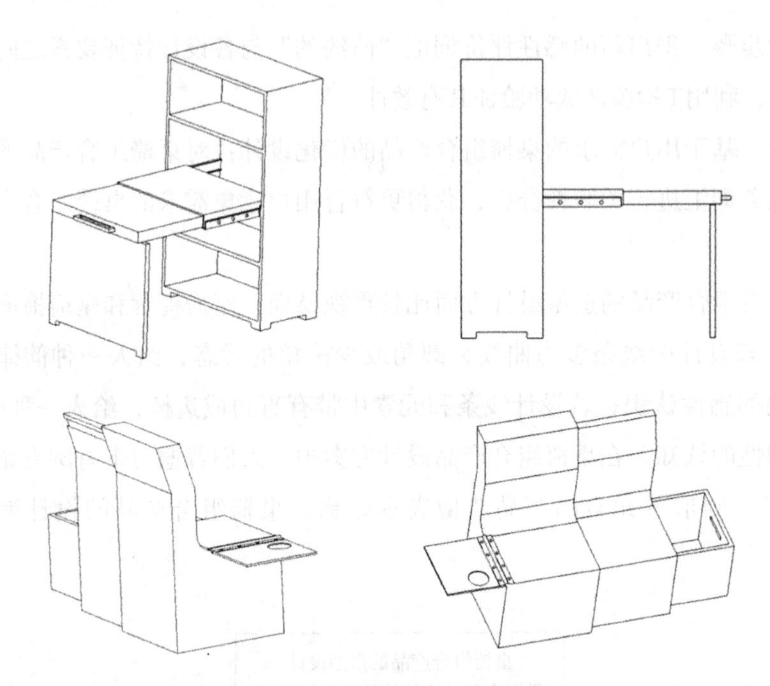

图5.13 桌椅组合产品设计方案

5.2.4.2 数控机床产品的意象分析设计

数控机床是一种结合现代化集成制造技术的机电一体化产品，广泛应用于制造、信息、医疗等领域。目前我国数控机床技术已与计算机辅助设计与制造技术相结合，随着产品技术和功能同质化现象的加剧，数控机床间的竞争已不止是性能、功能和价格等方面的较量，而是更加强调感性意象到产品造型特征的映射关系，并将用户需求转化为产品设计方案。

（1）数控机床产品形态分析。

基于网络资源，收集68个不同样式的数控机床样本图片。由专家进行筛选，将形态过于复杂难以进行归纳的数控机床去掉，同时精简款式过于雷同的图片，得到34种数控机床样式。

基于*K*–均值聚类分析，并在每个分类中选择与中心欧几里得距离最近的样本作为该组代表性样本。将数控机床外观的各个部分进行归纳编码，形成形态元素拆分图（见表5.9）。在该数控机床产品中，产品外观形态元素可以划分为防护罩、观察窗、门、控制面板、把手、底座等，将形态特征集合，由此得到支持向量机系统训练集和测试集的自变量，并在服务平台中生成关于数控机床产品的意象数据库。

表5.9 数控机床产品的形态分析

	防护罩A	观察窗B	门C	控制面板D	把手E	底座F
设计要素图例	直面A_1	直角B_1	直面门C_1	移动式D_1	折面把手E_1	直面底座F_1
	折面A_2	圆角B_2	折面门C_2	嵌入式D_2	椭圆把手E_2	斜面底座F_2
	曲面A_3	圆直角B_3	曲面门C_3	伸缩式D_3	直面把手E_3	折面底座F_3

（2）数控机床产品意象分析。

针对数控机床这一产品，对该初级感性词对进行分类，每类中项目个数不限。同样，用聚类分析法进行结果分析，聚类结果将感性词对分为8类，并在每个分类中选择与中心欧几里得距离最近的样本作为该类别中的代表词对，最后得到表5.10中所示8组感性词对，并将其保存在数控感性词汇数据库中。

表5.10 数控机床感性对立词汇组

稳重的-轻薄的	理性的-感性的	轻巧的-笨重的	规整的-参差的
简约的-繁琐的	精密的-粗疏的	时尚的-传统的	流畅的-沉滞的

针对数控机床感性评估矩阵建立，采用语义差异量表采集感性评估矩阵原

始数据，求取均值建立最终评估矩阵。试验招募10名被试者，男女各5名。对最初筛选的数控机床样本在不同感性词对上进行语义差异评估。

（3）数控机床产品机器学习分析。

以数控机床产品的形态元素（防护罩、观察窗、门、控制面板、把手、底座等）值作为自变量，感性词对作为因变量（稳重的-轻薄的、理性的-感性的、轻巧的-笨重的、规整的-参差的、简约的-繁琐的、精密的-粗疏的、时尚的-传统的、流畅的-沉滞的）进行机器学习。具体方法为：在训练之前，将每组数据除以该组数据的最大值，以此将数据进行标准化，得到预测值后再重新乘以最大值以获得预测的数据值，然后采用支持向量回归进行样本训练。选择19个样本作为训练集，15个样本作为测试集。

用SPSS进行因子分析。对最初筛选的34个数控机床样本意象在相关感性词对上进行语义差异评估，测试集的均方根误差近于0；平方根系数接近于1。结果表明，依据感性语义数据建立的支持向量机语义认知模型的性能较好，可以运用到实际产品的感性语义的分类预测当中。

经过统计学分析方法，发现用户在数控机床的造型设计方面比较重视防护罩、观察窗及底座的设计特征，有助于辅助设计师形成满足用户情感需求的数控机床造型的设计策略。以数控机床的防护罩、观察窗及底座的造型为重点优化对象，采用形状文法策略，通过限定形状推理规则采用缩放、坐标微调、错切等操作，对数控机床造型进行基于用户感性意象的优化设计（见图5.14）。

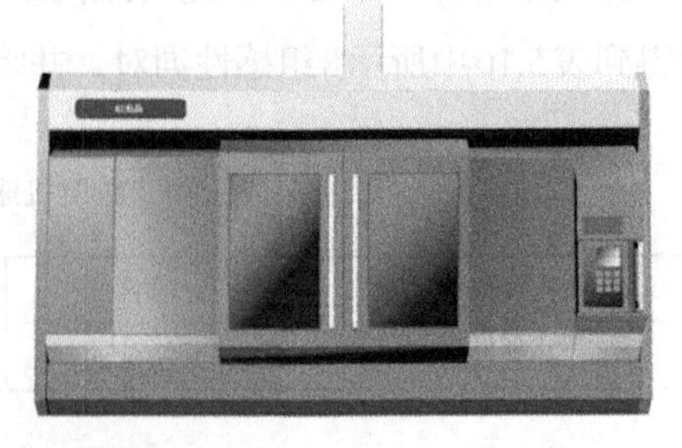

图5.14　数控机床造型意象设计方案

设计师对优化方案进行二次设计加工，采用量表法对上述方案进行评价，证明该方法对于满足用户对产品形态的感性需求具有可行性和有效性。

5.2.5 小结

本章对工业设计服务与产业发展的感性意象技术进行概述，对数量化理论、多维尺度分析、聚类分析、帕累托图分析等相关技术进行简单介绍，以基于感性意象的桌椅组合产品设计为例进行案例验证。主要包括以下内容。

（1）以满足用户对工业产品造型需求为目标，将用户对工业产品造型的感性认识度量化，为后续产品创新设计提供依据。

（2）对单一同族群工业产品造型意象的设计进行研究。

（3）后续将引入交互式评价模块，完善基于用户偏好的工业产品造型设计研究。

参考文献

[1] 何方蓉，张继娟，吴为明.大学生宿舍环保多效桌柜创新设计研究[J].家具与室内装饰，2021（5）：70-73.

[2] 余继宏，薛怡，浦韵.基于用户研究方法的SOHO办公家具创新设计研究[J].家具与室内装饰，2022，29（3）：45-49.

[3] 李启光，刘艳霞.基于木材加工特性的室内桌椅创新设计[J].林产工业，2020，57（9）：74-76.

[4] 陈新，张俊，郑智鹏，等.便携式可变形桌椅的设计[J].林产工业，2018，45（10）：58-62.

[5] 叶俊男，姚梦雨，杨超翔.结合Kano-QFD与FBS模型的露营椅创新设计方法研究[J].家具与室内装饰，2023，30（7）：11-15.

[6] 周丽先.产业集群内产品隐性设计知识获取方法研究[D].西安：陕西科技大学，2015.

[7] 张婉玉，周春燕.基于用户需求的成都瓷胎竹编产品设计研究[J].林产工业，2022，59（10）：63-69.

[8] 胡亚静，戴向东，钱亚琴，等.生活方式对家具风格流变的影响机制研究[J].家具与室内装饰，2023，30（6）：1-4.

[9] 罗坤明，肖代柏，郭青媛.基于层次分析法的竹编家具创新设计研究[J].家具与室内装饰，2023，30（6）：43-49.

[10] ZHONG D X，FAN J S，YANG G，et al. Knowledge management of product design：A requirements-oriented knowledge management framework based on Kansei engineering and knowledge map [J]. Advanced Engineering Informatics，2022（52）：101541.

[11] 张婉玉，陈宇.面向介助老人的包容性座椅设计研究[J].林产工业，2022，59（8）：51-57.

[12] 李国华，刘文金，沈华杰，等.基于感性意象量化试验的蒙古族家具装饰知识获取与重用实践[J].林产工业，2023，60（3）：66-72.

[13] 赵梦歌，魏可欣，詹秦川.民族器物意象元素在家具设计中的创新应用[J].林产工业，2023，60（3）：77-83.

[14] 李竞杰，张荣强，周敏.老年人可携式户外休闲躺椅的设计研究[J].家具与室内装饰，2015（9）：3：11-13.

[15] 谭雨婕，张继娟，杨昕妍，等.联合分析法在儿童家具定制设计中的应用[J].林产工业，2023，60（2）：61-66.

[16] 罗仕鉴，潘云鹤.产品设计中的感性意象理论技术与应用研究进展[J].机械工程学报，2007（3）：8-13.

[17] 张书涛，刘世锋，王世杰，等.产品意象形态设计要素的均衡性评价[J].包装工程，2022，43（12）：208-216.

[18] 苏建宁，李鹤岐.应用数量化一类理论的感性意象与造型设计要素关系的研究[J].兰州理工大学学报，2005（2）：36-39.

5.3 与相关产业融合的产品创新设计策略

创新对于企业发展和打造独特竞争优势至关重要，通过创造新产品或新服务来改进和优化市场需求，以达到提升工业产品的性能、功能和用户体验的目的。工业产品创新策略有助于产品开发和创新设计，并提升产品的技术含量和附加值，从而实现产品竞争力的提升。本节对产品创新策略分析的技术背景、内容概述、解决方法和应用案例进行分析。

5.3.1 产品创新设计的背景

产品创新是企业取得市场主动权的决定性手段[1]。创新设计是产品研发的重要内容，产品的创新性主要体现在概念设计阶段[2]。在工业产品同质化现象下，企业面临着创新问题的新挑战：如何科学合理地运用创新理论与方法提升产品的创新能力成为业界关注问题。众多学者开展了多种创新理论与设计方法研究。

5.3.1.1 产品创新理论

现有的产品创新理论与方法种类繁多、各有特点：具有智力激励特点的头脑风暴法（Brain Storm，BS）、揭示创造发明内在规律和原理的发明问题解决理论（TRIZ）、研发及计划质量的质量功能配置方法（QFD）、通过试验测定和验证产品可靠性的试验方法（RT）、改善企业质量流程管理技术的六西格玛设计方法（DFSS）等。使用创新设计方法可以更有效解决产品设计的问题，帮助产品进行创新设计，提高产品的设计水平和性能。杨帆等融合发明问题解决理论（TRIZ）和功能-行为-结构（FBS）模型对担架车的创新设计进行了研究[3]。李衍豪等将层次分析法（AHP）和发明问题解决理论（TRIZ）融入一体化新产品开发过程中，对手部按摩仪进行创新设计研究[4]。林科宏等提出基于发明问题解决理论的产品概念创新设计方法，并通过勾花网自动卷网机验证了此方法的可行性[5]。吴安琪等构建了集成层次分析法（AHP）、质量功能配置（QFD）和创新理论（TRIZ）的产品创新设计流程，以此完成景区共享代步车设计研究[6]。穆宽基于创新理论（TRIZ）对智慧农业果园产品的创新设计进行了研究[7]。

5.3.1.2 产品创新方法

国内学者刘继红回顾产品设计方法与技术的发展经历后，构建设计方法与技术的定式化分类框架，提出数字化智能化的产品设计方法[8]。余继宏等围绕以用户为中心的设计理念，探究办公家的用户体验和创新设计方法[9]。邝思雅等针对目前固装类定制家具产品与服务创新力不足的现状，构建基于互联网的固装类定制家具开放式创新设计模式[10]。白颖等结合情景模拟和共情地图，提出一种基于共情理论的产品设计方法[11]。叶俊男等结合卡诺模型与质量功能配置和功能-行为-结构模型，探索针对露营椅的创新设计方法[12]。李千静等通过挖掘个性化需求与产品功能之间的关系，实现已有产品的个性化再设计[13]。廖小菊等基于层次分析法和质量功能配置的产品创新设计方法对医疗废物暂存设备进行优化设计[14]。贺余燕对面向可持续产品的创新设计方法进行研究，建立了面向可持续产品的创新设计过程模型和技术体系[15]。

5.3.1.3 产品创新应用

在产品创新应用方面，李竞杰等研究老年人户外休闲躺椅的市场现状和发展趋势，运用人机工程学的研究方法对户外休闲躺椅进行创新设计[16]。罗坤明等通过分析江西非遗传统竹编工艺种类和现状，利用层次分析法对竹编家具产品进行创新设计研究[17]。钟代星等以休闲家具产品为例，利用知识图谱对休闲家具产品设计的知识管理进行研究，为家具产品的情感化设计提供参考[18]。王南等以台灯创新设计为例，对卡诺模型与发明问题解决理论的创新应用进行分析[19]。胡志刚等以数字化电子产品为例，对六西格玛设计理论下的创新设计进行应用研究[20]。马宁等基于半坡彩陶文化因子数据库对家具产品进行创新设计的应用研究[21]。易欣等基于质量功能配置和发明问题解决理论集成的创新模型对儿童摇椅设计进行应用研究[22]。

综合上述分析，部分专家和学者对工业产品的设计方法、设计思维和设计评价等进行了创新研究，但依赖于设计师的主观判断，具有局限性的产品依然存在。本章综合产品创新设计的方法与模型，从用户需求出发对工业产品进行功能创新、结构创新和形态创新，为辅助设计师对工业产品的创新设计提供有效策略。

5.3.2 产品创新设计的方法

5.3.2.1 聚类分析

聚类分析是一种多元统计方法，即依据研究对象的个体特征对数据进行有效分类。聚类分析包括分层聚类法和迭代聚类法，并应用于管理、营销、医疗、金融等领域。

5.3.2.2 头脑风暴

头脑风暴是一种鼓励最大可能产生新设想的技术，应用直觉思维和发散性思维进行问题求解。头脑风暴是基于心理学和行为科学的理论方法，可以有效解决学科领域限制和知识领域障碍问题，并提高解决问题的创新性。头脑风暴方法的应用相对广泛（如创新设计、市场推广、产品开发、战略决策等领域）。

5.3.2.3 发明问题解决理论

发明问题解决理论是由苏联专家提出的一套全新的创新设计理论。该理论包括：基于辩证法和系统论等哲学理论的技术系统进化法则；涵盖功能分析、物场模型、知识库等在内的问题分析工具；涵盖发明问题标准解、创新原理、分离方法等在内的问题解决工具等。发明问题解决理论广泛应用于工程设计、创新设计、设计管理、创新思维等领域，帮助设计师解决当前问题并培养创新思维。

5.3.2.4 质量功能配置

质量功能配置是一种由顾客驱动的产品开发方法和工具。以质量功能配置的核心工具质量屋为载体，通过质量屋中自相关矩阵、关系矩阵、用户权重矩阵、技术权重矩阵等计算出最优矛盾解决方案的模型。该方法和工具广泛应用于产品创新设计、设计管理、生产管理等领域。

5.3.2.5 可靠性试验

可靠性试验是指为分析、提高和评价产品的可靠性而进行的试验总称。可靠性试验以发现产品在设计、材料和工艺方面的各种缺陷，提高产品成功率、减少维修成本为目的。可靠性试验应用于航空航天、汽车工业、电子电器、通信、医疗设备和工业制造等行业和领域。

5.3.2.6 六西格玛设计

六西格玛设计是一种提高产品质量和可靠性、降低生产成本和缩短研制周期的设计方法。六西格玛设计可采用识别—界定—设计—优化—验证流程。

聚类分析、头脑风暴、发明问题解决理论、质量功能配置、可靠性试验和六西格玛设计相互关系密切。头脑风暴以聚类分析为基础，在对用户需求资料整合的基础上，发现待解决的问题。但头脑风暴只能发现问题，明确“做什么”，至于“怎么做，如何做”却没有答案，而发明问题解决理论的核心恰恰是运用各种不同的工具、算法，去解决矛盾冲突。因此，头脑风暴和发明问题解决理论的结合可以达到优势互补的效果。但发明问题解决理论仅能解决“怎么做”，至于“如果做得更好”这个问题就显得有些力不从心，而质量功能配置通过质量屋的相关矩阵，分析权重系数并生成最优选择方案，可以更科学、灵活地解决这个问题，再通过可靠性试验分析，来验证这一模型的效果。聚类分析、头脑风暴、发明问题解决理论、质量功能配置和可靠性试验的创新方法互补关系见表5.11。

表5.11 创新方法互补关系

创新方法	优势	劣势	如何解决
聚类分析	归纳整理错综复杂的资料	不能发现问题	与头脑风暴集成
头脑风暴	突破思维障碍，群体思考、发散思维并发现问题	不能解决问题	与发明问题解决理论集成

续表

创新方法	优势	劣势	如何解决
发明问题解决理论	有一套系统有效的分析方法和解决问题的工具	不能最优选择	与质量功能配置集成
质量功能配置	通过HOQ分析权重系数并生成最优解决方案	不确定其可行性	与可靠性试验集成
可靠性试验	发现产品待改进的地方，为后期生产提供保障	须有理论为基础	与聚类分析、头脑风暴、发明问题解决理论、质量功能配置集成

聚类分析、头脑风暴、发明问题解决理论、质量功能配置、可靠性试验和六西格玛设计间的关系密切，基于上述创新方法的优劣势分析，结合六西格玛设计的识别—界定—设计—优化—验证流程，可进行优势互补。以六西格玛设计的设计流程为载体，通过聚类分析对该流程进行识别（Identify），头脑风暴对该流程进行界定（Define），发明问题解决理论对该流程进行设计（Design），质量功能配置对其进行优化（Optimize），最后通过可靠性试验验证（Verify）这一模型验证的成果。由表5.12可知，这些方法的集成模型具有相互补充的特点，它们的集成具有可行性。

表5.12 创新方法间的互补关系分析

创新方法	六西格玛设计的识别—界定—设计—优化—验证流程				
	识别（Identify）	界定（Define）	设计（Design）	优化（Optimize）	验证（Verify）
聚类分析	√				
头脑风暴		√			
发明问题解决理论			√		
质量功能配置				√	
可靠性试验					√

5.3.3 产品创新设计的模型

集成聚类分析、头脑风暴、发明问题解决理论、质量功能配置、可靠性试验和六西格玛设计的创新方法五层次模型见图5.15。

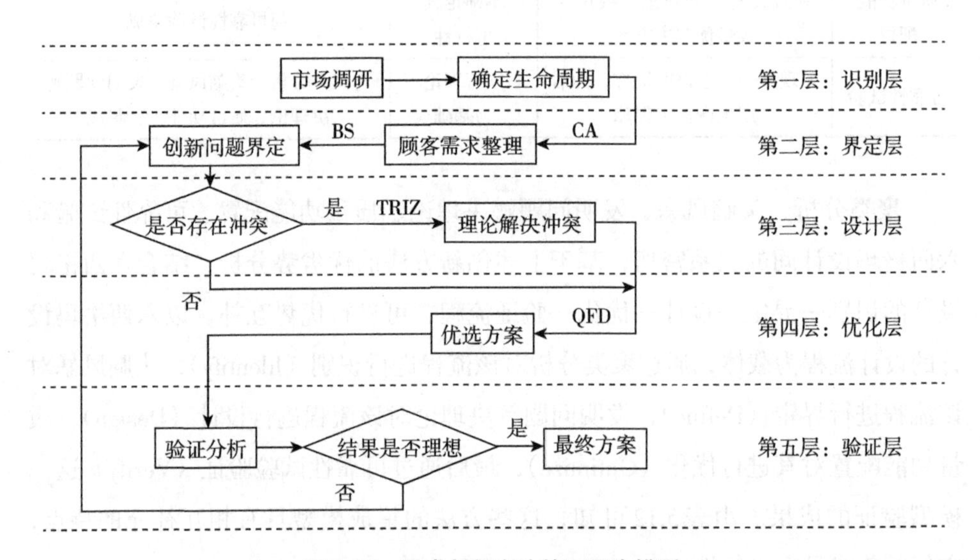

图5.15 集成创新方法的五层次模型

5.3.3.1 工业产品创新识别层

本层主要对产品研发策略进行分析。通过对产品前期相关数据的搜集，利用TRIZ进化理论的S曲线分析产品的技术成熟度，判断该产品所处的生命周期（Period）、研发手段（Method）及研发策略（Strategy），分别用大写字母P、M、S表示。产品生命周期（P）分为婴儿期（p_1）、成长期（p_2）、成熟期（p_3）、退出期（p_4），即$P=(p_1,p_2,p_3,p_4)$；产品创新手段（M）包含有结构参数优化（m_1）、功能参数优化（m_2）、外观参数优化（m_3）、材料参数优化（m_4），即$M=(m_1,m_2,m_3,m_4)$。

由图5.16得知：处于不同生命周期的产品分别对应不同的创新手段，产品研发策略包括各个产品生命周期及所对应创新手段的集合，即$S=(p_1\cdot m_1+p_2\cdot m_2+p_3\cdot m_3+p_4\cdot m_4)$，根据如下推理，最终输出产品研发策略$S=P\cdot M^{T}$。

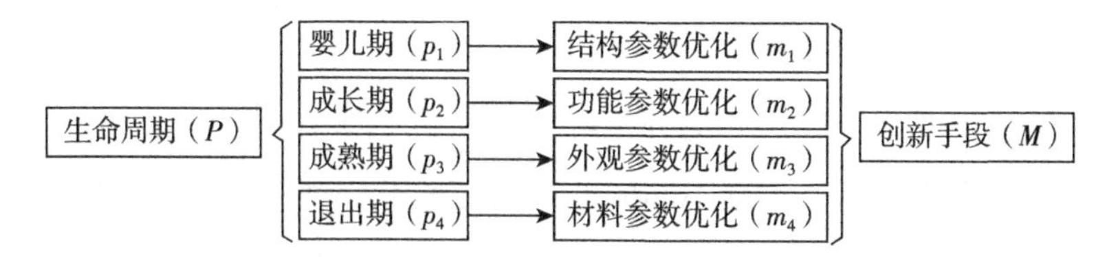

图5.16　产品生命周期与创新手段的对应关系

$$S = p_1 \cdot m_1 + p_2 \cdot m_2 + p_3 \cdot m_3 + p_4 \cdot m_4 = (p_1, p_2, p_3, p_4)\begin{pmatrix} m_1 \\ m_2 \\ m_3 \\ m_4 \end{pmatrix} = P \cdot M^{\mathrm{T}} \quad (5.57)$$

5.3.3.2　工业产品创新界定层

本层主要通过聚类分析来分析顾客需求，头脑风暴界定创新问题。把产品研发策略S作为输入，组建专家小组，以调查问卷的形式对顾客需求（Requirement）进行分析研究，用大写字母R表示。获取使用者、购买者等直接顾客的需求（r_1）、诸如媒体、企业等间接顾客的需求（r_2），还要对顾客的基本需求（r_3）、期望需求（r_4）等其他需求进行满足。即输出$R(r_1、r_2、r_3、r_4)$。通过聚类分析法将所收集到的顾客需求的数据标准化，采用欧式距离公式（5.58）计算m个对象两两间的距离；再构造只包含一个对象的m个类；将距离最近的两类合并为一类，直到所有对象都并入一个大类。

$$d_{ij} = \left[\sum_{k=1}^{m}(X_{ik} - X_{jk})^2\right]^{1/2} \quad (5.58)$$

专家小组成员根据聚类分析法得出顾客需求的分类，应用头脑风暴突破思维障碍和心理约束来发散思维，借助参与者间的知识互补、信息刺激提供创新有价值的思路进行问题界定与求解。当问题被界定为存在冲突（Conflict）时，用大写字母C表示。判断分析顾客需求与产品功能冲突（c_1）、产品结构冲突（c_2）等相关冲突。即输出$C(c_1, c_2, \cdots, c_n)$；当界定为不存在冲突（No-conflict）时，用大写字母N表示，即输出$N(n_1, n_2, \cdots, n_n)$。

5.3.3.3 工业产品创新设计层

本层通过发明问题解决理论分析解决问题的工具来解决矛盾冲突。把冲突$C(c_1,c_2,\cdots,c_n)$作为输入，根据不同的冲突判定标准，利用发明问题解决理论语言分析推断冲突的种类：物理冲突、技术冲突。因地制宜地运用不同的矛盾分析方法，解决（Dispose）问题，用大写字母D表示。当确定为技术冲突时，利用39个通用工程参数描述冲突，再用40条发明原理去解决冲突（d_1）；当判断为物理冲突时，可利用四大分离原理去具体问题具体分析（d_2）；也可利用效应知识库解决（d_3）或借助76个标准解分析物质——场模型来解决问题（d_4）等，即输出$D(d_1$、d_2、d_3、$d_4)$。如矛盾冲突未能解决，则返回到上一步，重新对冲突进行界定、分析。

5.3.3.4 工业产品创新优化层

把界定层不存在冲突的方案$N(n_1,n_2,\cdots,n_n)$和经过设计层冲突解决后的方案$D(d_1$、d_2、d_3、$d_4)$作为输入，在保证产品质量和控制成本的前提下，为使企业利益最大化，对冲突解决方案进行优选（Optimization），用大写字母O表示，即输出$O(o_1$、o_2、o_3、$o_4)$。通过质量功能配置核心工具质量屋的自相关矩阵、关系矩阵等计算出最优的矛盾解决方案。输出O_{Perfect}。

5.3.3.5 工业产品创新验证层

输入最优设计O_{Perfect}，通过可靠性试验分析产品现状，发现产品在设计、材料和工艺方面的各种缺陷，以提高设计成功率、减少维修费用为目的，提高产品的可靠性。通过前期理论的研究，利用工程试验或统计试验确认其是否符合可靠性的定量要求，输出最终产品。

5.3.4 产品创新设计的案例

5.3.4.1 摇椅产品创新设计

以摇椅产品设计为实例对聚类分析、头脑风暴、发明问题解决理论、质量功能配置、可靠性试验和六西格玛设计的创新模型进行验证。

（1）摇椅产品创新的识别层。

通过前期调研发现，摇椅产品的材质多为藤条、木材或金属。目前市场上的摇椅多以家庭、客厅、阳台、花园和室外休闲场所为使用环境，摇椅通常由椅面、椅背、扶手和底座构成，底座底部设置有类弧形的摇摆装置，通过摇椅向前后左右不同方向摇摆，为用户提供舒适、放松和休闲的使用体验。摇椅的类型包括可折叠的午休摇椅、具有躺椅功能的休闲睡椅、具有休闲娱乐功能的阳台沙发摇椅、具有吊篮创意的吊床式吊椅、具有鸟巢造型的藤编摇椅、具有北欧简约风格的休闲躺椅兼摇椅等。通过运用发明问题解决理论，判断摇椅家具产品的生命周期为成熟期。因此，产品优化改良和服务创新为主的创新手段是目前摇椅产品的主要研发策略。

（2）摇椅产品创新的界定层。

通过问卷调查和线上访谈法，利用网络交互式会话技术，对摇椅产品的用户需求信息和设计要素进行获取和分析。包括摇椅产品结构（座椅、扶手和底座）、规格（1.2米、1.5米、1.6米等）、型式（沙发型摇椅、鸟窝型摇椅、楠竹摇椅、藤摇椅等）、材质（藤条、木材或金属等）、用户需求信息等。借助亲和图法优化原始需求项指标，利用聚类分析法及数据统计分析软件，系统地对摇椅产品的用户需求进行聚类分析，利用头脑风暴对其进行问题的界定与求解，输出表5.13所示的摇椅产品需求指标和设计要素。

表5.13 摇椅产品需求指标和设计要素

一级用户需求	二级用户需求	一级设计要素	二级设计要素	说明
D_1 实用性	d_1稳固性	E_1 人机要素	e_1可靠性设计	精细的加工和优质的制造工艺、具有安全性的设计
	d_2耐用性		e_2材料设计	坐垫和靠背等材质具有柔软细腻的触感
	d_3安全性		e_3系统设计	人、机、环境系统协调与统一
D_2 美观性	d_4美观性	E_2 外观要素	e_4形态设计	简约而雅致的设计，线条流畅
	d_5均衡性		e_5色彩设计	色彩搭配自然温暖，能够轻松融入各种家居风格
	d_6系统性		e_6风格设计	造型美观、色彩统一、风格多样

续表

一级用户需求	二级用户需求	一级设计要素	二级设计要素	说明
D_3 舒适性	d_7灵活性	E_3 设计要素	e_7模块化设计	多种使用方式、多种应用模式
	d_8通用性		e_8通用设计	多角度调节椅背、适合于直坐、斜靠、躺卧等姿势
	d_9精致性		e_9结构设计	基座安全的结构设计使摇椅在摇动时更加稳定
D_4 情感性	d_{10}品牌性	E_4 附加要素	e_{10}情感设计	品牌情感共鸣、满足用户精神需求
	d_{11}环保性		e_{11}环保设计	设计符合环保标准、节约资源等
	d_{12}服务性		e_{12}服务设计	安装、维修、保养等服务
D_5 功能性	d_{13}休闲性	E_5 功能要素	e_{13}休闲设计	提高生活质量、提供舒适性休闲设计区域
	d_{14}娱乐性		e_{14}娱乐设计	放松身心，安心享受摇晃的愉悦，释放压力
	d_{15}实用性		e_{15}多功能设计	储物、折叠、节省空间等实用功能

（3）摇椅产品创新的设计层。

基于摇椅产品的用户需求和设计要素，结合发明问题解决理论中的发明原理，输出一个具有多种功能、可以满足用户多种需求的摇椅设计策略（见表5.14）。

表5.14　发明原理的概念及在摇椅产品设计中的应用

40条发明原理	概念	应用
No.1分割原理	将一个物体分成互相独立的部分	将摇椅分为座椅部分、扶手部分、底座部分和附加部分
No.3局部质量原理	使组成物体的不同部分完成不同的功能	座椅部分具有乘坐功能、扶手部分可折叠、底座部分具有储物功能
No.5合并原理	在空间上将相似的物体连接在一起，使其完成并行的操作	将座椅部分（满足乘坐需求、按摩需求）、附加部分（满足晾晒衣服需求等）、底座部分（满足储物需求）并行成一个多功能的休闲摇椅
No.6多用性原理	用一个物体完成多用功能，减少原设计中完成该功能物体的数量	座椅部分既可满足用户乘坐需求，还可以满足按摩和保健身体的需求
No.8质量补偿原理	用另一个能产生提升力的物体补偿第一个物体的质量	摇椅既具有满足乘坐需求的娱乐休闲功能，也附加了其他实用功能和可折叠晾衣架部分
No.15动态化原理	使一个物体或其环境在操作的每一个阶段自动调整，以达到优化的性能	摇椅底座部分设置有类弧形的摇摆装置，弧形的程度可根据用户需求自由调整

基于上述设计策略，设计方案见图5.17。

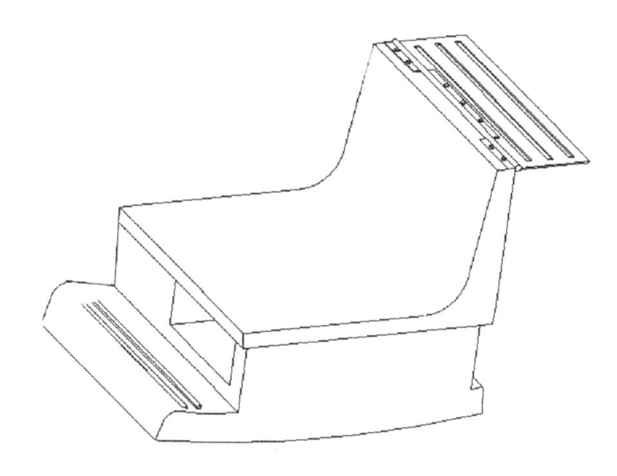

图5.17　具有多种功能、可以满足用户多种需求的摇椅设计

（4）摇椅产品创新的优化层。

利用质量功能配置中的质量屋，分析摇椅产品用户需求和设计要素间的相互关系，构建如表5.15所示的摇椅产品创新优化质量屋模型。表中左边表示15项摇椅产品的用户需求，上边表示15项摇椅产品的设计要素。★–●–◆–◎–○表示摇椅产品用户需求和设计要素间的相互关系分别为极端相关–非常相关–比较相关–一般相关–略微相关–无相关。由图可知：摇椅产品的实用性用户需求（如稳固性）与人机类设计要素（如可靠性设计）较相关、美观性用户需求（如美观性）与外观类设计要素（如形态设计和色彩设计）较相关、情感性用户需求（如服务性）与附加设计要素（如服务设计）较相关、功能性用户需求（如实用性）与功能设计要素（多功能设计）较相关。

基于摇椅产品创新优化质量屋模型，结合层次分析法对摇椅产品用户需求和设计要素的重要程度进行量化分析，通过构建二者间的评判矩阵，进行矩阵的一致性检验（为确保矩阵一致性，借助数学软件求得模糊评价矩阵的最大特征值），便于准确找到重点优化的要素对象：多功能设计、服务设计、情感设计、模块化设计和形态设计。通过质量功能配置进行方案的分析与优选，输出一个带有可拆卸婴儿床并具有储物、折叠功能的摇椅设计（见图5.18）。

表5.15 摇椅产品创新优化质量屋模型

用户需求		设计要素														
		E_1 人机要素			E_2 外观要素			E_3 设计要素			E_4 附加要素			E_5 功能要素		
		e_1 可靠性设计	e_2 材料设计	e_3 系统设计	e_4 形态设计	e_5 色彩设计	e_6 风格设计	e_7 模块化设计	e_8 通用设计	e_9 结构设计	e_{10} 情感设计	e_{11} 环保设计	e_{12} 服务设计	e_{13} 休闲设计	e_{14} 娱乐设计	e_{15} 多功能设计
D_1 实用性需求	d_1稳固性	★		●						◆						◎
	d_2耐用性		★									◎				
	d_3安全性	●	●	●						◆			◎			◆
D_2 美观性	d_4美观性				★	★					◆				◎	
	d_5均衡性						★									
	d_6系统性	◎		★						★						
D_3 舒适性	d_7灵活性							★								
	d_8通用性	◎							★				◎			◎
	d_9精致性															
D_4 情感性	d_{10}品牌性					○			○							
	d_{11}环保性		◎									★	◎			
	d_{12}服务性											◎	★	◆	◎	
D_5 功能性	d_{13}休闲性													★	◆	
	d_{14}娱乐性				◎	◎					◆			◎	★	○
	d_{15}实用性	◆								◆		◎				★

注：

符号	★	●	◆	◎	○	
语言变量	极端相关	非常相关	比较相关	一般相关	略微相关	不相关

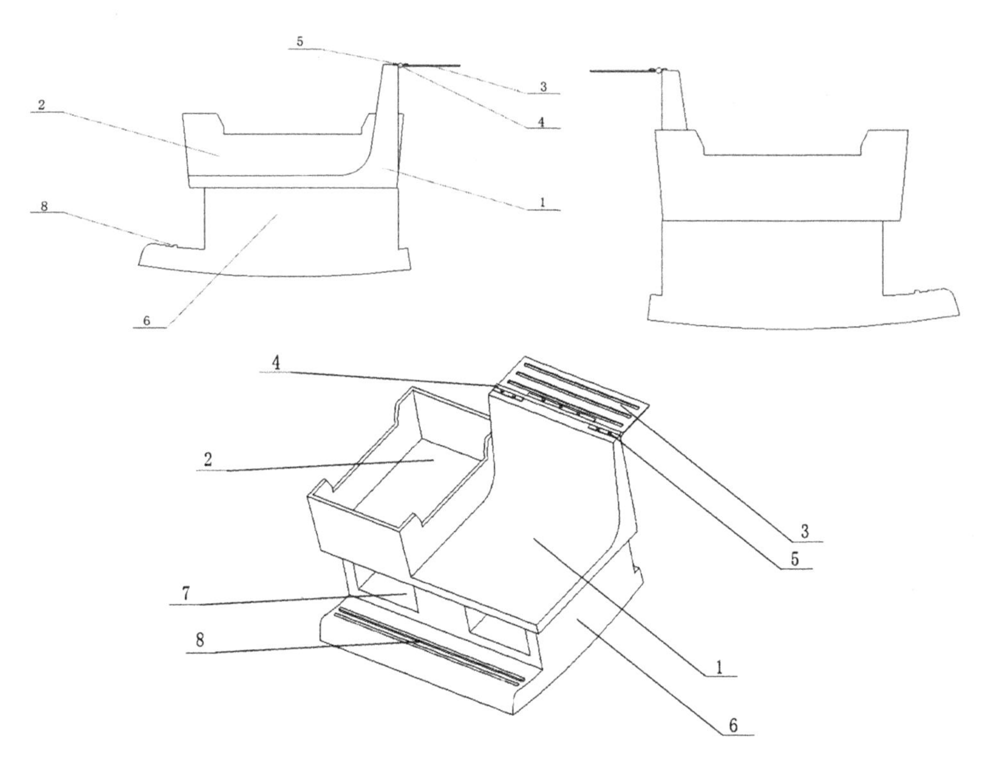

图5.18 带有可拆卸婴儿床并具有储物、折叠功能的摇椅设计

1—摇椅上的座位（座椅上带有按摩功能）；2—摇椅上的婴儿床（可拆卸）；3—晾衣架（可折叠）；4—连接晾衣架和摇椅上座位靠背的合页；5—合页上的销钉；6—摇椅上座位和婴儿床的支撑体（模块化设计、可拆卸和组装）；7—摇椅支撑体内部的储物空间；8—脚踩部分的防滑凹凸槽

（5）摇椅产品创新的验证层。

基于摇椅产品的创新优化，通过可靠性试验分析产品现状：该款带有婴儿床并具有储物功能、晾衣功能的摇椅由摇椅上部的座位、婴儿床（可拆卸）和摇椅下部的支撑体组成。在摇椅上部，通过合页上的销钉来连接座位靠背和晾衣架，合页使得晾衣架可以根据用户的使用需求而自由折叠，使得用户在晃着摇椅照顾婴儿的同时，还可以晾晒衣服。此外，在摇椅下部的支撑体内部，还设有储物空间，可以放置婴儿用品及一些供家长翻阅的书刊杂志；另外，在晃动摇椅脚踩的部分还设有防滑的凹凸槽，增大摩擦力，便于使用者控制摇椅摇晃的程度及力度。给使用者一个安全、轻松的环境。

为提高这款带有可拆卸婴儿床并具有储物、折叠功能摇椅的可靠性，选用易于组装的绿色环保材料，通过前期理论的研究，利用工程试验或统计试验确认其符合可靠性的定量要求，输出最终产品（见图5.19）。

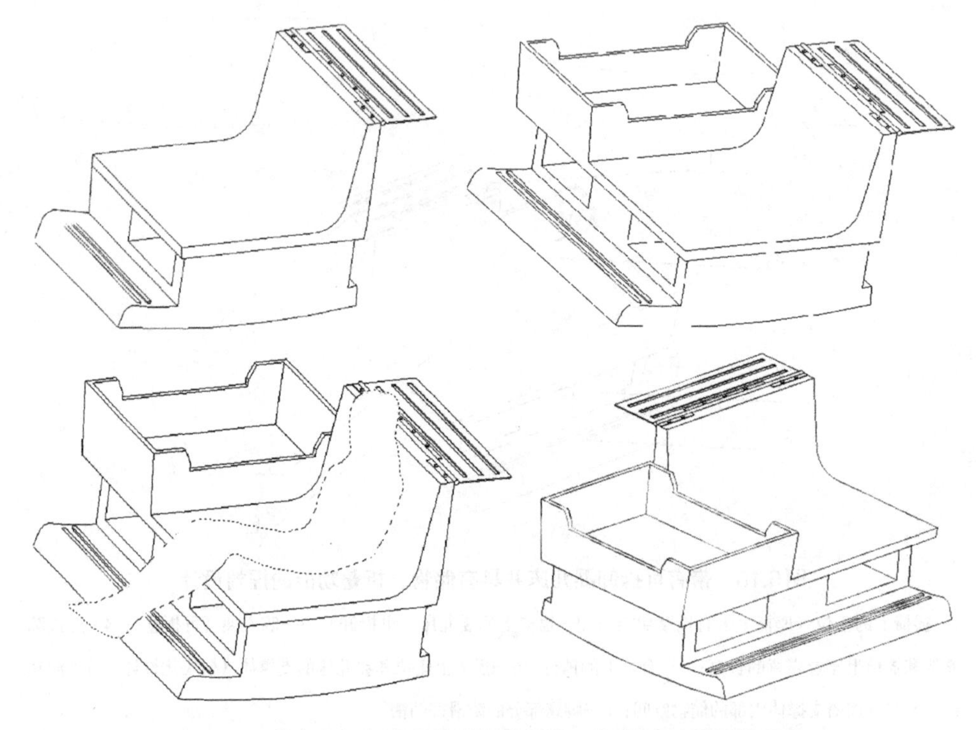

图5.19 带有可拆卸婴儿床并具有储物、折叠功能的摇椅设计

邀请用户和设计师结合李克特量表法构建评价等级集：*T*={很满意，满意，一般，不满意，很不满意}，分值由5到1分别表示为很满意至很不满意[18]。依据摇椅设计需求的实用性、美观性、情感性、功能性、舒适性等信息对这款带有可拆卸婴儿床并具有储物、折叠功能的摇椅设计进行定量评价，经过汇总得出如图5.20所示的评价雷达图。

由评价结果可知：这款带有可拆卸婴儿床并具有储物、折叠功能的摇椅设计不仅具有人机要素、外观要素、设计要素、附加要素和功能要素，在多功能设计、服务设计、情感设计、模块化设计等方面也具有优势。不仅具备摇椅的乘坐需求、还具有储物和晾衣功能，独特之处是带有可拆卸的婴儿床设计，可以根据用户需求自由安装不同的设计模块，能够满足用户实用性、功能性、情感性需求。

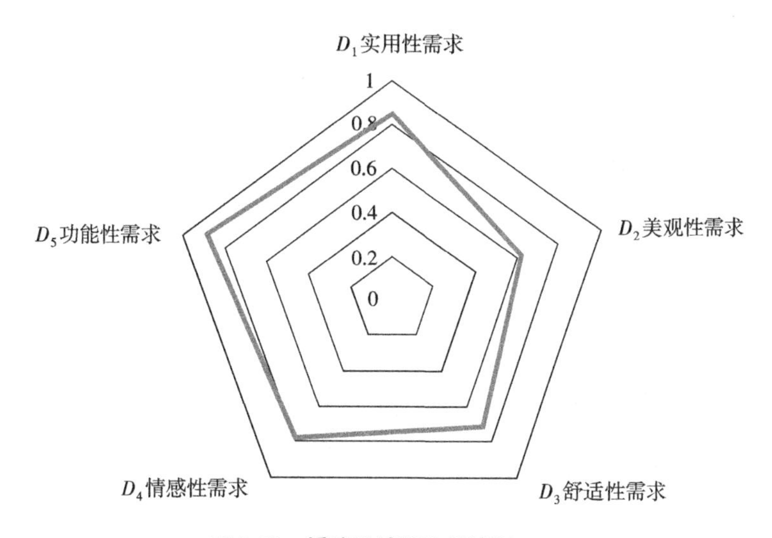

图5.20　摇椅设计评价雷达图

应用案例以家庭、客厅、阳台等休闲场所为使用环境的摇椅设计为例，针对市场上摇椅产品功能相对单一、缺少灵活性、功能性和变通性、摇椅产品的设计依赖于设计师的主观判断等问题，研究集成方法构建产品创新设计过程模型。从用户需求出发对摇椅产品进行功能创新、结构创新和形态创新，结合聚类分析法和头脑风暴法归纳整理摇椅产品的信息需求和设计要素，结合发明问题解决理论分析摇椅产品的设计方案，利用质量功能配置中的质量屋优化摇椅产品的功能等要素，再利用可靠性试验为摇椅产品的生产提供保障。基于产品创新设计过程模型，设计出带有可拆卸婴儿床并具有储物、折叠功能的摇椅，通过与市场上同类产品的比较和评价，证明这种融合多种设计方法优势的设计模型可以为产品的创新设计提供有效策略。

5.3.4.2　儿童玩具车产品创新设计

随着我国儿童人口数量不断增加，儿童玩具产业不断发展壮大，市场上出现了众多不同类型的儿童玩具产品。儿童滑板车以发展儿童运动能力、训练儿童四肢协调水平、激发儿童想象力和创造力等特点深受儿童和家长的喜爱。人们对于儿童玩具车的价值需求不仅包括产品外观和形态，还包括产品性能和产品功能等方面。为使企业在市场竞争中处于不败之地，需要对该产品进行创新设计。儿童滑板车是儿童童稚时期相伴的阶段性产品，对儿童的健康成长和运动机能的培养锻炼起到重要引导作用。以下以儿童滑板车的产品设计为实例，对集成发明问题解决理论、质量功能配置的创新模型进行验证。

（1）基于模糊层次分析法的用户需求分析阶段。

组建研究小组对儿童滑板车的市场需求和用户需求进行获取和分析。

运动性、大众性和发展性是儿童滑板车的三大特性。在滑板车的使用过程中，随着儿童单脚不停地蹬动地面产生推动滑板前行的作用力，儿童通过协调滑板板面、轮子、扶手、支架、刹车装置等部件间的关系，在锻炼身体运动技能的同时，提高各方面的身体素质，对于锻炼反应能力与身体协调能力、培养智慧和勇气起到重要的促进作用。儿童滑板车深受儿童和家长的喜爱与青睐，具有良好的发展前景。

研究以询问法、观察法、调查问卷法等了解目前市场上儿童滑板车的类型，见表5.16。

表5.16 儿童滑板车类型比较

类型	运动方式	优点	缺点
传统滑板车	一只脚踩滑板，另一只脚向后蹬地面	结构简单大方，具有灵活性和便携性，速度较快	没有创新性
摇摆滑板车	左右摇摆身体	身体的运动幅度较大，运动方式新颖独特	不方便携带，适宜该运动的场所有限
蛙式滑板车	来回反复地滑动，收缩双腿	速度较快，运动方式独具匠心，平衡性好，安全性能高	不方便携带，适宜该运动的场所有限
蛇形滑板车	扭动上半身躯	携带方便，玩法多样，速度快，有潮流感	缺乏安全性，对驾驭滑板者的技能水平要求较高
酷步滑板车	脚踏运动杆	安全性好，运动方式新颖独特	结构复杂，玩法单一

续表

类型	运动方式	优点	缺点
脚踩滑板车	双脚上下踩动踏板	操作性能高，安全性好	不便于携带，结构复杂，成本较高
起伏滑板车	双脚上下起伏运动	操作性能好，安全性高，新型运动方式	结构复杂，体型笨重，不便于携带，成本高

通过市场分析得知：不同类型的儿童滑板车各具特色，虽然运动方式各异，但均由滑板车板面、滑板车车轮、滑板车刹车装置、滑板车龙头及扶手等几大主要部件构成。儿童传统滑板车主要由两个轮子连接一个设有后刹车装置的板身所构成，通过双手撑扶龙头上的把手控制滑板车行驶方向，通过单脚来回向后蹬滑地面促进滑板车向前运动。儿童滑板车结构简单大方，具有便携性和灵活性，深受广大儿童的喜爱。儿童滑板车分析图谱见图5.21。

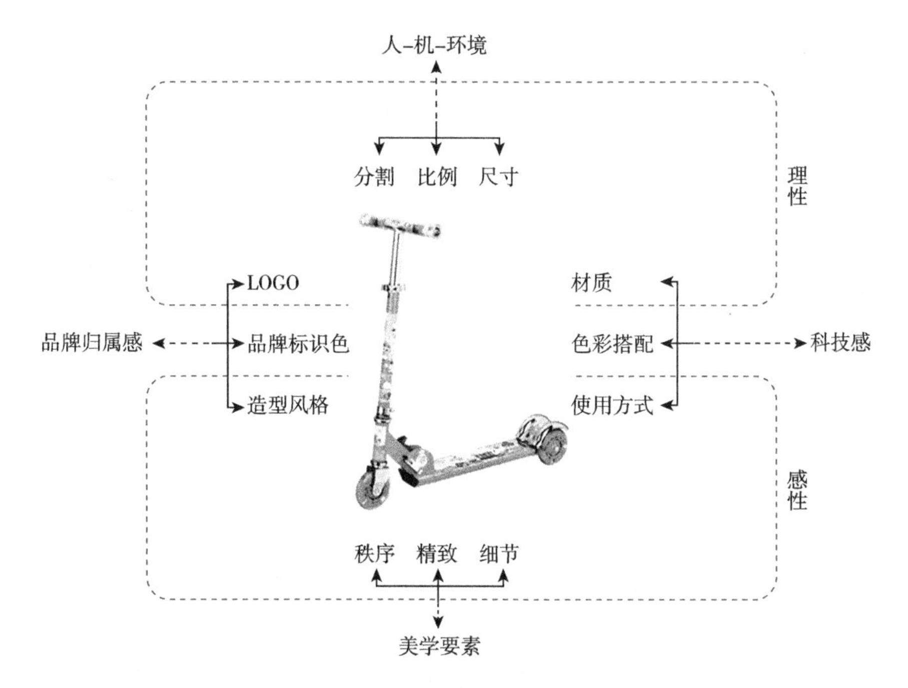

图5.21 儿童滑板车分析图谱

小组成员利用头脑风暴法和亲和图法（一种对数据进行归纳、分类、整理并找到问题解决的方法）对儿童滑板车的用户需求信息进行精简、归纳与整理，构建表5.17所示的儿童滑板车用户需求信息层次表。

表5.17 儿童滑板车用户需求信息层次

需求信息	需求子信息	详细说明
D_1 美观需求	d_1外观造型	t_1外观造型优美
	d_2色彩搭配	t_2色彩丰富鲜艳
	d_3设计风格	t_3设计风格多样
	d_4图案设计	t_4装饰图案积极向上
D_2 功能需求	d_5滑行功能	t_5节省人力
	d_6折叠功能	t_6节省放置空间
	d_7娱乐功能	t_7休闲、娱乐、健身等功能
	d_8储物功能	t_8储物、照明等辅助功能
D_3 性能需求	d_9安全性能	t_9行驶安全、刹车及时可控
	d_{10}实用性能	t_{10}符合人机工程学的细节设计
	d_{11}适用性能	t_{11}适用于多种用户需求及场景
	d_{12}多样性能	t_{12}多种使用方式

为有效明确重要的用户需求信息，将层次分析法（优势：系统性和实用性）结合模糊集理论（优势：分析非确定决策信息），通过建立用户需求的递阶层次结构指标，对模糊不确定的语言变量进行定量分析，利用模糊层次分析法求解出儿童滑板车用户需求判断矩阵的综合权重。

邀请决策者依据专家打分权重语言变量对应的三角模糊数对各需求信息进行模糊评判。获得儿童滑板车需求信息的总体评价结果。通过定量分析可知，儿童滑板车性能需求中的安全性能、实用性能、多样性能；美观需求中的外观造型、设计风格；功能需求中的滑行功能、娱乐功能等需求信息权重较高。

（2）基于质量功能配置的发现设计问题阶段。

基于儿童滑板车需求信息的权重结果，各专家通过发散思维和群体决策，提出儿童滑板车技术特性的相关设想。针对D_1美观性需求中的不同子需求，提出造型、颜色、体型、图案的相关技术特性。针对D_2功能需求中的不同子需求，提出滑行、存储、休闲、自适应相关的技术特性。针对D_3性能需求中的不同子需求，提出安全、寿命、需求、使用方式等相关的技术特性。采用同样的方法对儿童滑板车技术特性进行定量分析。

由此可知儿童滑行车的使用寿命长、匹配用户需求、助力滑行、多种使用方式和安全性能等技术特性相对重要。

以质量屋为工具，构建儿童滑板车用户需求与技术特性的关系模型。由儿童滑板车用户需求与技术特性的相互关系可知：用户美观需求与造型美观特性、用户功能需求与助力滑行、照明、储物和折叠、用户性能需求与安全性和舒适性具有重要相关性。

由儿童滑板车技术特性的自相关关系可知：助力滑行和照明功能、体型轻盈与折叠功能、照明功能与安全性能、折叠功能与适合不同年龄段儿童使用存在正相关关系；使用寿命长与适合不同年龄段儿童使用存在负相关关系。随着儿童年龄增长和身高、体重及兴趣爱好的变化，在早期适合儿童使用的滑板车不一定适合于各个年龄阶段儿童使用。家长为了满足儿童的阶段性需求，不得不购买与儿童成长速度相匹配的诸如儿童学步车、儿童滑行车、儿童滑板车、儿童三轮车、儿童自行车等多种类型的儿童玩具车，二者间存在冲突。

（3）基于发明问题解决理论的解决设计问题阶段。

利用发明问题解决理论对儿童滑板车使用寿命长与适合不同年龄阶段儿童使用这一对冲突进行性质判定和冲突解决。

①问题性质判断：依据发明问题解决理论中物理冲突属性的判断标准，一个属于同一系统A中的子系统（a和b）同时所表现出的两种相反状态称为物理冲突，即儿童滑板车“使用寿命长”这一特性的加强同时导致“适合不同年龄阶段儿童使用”的减弱。由于儿童身体和心智的不断变化，这些适合不同年龄阶段儿童使用的滑板车仅仅具有一定周期的使用寿命，与儿童滑板车寿命长这一特性要求存在物理冲突。

②冲突问题解决：根据物理冲突的解决方式，利用分离原理解决儿童滑板车寿命长短的这一问题。

综合时间分离原理和空间分离原理，将冲突双方在不同时间段、空间段分离。根据儿童不同成长空间，设计出适合儿童婴幼儿时间的滑步车（如儿童扭扭车）、适合儿童幼儿时期的儿童三轮车、适合儿童学龄前期的不同类型滑板车（如蛙式滑板车、摇摆滑板车、脚踩滑板车）、适合儿童学龄期及以后的各种滑板车（如蛇形滑板车、单脚滑板车）等集一体的儿童玩具车。

综合条件分离原理、整体与部分分离原理，将儿童玩具车划分为车身、车轮、支架、踏板、扶手、座椅等部分。当儿童处于幼儿时期，可以通过安装座椅、调整扶手高度生成匹配儿童身高的儿童学步车；也可以通过安装具有可拆卸的推手部分生成儿童手推车创新设计方案；当儿童处于学龄期时具备一定的身体协调能力和平衡能力后，可以拆卸掉座椅，通过脚踩踏板，享受畅玩滑板的乐趣。通过上述原理，生成具有集多种运动方式（儿童手推车、学步车和滑板车）为一体的儿童玩具车创新设计方案。

另外，基于发明问题解决理论中的通用工程参数这一分析问题工具，对上述冲突进行发明问题解决理论的语言描述。欲改善的特征参数（适合不同年龄阶段儿童使用）为第35个适应性和多用性，第38个自动化程度；欲恶化的特征参数（儿童滑板车寿命长）为第27个可靠性，第36个复杂性。通过应用冲突矩阵，将冲突中39个通用工程参数所描述的带有负面影响的参数放置于冲突矩阵中的第一行相应的序列号中，将带有正面影响的参数放置于第一列相应的序列号中，查询该行与列交叉处所显示的发明原理的序列号，筛选有效原理后，即为第1、15、35条发明原理，对儿童滑板车的进行了改进设计。

第1条：分割原理（将一个物体分成几个部分，把物体分段组装，提高物体的分割度）。除将儿童滑板车划分为车身、车轮、支架、踏板、扶手等几个部分外，还应用定位系统、语音交互系统、智能交互系统和人机交互系统等几个系统模块，方便家长实时了解儿童的娱乐情况。

第15条：动态性原理（调节物体部分与整体或各部分间的状态、环境或性能，使其运行状态达到最优状态）。除设计出可拆卸的具有儿童手推车、学步车和滑板车多种运动方式的玩具车外，在车身内安装智能定位系统，家长可以通过定位系统了解儿童的具体位置，也可以通过语音交互系统，与儿童进行实时交流和安全提醒。

第35条：物理或化学参数变化原理（改变物体的柔性程度、温度等物理或化学参数）。设计出具有凹凸纹理效果的扶手和踏板表面纹样，增加摩擦力和安全性。设计小组利用头脑风暴通过发散思维对该设计方案进行评价，儿童滑板车的多样性能、适用性能、实用性能、娱乐功能等方面受到好评。

集儿童手推车、学步车和滑板车一体的儿童滑板车见图5.22。

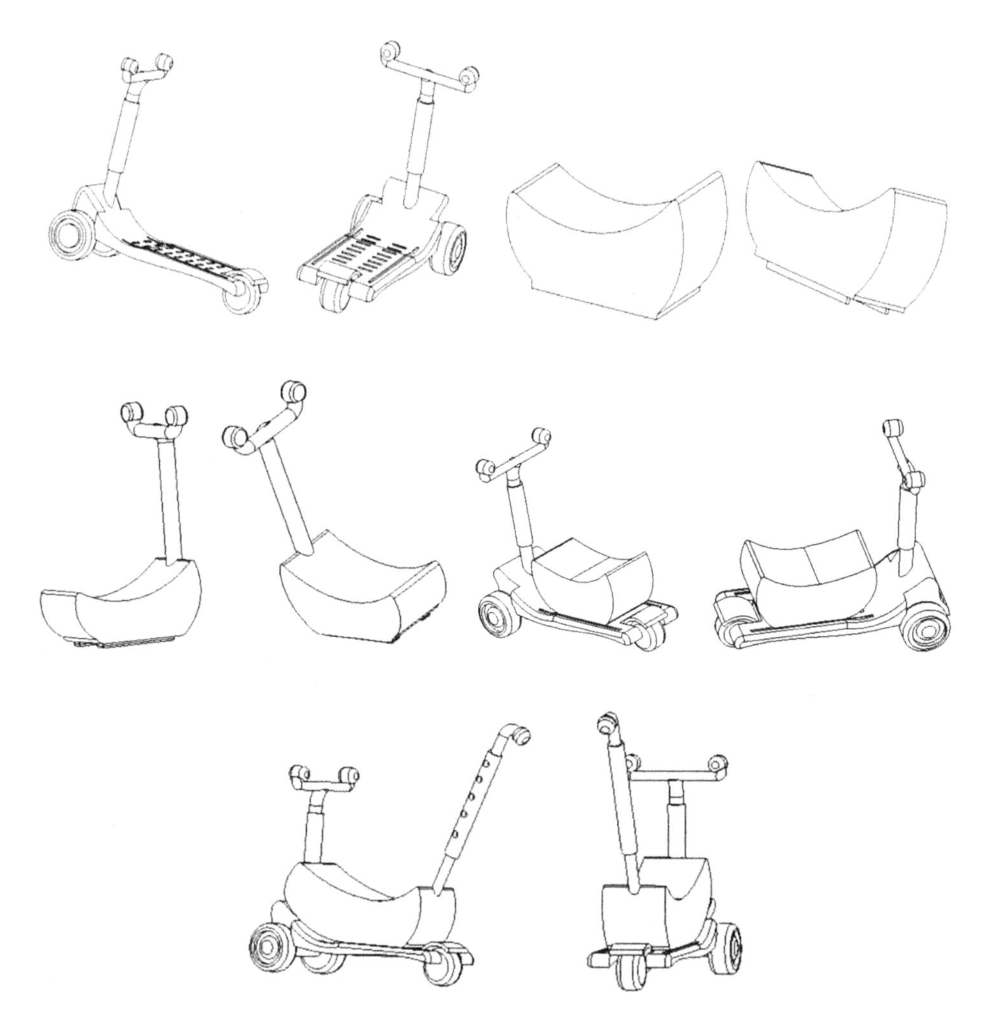

图5.22 集儿童手推车、学步车和滑板车一体的儿童滑板车

这款儿童滑板车的创新点主要体现在以下几个方面：

第一，功能创新：折叠功能（车身和支架采用可折叠结构；具有可调节高度的支架和车身设计，支架高度可以根据儿童不同身高进行动态调整）；可拆卸功能（可以根据用户需求进行安装或拆卸的具有儿童手推车、学步车和滑板车多种运动方式的儿童玩具车）；照明功能（车身后部设计有具有照明功能保障行驶安全的警示灯）；储物功能（支架上设计有具有储物功能的可拆卸的车筐）。

第二，性能创新：为保证儿童滑板车的安全性和可靠性，车轮由两个前轮和一个后轮组成，后轮利用脚踩刹车制动系统，简单易操控且具有一定的安全保障。

第三，形态创新：流线型车身设计，增加活力和动力；设计出具有凹凸的纹理效果的扶手和踏板表面纹样，增加摩擦力。

第四，材料创新：采用高弹耐磨的踏板材质，提高儿童滑板车的可控性和操作性。

第五，使用方式创新：生成具有集多种运动方式（儿童手推车、学步车和滑板车）为一体的儿童玩具车创新设计方案。

第六，设计理念创新：可拆卸设计理念（可以根据用户需求进行安装或拆卸，如可拆卸的玩具车座椅、扶手等）；可持续设计理念（考虑到环境与资源的可持续，设计出适合儿童婴幼儿时间、幼儿时期、学龄前后期使用的儿童玩具车）；环保设计理念（在车头部分还设计有可拆卸的具有清洁路面功能的圆形扫刷，在保障用户功能需求、性能需求和美观需求的同时，培养儿童热爱环境的思想意识）；人机交互设计理念（将GPS安全定位系统、智能交互系统等融入儿童玩具车的设计中），家长可以通过定位系统了解儿童的具体位置，也可以通过语音交互系统，与儿童进行实时交流和安全提醒。

本案例以儿童滑板车为例，通过深入挖掘和分析儿童滑板车的用户需求，结合模糊层次分析法、质量功能配置和发明问题解决理论，建立用户需求与产品设计技术特性间的映射模型，将用户需求转化为产品创新设计中相应的技术特性，结合相关发明问题解决理论，对产品现有问题进行分析和优化创新设计。这种多方法集成的产品创新设计模型不仅可以提升设计方案的用户需求满意程度，还可以增加产品设计的使用价值、商品价值以及文化附加值，促进企业经济效益和品牌效益的提升。

5.3.5　小结

本章对工业设计服务与产业发展的产品创新策略和分析技术进行概述，对产品创新理论、产品创新方法、产品创新应用进行概述，并进行案例验证。主要包括以下内容。

（1）集成多种方法构建产品创新设计过程模型。

（2）以六西格玛设计方法的识别、界定、设计、优化、验证流程为参照，建立以进化理论为支撑的产品创新识别层、以聚类分析和头脑风暴为参照的产品创新界定层、以发明问题解决理论创新方法为依托的产品创新设计层、以质量屋模型为基础的产品创新优化层、以可靠性试验和定量分析为参考的产品创新验证层。

（3）以摇椅和儿童玩具车为实例对集成的创新模型进行验证。该模型可以有效挖掘用户需求和设计要素，也适用于其他工业产品创新设计。

参考文献

[1] 檀润华. 创新设计[M]. 北京：机械工业出版社，2000.

[2] 吴通，陈登凯，余隋怀. 产品创新设计的可拓推理设计方法[J]. 机械设计，2018，35（4）：113-118.

[3] 杨帆，李然.融合TRIZ理论和FBS模型的担架车创新设计[J].包装工程，2023，44（18）：154-173.

[4] 李衍豪，戚彬，娄轲，等.基于iNPD-AHP-TRIZ集成模型的手部按摩仪设计研究[J].包装工程，2023，44（12）：172-179.

[5] 林科宏，成思源，杨雪荣，等.面向需求的勾花网自动卷网机创新设计[J].机床与液压，2022（15）：50.

[6] 吴安琪，韩宇翃，叶文涛，等.基于AHP/QFD/TRIZ的景区共享代步车创新设计研究[J].包装工程，2022，43（S01）：151-160.

[7] 穆宽.基于DAT与TRIZ理论的智慧农业果园产品创新设计——以川渝丘陵地带为例[D].重庆：重庆大学，2022.

[8] 刘继红.数字化智能化产品设计方法与技术的发展[J].包装工程，2023，44（8）：27-36.

[9] 余继宏，薛怡，浦韵.基于用户研究方法的SOHO办公家具创新设计研究[J].家具与室内装饰，2022，29（3）：45-49.

[10] 邝思雅，吴志军，杨元.基于互联网的固装类定制家具创新设计模式研究[J].家具与室内装饰，2022，29（3）：45-49.

[11] 白颖，刘晶鑫.共情理论用户行为模式校园非学习空间家具创新设计[J].家具与室内装饰，2022，29（6）：85-89.

[12] 叶俊男，姚梦雨，杨超翔.结合Kano-QFD与FBS模型的露营椅创新设计方法研究[J].家具与室内装饰，2023，30（7）：11-15.

[13] 李千静，成思源，杨雪荣，等.基于可拓创新方法的个性化产品设计研究[J].包装工程，2022，43（22）：87-94.

[14] 廖小菊，王朝侠.基于区间中智AHP/FAST/QFD的产品创新设计方法[J].机械设计，2022，39（8）：136-142.

[15] 贺余燕.面向可持续产品的创新设计方法研究[D].天津：天津科技大学，2022.

[16] 李竞杰，张荣强，周敏.老年人可携式户外休闲躺椅的设计研究[J].家具与室内装饰，2015（9）：3：11-13.

[17] 罗坤明，肖代柏，郭青媛.基于层次分析法的竹编家具创新设计研究[J].家具与室内装饰，2023，30（6）：43-49.

[18] ZHONG D X，FAN J，YANG G，et al. Knowledge management of product design：A requirements-oriented knowledge management framework based on Kansei engineering and knowledge map [J]. Advanced Engineering Informatics，2022（52）：101541.

[19] 王南，轶傅，雷石畅，等.基于Kano模型与TRIZ理论的台灯创新设计研究[J].机械设计，2022，39（S2）：221-226.

[20] HU Z G，FAN J S，QIAO X，et al. Study on an innovation design model based on creative design methods and DFSS [J]. International Journal of Multimedia and Ubiquitous Engineering，2014，9（6）：233-242.

[21] 马宁，王亚辉.基于半坡彩陶文化因子数据库的家具创新设计应用[J].林产工业.2021，58（12）：39-43.

[22] 易欣，梁家明，梁卓强，等.基于QFD/TRIZ/FEM集成的儿童摇椅创新设计研究[J].林产工业.2021，58（9）：17-22.

5.4 与相关产业融合的产品需求匹配策略

为提高用户对于工业产品设计的满意程度，提出一种以用户需求为依据的需求匹配策略。该策略遵循科学性与可行性相统一的原则，通过构建用户需求与设计要素间的关系模型，模拟与用户需求匹配的设计评估机制，为面向用户需求的工业产品设计决策提供方法支持。

5.4.1 产品需求匹配的背景

用户需求是产品开发的依据，为获得满足用户需求的产品设计，需要对用户需求的相关数据进行深入挖掘与综合分析，使其得到较好的理解和转化。目前国内外研究学者围绕心理科学、行为科学、计算机科学等领域对需求匹配设计与评价进行了研究。

5.4.1.1 产品需求获取

基于用户需求的数据挖掘为产品设计与评价提供重要参照依据。随着信息技术的飞速发展，诸如调查问卷和用户访谈等传统需求获取方式由于其成本高、周期长、效率低等缺点，不能满足信息多样化和个性化的要求。计算机技术的发展使得网络成为获取需求信息和把握市场动态的重要手段。国内外学者从不同角度对基于评论挖掘的用户需求获取进行了不同层次的探究：有学者提出了一种基于模糊需求描述的数据挖掘技术[1]；有学者构建了一种面向企业信息系统分析和用户数据收集的层次性建模方法[2]；王晨等为解决需求信息获取欠充分的问题，通过构建多维需求模型，从需求属性、需求本体及认知过程对需求获取进行研究[3]；翟敬梅等针对制造过程中海量的需求信息构建用户需求的综合获取模型[4]；纪雪等提出一种基于产品属性的用户需求获取方法[5]。涂海丽等基于评论数据构建了产品需求获取模型[6]。

5.4.1.2 产品需求分析

需求分析是产品设计与评价的有效依据。传统需求分析方式主要通过马斯洛需求理论和卡诺尔模型进行分析。随着互联网技术和信息技术的发展，国内外学者从不同角度对需求获取进行分析探究：齐佳音等提出一种在线评论的需求获取模型并对其进行预测和分析[7]；王亚辉等构建需求为导向的知识管理框架，利用需求的分布式交互数据库对需求信息进行知识获取、重用和优化[8]。也有学者提出一种对产品设计不同变量需求进行敏感性分析的模型[9]。李颖新等综合云制造平台中用户的显性行为和隐性行为，通过语义分析及知识评价提出一种针对用户行为的需求分析方法[10]；孔造杰等结合灰色关联分析法和直觉模糊数，提出一种既满足市场需求又推动技术创新的需求分析方法[11]。

5.4.1.3 产品需求转化

需求转化是有效实现用户需求的重要途径，只有正确地理解用户需求，准确将其转化为设计评价中所需信息，才能真正实现需求分析的价值。国内外学者对用户需求转化进行如下分析：有学者提出了一种关于用户需求管理过程的方法和工具系统[12]，也有学者构建了一种基于神经网络和质量功能配置的需求转化模型[13]。张青等提出一种基于功能-行为-结构的用户需求反馈模型，将设计过程中的用户需求转化为设计要求，并用于指导整个产品设计过程[14]。王二强等提出一种基于质量功能配置和信息熵的用户需求转换模型[15]。罗佩琼等在以用户为中心的设计策略下，从需求识别、需求分析、需求映射、需求转化这几个阶段对需求信息进行研究，最后将用户需求转化为产品功能属性[16]。伊辉勇等基于数学知识构建需求信息筛选和转化模型[17]。

国内外学者从产品需求获取、产品需求分析和产品需求转化三个方面对需求匹配设计与评价进行了探索，但部分研究依靠较多的先验知识和信息，具有较强的主观因素。在互联网大数据时代，需求匹配的研究正在向网络化和智能化方向发展。因此，基于网络大数据技术对用户数据进行挖掘与分析，使用户需求等得到较好理解和转化，为产品设计与评价的有效匹配提供依据，是本章研究的重点内容。

5.4.2 产品需求匹配的方法

5.4.2.1 改进BP神经网络的基本概念

改进BP神经网络是一种基于传统BP神经网络的改进网络模型。通过对BP神经网络基本概念的分析，提出产品设计与评价的需求匹配策略，为构建需求匹配模型提供理论基础。

BP神经网络是一种按照误差逆向传播算法训练的多层前馈神经网络，由输入层、隐含层和输出层组成。改进BP神经网络以传统BP神经网络结构为基础，改进BP神经网络的突出优点表现在柔性的网络结构。该网络相较传统BP神经网络，更具有较强的非线性映射能力。该网络适用于建立与产品需求匹配的设计与评价模型，通过建立用户需求与设计要素或评价指标间的映射关系，有助于从用户的角度理解产品设计与评价的作用发展机制。

传统BP神经网络在与产品需求匹配的设计与评价过程中存在一些问题：样本数据标准化问题、局部极小化问题、收敛速度缓慢问题、学习参数的科学选取问题、网络结构的合理构建问题。基于上述问题，改进BP神经网络提出了相关改进措施：

①针对样本数据标准化的问题，传统BP神经网络虽然具有较强的数值计算能力，但在数据规范化方面存在一定的局限性，而粗糙集理论则强调对模糊不确定的事物进行准确表达，二者间存在着密切的互补联系。因此，结合粗糙集理论构建汇聚数值计算能力和知识表达能力的改进BP神经网络。

②针对局部极小化和收敛速度缓慢的问题，结合阻尼最小二乘法的改进BP算法，对网络进行学习和训练，这种方法改变了传统迭代过程仅沿着负梯度一个方向进行的弊端。基于阻尼最小二乘法的改进BP算法采用可选择性的迭代策略，对于改善收敛性、抑制网络陷入局部极小值和降低误差敏感性方面具有实际意义。

③针对学习参数的科学选取问题，改进BP神经网络采用自适应方法调整学习速率。针对期望误差的选取问题，标准误差未能考虑到权值修改后其他样本作用的输出误差的变化、全局误差未能充分考虑到特定样本的作用，采用减少上述两种算法局限性的均方误差进行计算。

④针对网络结构的合理确定问题，通过试验与学习的方式得到满足要求的网络模型。

综合上述分析，结合粗糙集理论和阻尼最小二乘法对传统BP神经网络中样本数据标准化、局部极小化和收敛速度缓慢等问题进行改进，提出产品设计与评价的需求匹配策略。

改进BP神经网络包括如下概念。

（1）神经元。

改进BP神经网络由多个神经元组成，神经元可以用节点表示，神经元是BP神经网络中一个重要的概念。网络中各神经元分层排列，相互联系。

一个神经元是一个简单的系统，对于每个神经元，假设有n个输入，输入值表示为$x_1,x_1\cdots,x_n$，则神经元的输出值表示为

$$y=f\left(\sum_{i=1}^{n} w_i x_i\right) \tag{5.59}$$

式中：x为神经元的输入，y为神经元的输出；w_i为待确定的权重系数，即权值；f为网络传递函数。

（2）网络传递函数。

在改进BP神经网络中引入非线性函数作为网络传递函数，使深层神经网络的研究更具有意义。改进BP神经网络中的主要传递函数见图5.23。

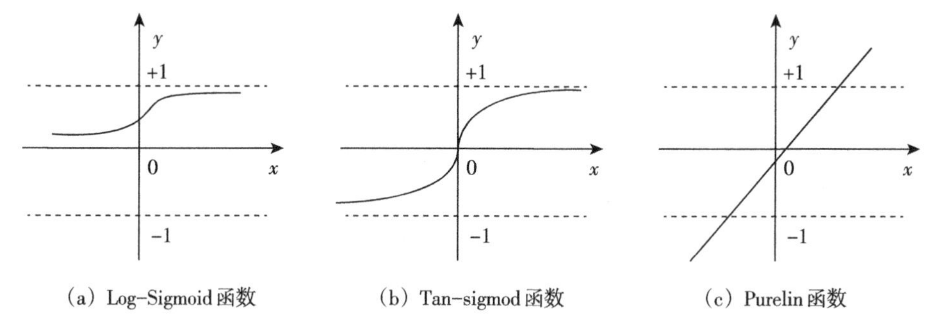

（a）Log-Sigmoid函数　（b）Tan-sigmod函数　（c）Purelin函数

图5.23　改进BP神经网络中的主要传递函数

（3）网络训练函数。

改进BP神经网络中的常用网络训练函数见表5.18。

表5.18　改进BP神经网络中的常用网络训练函数

网络训练函数		网络训练函数	
梯度下降训练函数	traingd	弹性梯度下降函数	trainrp
自适应梯度下降法	trainda	共轭梯度法	traincgb
动量梯度下降函数	traingdm	比例共轭梯度法	trainscg
自适应动量梯度下降法	traindx	阻尼最小二乘法	trainlm

网络训练函数是全局性的权重和阈值调整算法，通过使用不同训练函数，使网络整体误差最小。不同网络训练函数具有各自的优点和局限性，在实际应用中，应依据目标和要求选择适合的网络训练函数进行训练。

综合上述分析，可利用网络传递函数连接各层节点进行网络训练和网络仿真，以实现产品设计需求的有效匹配。

5.4.2.2　改进BP神经网络的算法描述

权重和阈值的调整算法是影响学习能力训练模型预测准确性的关键特征。本章结合阻尼最小二乘法（Damped Least Squres，又称Levenberg-Marquardt Algorithm）来调整权重和阈值，对BP神经网络进行优化处理，该算法涉及如下内容。

（1）梯度下降法。

梯度下降法是一种沿梯度的反方向，按一定步长大小进行参数更新的迭代

法。假设f连续可微，其搜索方向取：$d^k = -\nabla f(x^k)$

$$f(x^k + \lambda_k d^k) = \min_{\lambda \geq 0} f(x^k + \lambda d^k) \tag{5.60}$$

步长λ_k由精确一维搜索得到，从而得到第$k+1$次迭代点，即：

$$x^{k+1} = x^k + \lambda_k d^k = x^k - \lambda_k \nabla f(x^k) \tag{5.61}$$

这种方法容易导致出现速度较慢和局部极值的问题。

（2）牛顿法。

牛顿法把泰勒展开成二次函数求最值，相较梯度下降法具有收敛速度快和收敛性好的特点。

牛顿法考虑从x^k到x^{k+1}的迭代过程，在x^k点处对函数$f(x)$Tayloy展开：

$$f(x) \approx Q(x) = f(x^k) + \nabla f(x^k)^{\mathrm{T}}(x - x^k) + \frac{1}{2}(x - x^k)^{\mathrm{T}} \nabla^2 f(x^k)(x - x^k) \tag{5.62}$$

式中：$Q(x)$为x的二次函数；x^k表示第k次迭代的网络权值向量；$\nabla f(x^k)$表示点x^k的梯度；$\nabla^2 f(x^k)$表示点x^k的海塞矩阵（Hessian Matrix）。

若海塞矩阵正定，则$(\nabla^2 f(x^k))^{-1}$存在，由此求出二次函数$Q(x)$的极小点为

$$x^{k+1} = x^k - (\nabla^2 f(x^k))^{-1} \nabla f(x^k) \tag{5.63}$$

这种方法对不少算法不具有全局收敛性。

（3）高斯牛顿法。

高斯牛顿法是解决非线性最小二乘问题的基本方法，非线性最小二乘问题是优化目标具有特殊形式的无约束最优化问题。高斯牛顿法表示为

$$\min f(x) = \frac{1}{2} r(x)^{\mathrm{T}} r(x) = \frac{1}{2} \sum_{i=1}^{m} \left[r_i(x) \right]^2, m \geq n \tag{5.64}$$

根据目标函数的二次模型求解该问题的高斯牛顿法表示为

$$x_{k+1} = x_k - \left[J(x_k)^{\mathrm{T}} J(x_k) \right]^{-1} J(x_k)^{\mathrm{T}} r(x_k) \tag{5.65}$$

式中：x^k表示第k次迭代的网络权值向量；$J(x^k)$表示点x^k的雅可比矩阵；$r(x^k)$表示点x^k的目标值和网络输出值的误差向量。

高斯牛顿法相较牛顿法减轻了计算量，具有较快的局部收敛速度。

梯度下降法、牛顿法和高斯牛顿法为阻尼最小二乘法的应用提供了支持。

阻尼最小二乘法采用可选择性的迭代排序策略：若下降太快则使用较小的步长使之更接近于高斯牛顿法；若下降太慢则使用较大的步长使之更接近于梯度下降法。

阻尼最小二乘法表示为

$$x_{k+1} = x_k - G_k^{-1} g_k = x_k - \left[\boldsymbol{J}(x_k)^{\mathrm{T}} \boldsymbol{J}(x_k) + \mu_k \boldsymbol{I}\right]^{-1} \boldsymbol{J}(x_k)^{\mathrm{T}} r(x_k) \quad (5.66)$$

或

$$\Delta x_k = x_k - G_k^{-1} g_k = -\left[\boldsymbol{J}(x_k)^{\mathrm{T}} \boldsymbol{J}(x_k) + \mu_k \boldsymbol{I}\right]^{-1} \boldsymbol{J}(x_k)^{\mathrm{T}} r(x_k) \quad (5.67)$$

式中：$\boldsymbol{J}$为雅克比矩阵；$\boldsymbol{I}$为单位矩阵；系数μ为常数且$\mu > 0$；r为误差值。

阻尼最小二乘法的计算步骤如下：

第一步：取初始点x^1，初始参数α_1，增长因子$\beta > 1$，设置精度要求ε，令$k = 1$；

第二步：令$\alpha = \alpha_1$，计算雅克比矩阵$J(x^k)$和误差值$r(x^k)$；

第三步：解线性方程组$(\boldsymbol{J}_k^{\mathrm{T}} \boldsymbol{J}_k + \alpha \boldsymbol{I}) d = -\boldsymbol{J}_k^{\mathrm{T}} r(x_k)$

第四步：计算$f(x^{k+1})$，若$f(x^{k+1}) < f(x^k)$，且满足收敛条件，停止，否则$k = k + 1$，转第三步；否则，转第五步。

第五步：若$\left\|\nabla f(x^*)\right\| = \left\|J(x^*)^{\mathrm{T}} r(x^*)\right\| < \varepsilon$，停止，否则$\alpha = \beta\alpha$，转第三步。

5.4.2.3 改进BP神经网络的需求匹配评价学习过程

BP神经网络的学习主要采用误差修正法，可以有效表达输出（产品设计方案、用户需求）与输入（产品设计方案评价指标）之间的映射关系。网络学习包括：

（1）信息正向传播学习。

设输入层有n个神经元，隐含层有p个神经元，输出层有q个神经元。网络的正向传播学习步骤如下。

步骤1：网络初始化。

步骤2：随机选取第k个输入样本$X(k)$和目标样本$D_o(k)$进行训练预测。

$$X(k)=\left[x_1(k),x_2(k),\cdots,x_n(k)\right] \tag{5.68}$$

$$D_o(k)=\left[d_1(k),d_2(k),\cdots,d_n(k)\right] \tag{5.69}$$

步骤3：计算隐含层各神经元的输入$hi_h(k)$和输出$ho_h(k)$。

隐含层的输入和输出向量分别表示为$\mathrm{HI}=\left(hi_1,hi_2,\cdots,hi_p\right)$和$\mathrm{HO}=\left(ho_1,ho_2,\cdots,ho_p\right)$。

$$hi_h(k)=\sum_{i=1}^{n}w_{ih}x_i(k)-b_h,h=1,2,\cdots,p \tag{5.70}$$

式中：$hi_h(k)$为隐含层神经元的输入；w_{ih}为输入层与中间层的连接权值；b_h为隐含层各神经元的阈值。

$$ho_h(k)=f\left[hi_h(k)\right],h=1,2,\cdots,p \tag{5.71}$$

式中：$ho_h(k)$为隐含层各神经元的输出。

步骤4：计算输出层各神经元的输入$yi_o(k)$和输出$yo_o(k)$。

输出层的输入和输出向量分别表示为$\mathrm{YI}=\left(yi_1,yi_2,\cdots,yi_q\right)$和$\mathrm{YO}=\left(yo_1,yo_2,\cdots,yo_q\right)$。

$$yi_o(k)=\sum_{h=1}^{p}w_{ho}ho_h(k)-b_o,o=1,2,\cdots,q \tag{5.72}$$

式中：$yi_o(k)$为输出层神经元的输入；w_{ho}为隐含层与输出层的连接权值；b_o为输出层各神经元的阈值。

$$yo_o(k)=f\left[yi_o(k)\right],o=1,2,\cdots,q \tag{5.73}$$

式中：$yo_o(k)$为输出层各神经元的输出。

（2）误差逆向传播学习。

若实际输出结果与期望结果不同，则进入误差逆向传播阶段。学习步骤如下。

步骤1：计算误差。

$$r=\frac{1}{mq}\sum_{k=1}^{m}\sum_{o=1}^{q}\left[d_o(k)-y_o(k)\right]^2 \tag{5.74}$$

式中：r为实际输出向量和期望输出向量间的误差值；m为输出节点的个数，q

为训练样本数目。

步骤2：修正隐含层和输出层的连接权值$w_{ho}(k)$。

基于阻尼最小二乘法的BP神经网络改进算法来修正连接权值。

$$\Delta w_{ho}(k) = (\boldsymbol{J}^{\mathrm{T}}\boldsymbol{J} + \mu^{-1}\boldsymbol{I})^{-1}\boldsymbol{J}^{\mathrm{T}}r \tag{5.75}$$

式中：$\boldsymbol{J}$为误差对权值微分的雅克比矩阵；r为误差向量；μ表示一个标量，即当μ值较大时，式（5.68）接近于梯度下降法，当μ值较小时，则式（5.69）接近于高斯牛顿法；$\boldsymbol{I}$为单位矩阵。

步骤3：修正隐含层和输入层间的连接权值$w_{ih}(k)$。

$$\Delta w_{ih}(k) = (\boldsymbol{J}^{\mathrm{T}}\boldsymbol{J} + \mu^{-1}\boldsymbol{I})^{-1}\boldsymbol{J}^{\mathrm{T}}r \tag{5.76}$$

任意选取下一个实验样本并将向量传输至神经网络输入层，采用同样步骤直至训练完成全部的样本数据。基于信息的正向传播和误差的逆向传播，检验网络模型输出结果与实际结果间误差的曲率是否满足要求，并通过训练测试样本进行网络仿真以验证该网络模型的有效性。

5.4.3　产品需求匹配的模型

为实现满足用户需求的产品设计与评价，可利用改进BP神经网络构建产品设计（设计要素或评价指标的评价值）与用户需求（需求信息的评价值）间的非线性关联模型（见图5.24），帮助决策者准确把握用户需求及产品设计及评价间的映射关系，提高用户对于产品设计匹配结果的满意程度。

5.4.3.1　产品设计用户需求信息的评价值获取

基于服务平台上网络化的需求获取方式，可获得产品设计的用户需求信息。由于形容词可以更好地衡量和表达用户真实的心理状态，故选取表示产品设计的需求形容词来构建用户需求信息库。

（1）产品设计资源库的建立。

依据用户在服务平台上发布的设计任务，组建服务团队，整合信息、技术、管理等各类资源，生成多个产品设计方案并建立样本资源库。

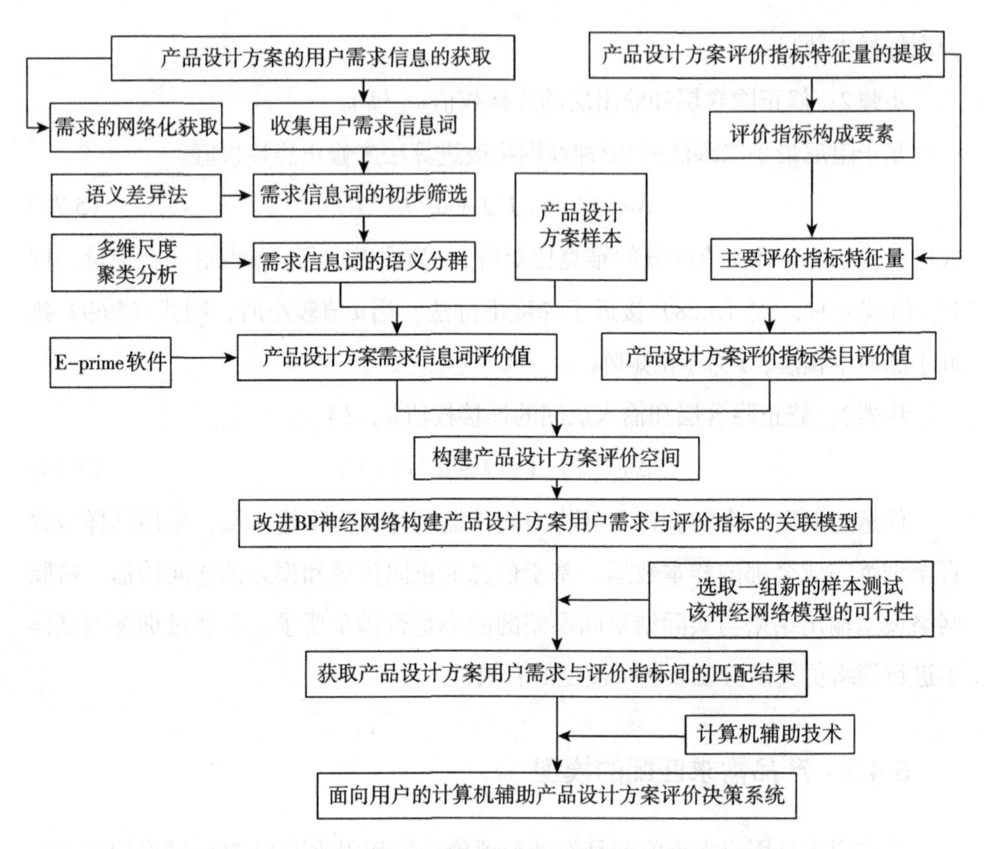

图5.24 改进BP神经网络的产品设计需求匹配评价模型

(2) 产品设计需求信息词的获取。

利用统计学方法获取产品设计的用户需求信息，过程如下。

步骤1：利用语意差异法对甄选后的需求信息词进行分群筛选。语意差异法是一种心理学研究方法，通过设计语意差异量表邀请被访者对需求信息词进行分析，从而投射出其心理的状态。设筛选后的用户需求信息词分为m个群，构建需求信息词$m \times m$的相似性矩阵$\boldsymbol{A}$。

$$\boldsymbol{A}=\begin{bmatrix} a_{11} & a_{12} & \cdots & a_{1m} \\ a_{21} & a_{22} & \cdots & a_{2m} \\ \vdots & \vdots & a_{ij} & \vdots \\ a_{m1} & a_{m2} & \cdots & a_{mm} \end{bmatrix} \tag{5.77}$$

式中：$\boldsymbol{A}$为需求信息词的相似性频数矩阵；a_{ij}为同一群中用户需求信息词a_i与a_j

共同出现的次数。

步骤2：利用多维尺度分析法对需求信息词进行相似性分析，获得需求信息词的分类群数。通过调查问卷，将描述产品设计信息词的相似性频数矩阵输入到统计软件中，获得压力系数和决定系数。压力系数越小，则表示拟合效果越好；若决定系数相对较大，则表示分析结果具有可行性和有效性。

步骤3：利用监督聚类分析法确定有代表性的产品设计需求信息词。采用监督聚类中的K-均值聚类算法，将需求信息词$m \times m$的相似性频数矩阵$\boldsymbol{A}$转化为同一空间的坐标值。利用SPSS统计分析软件对坐标值进行聚类分析，依据不同需求分类群中信息词的距离程度，提取距离最近的需求词作为代表性产品设计的需求信息。

$$d_{ij} = \left[\sum\nolimits_{n=1}^{N}(B_{xn} - B_{ym})\right]^{1/2} \tag{5.78}$$

式中：d_{ij}为第i个需求信息词与第j个需求信息词在同一空间坐标里的距离；N为对象总数；B为群的对象。

（3）产品设计需求信息词的评价值获取。

利用专为计算机化行为研究设计的实验生成系统，基于E-Prime心理学实验操作平台，建立产品设计与需求信息词间的关系模型。通相关程序编程，获得用户对于产品设计方案所属需求信息词的心理属性数据，对所有数据进行合并整理。最后，结合粗糙集理论获得产品设计需求信息词的粗糙评价值。

5.4.3.2　产品设计评价指标类目评价值的获取

基于产品设计评价指标的权重计算结果，将重要的评价指标划分为不同类目，共同构成产品设计方案的评价指标类目空间，即

$$\boldsymbol{P} = \begin{pmatrix} E_1 \\ E_2 \\ \vdots \\ E_n \end{pmatrix} = \begin{pmatrix} e_{11} & e_{12} & \cdots & e_{1n} \\ e_{21} & e_{22} & \cdots & e_{2n} \\ \vdots & \vdots & \ddots & \vdots \\ e_{m1} & e_{m2} & \cdots & e_{mn} \end{pmatrix} \tag{5.79}$$

式中：$\boldsymbol{P}$为产品设计方案的评价空间；E_n为第n项评价指标；e_{mn}为评价要素类目。

结合粗糙集理论，邀请决策者对评价指标类目进行权重计算。

$$y = (x - \mathrm{MinValue})/(\mathrm{MaxValue} - \mathrm{MinValue}) \tag{5.80}$$

式中：x和y分别为评价值转换前后的值；MaxValue和MinValue分别为指标类目粗糙评价值的上限和下限。

5.4.3.3 构建产品设计评价指标类目和用户需求信息的关联模型

利用改进的BP神经网络构建产品设计方案评价指标类目与用户需求信息间的关联模型。分析过程如下。

（1）网络设置。

参照如下经验公式，选用合理的隐含层节点数，使网络结构简单有效。

$$l = \sqrt{n + m} + a \tag{5.81}$$

式中：l为隐层节点数；n为输入层神经元个数；m为输出层神经元个数；a为[1,10]之间的常数。

（2）信息的正向传播。

设神经网络输入层、隐含层和输出层分别有x、y、z个神经元，由i、j、k表示每层结构对应的神经元个数。在信息的正向传播中，ΔW_n表示神经元间的连接权值，$\Delta W_n = (\Delta w_{ij}, \Delta w_{jk}, \Delta w_{ik})$，$\Delta w_{ij}$、$\Delta w_{jk}$、$\Delta w_{ik}$分别表示神经元$i$与$j$、$j$与$k$、$i$与$k$间的连接权值。

输入层为产品设计方案评价指标类目的粗糙评价值，输出层为产品设计方案用户需求信息的评价值。利用Matlab工具箱提供的Trainlm函数用于阻尼最小二乘法的计算。

$$y_i = f\left(\sum_{i=1}^{n} x_i \Delta w_{ij} - \theta_j\right) \tag{5.82}$$

式中：y_i表示隐含层神经元所生成的输出结果；x_i表示输入层所输入的样本；Δw_{ij}表示输入层神经元i与隐含层神经元j间的连接权值；f表示Tansig转换函数；θ_j表示隐含层神经元k的阈值。

$$y_k = f\left(\sum_{j=1}^{n} x_j \Delta w_{jk} - \theta_k\right) \tag{5.83}$$

式中：y_k为输出神经元所生成的输出结果；x_j为输入层所输入的样本；Δw_{jk}为隐含层神经元j与输出层神经元k间的连接权值；f为purelin函数；θ_k为输出层神经元k的阈值。

（3）误差逆向传播。

若输出层结果y_k与期望结果y_k^*不同，进入误差逆向传播阶段。

利用如下公式计算出误差值e_k。

$$e_k = y_k^* - y_k \tag{5.84}$$

改进BP神经网络的基本算法流程如图5.25所示。通过信息的正向传播和误差的逆向传播，检验产品设计方案评价指标类目评价值与产品设计方案用户需求信息评价值间关系模型的可行性，判断该模型实际输出结果与期望结果间的误差范围，并通过训练测试样本进行网络仿真以验证该网络模型的有效性，为获得满足用户需求的产品设计方案的有效评价提供支持。

5.4.4 产品需求匹配的案例

以服务平台上的游艇概念设计方案的需求匹配评价为例进行验证。

5.4.4.1 游艇概念设计方案用户需求信息的评价值获取

首先，建立云平台上游艇概念设计方案的样本资源库：基于游艇概念设计的任务需求，云平台上的设计师会生成多个游艇概念设计方案。选出具有代表性的80个游艇概念设计方案样本并划分为以下类型：小型敞开游艇、小汽艇、滑水艇、半舱棚游艇、住舱游艇、帆艇、个人用小游艇等。

其次，获取游艇概念设计方案代表性用户需求信息：依据网络环境下游艇概念设计方案的需求获取信息，采用语义差异法筛选出具有代表性的游艇概念设计需求信息词23个：优美的、安全的、整洁的、可靠的、现代的、绚丽的、清新的、安闲的、干净的、美观的、自然的、稳重的、温暖的、明亮的、轻盈的、坚固的、惬意的、活力的、舒适的、多用途的、新颖的、安静的、大方的。

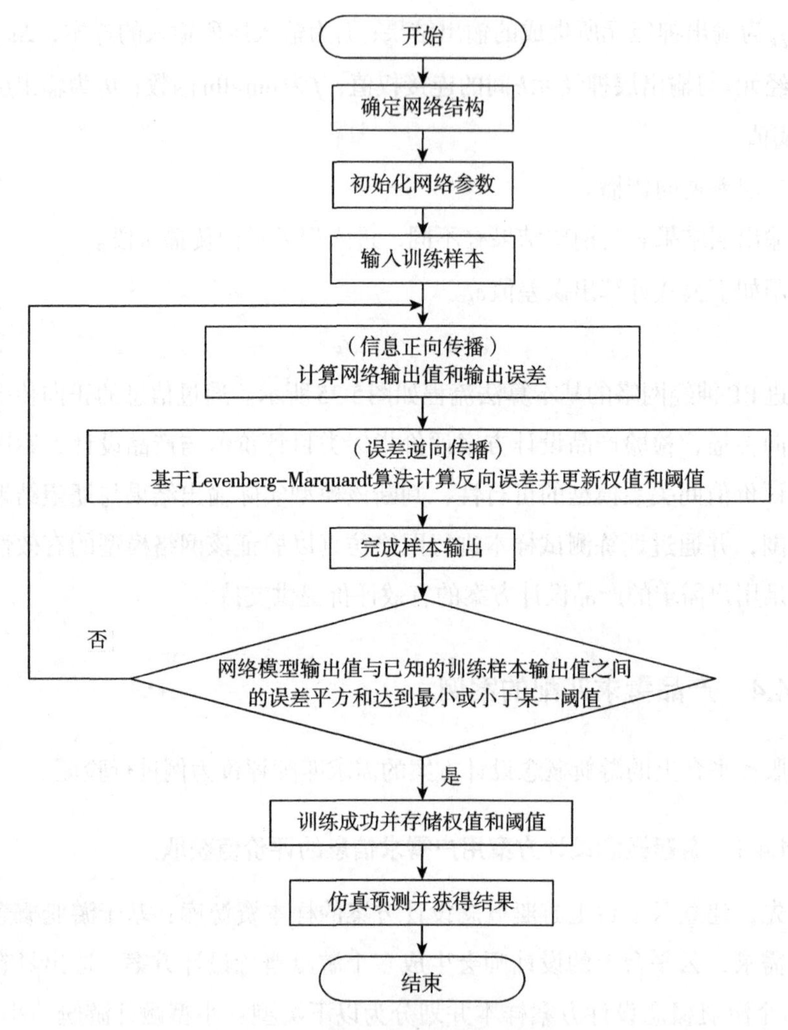

图5.25 改进BP神经网络的算法流程

为获得准确的需求信息词的分类群数，邀请25名决策者线上填写调查问卷表，将上述23个需求信息词汇根据属性划分至不同组群中。将统计的调查数据结果输入至社会科学统计软件（Statistical Package for the Social Sciences），对需求信息词进行多维尺度分析。最后通过统计分析数据分析软件得出：压力系数最小且统计结果可信度决定系数值最大时的群数为5，因此将23个关于游艇概念设计的需求形容词划分为5个群组。

为得到游艇概念设计方案需求信息词相应的定量聚类结果，将相似性矩阵转化为同一空间的坐标值，并输入至SPSS软件，通过点击分析、分类和*K*-平均值聚类等相关参数设置对需求信息词进行聚类分析，获得聚类分析结果。分别选取5群组中距离最近的需求信息词作为描述游艇概念设计方案的代表性需求词：安全的、现代的、美观的、舒适的、多用途的。

最后，获取游艇概念设计方案需求信息的评价值：借助计算机行为研究的E-prime软件对游艇概念设计方案样本的用户需求信息词进行定量评价。开展具有代表性需求信息的游艇概念设计样本选取实验。邀请12名决策者对游艇概念设计方案样本的需求信息词进行选取。以“美观的”为例，若决策者按下“Y”字母键则表示该方案样本是“美观的”，反之则需按下“N”字母键。

设计游艇概念设计方案样本与需求信息间的关系比较实验。在实验过程中，采用7级李克特量表等级规则对80个游艇概念设计方案样本与用户需求信息词进行评价打分，分值越大则表示该样本所体现的美观性越显著。以“美观的”为例，每个页面放置有3张不同的游艇设计方案样本，包括代表最美观的样本、代表最不美观的样本和待评估的任意样本。最后，依据上述实验输出游艇概念设计方案样本的用户需求信息的评价结果。

统计实验输出结果求得游艇概念设计方案各样本的需求信息评价值的平均分，结合粗糙集理论求得各需求信息的粗糙评价值。

以游艇概念设计方案样本1的需求信息词（V_2、V_5、V_{10}、V_{19}、V_{20}）的平均评价结果x_1为例，计算x_1的粗糙数：

$$x_1 = \{5,3,6,4,5\} \tag{5.85}$$

$$\begin{gathered}
\text{Limit}^-(3) = 3, \text{Limit}^+(3) = (5+3+6+4+5)/5 = 4.6 \\
\text{Limit}^-(4) = (3+4)/2 = 3.5, \text{Limit}^+(4) = (4+5+5+6)/4 = 5 \\
\text{Limit}^-(5) = (3+4+5+5)/4 = 4.25, \text{Limit}^+(5) = (5+5+6)/3 = 5.33 \\
\text{Limit}^-(6) = (3+4+5+5+6)/5 = 4.6, \text{Limit}^+(6) = 6 \\
\text{RoughNumber}(3) = [3.00, 4.60], \text{RoughNumber}(4) = [3.50, 5.00] \\
\text{RoughNumber}(5) = [4.25, 5.33], \text{RoughNumber}(6) = [4.60, 6.00]
\end{gathered} \tag{5.86}$$

因此，x_1可以用粗糙数进行表达

$$
\begin{aligned}
&\text{RoughNumber}(x_1)\\
&=\left\{\begin{matrix}\text{RoughNumber}(5),\text{RoughNumber}(3),\text{RoughNumber}(6),\\ \text{RoughNumber}(4),\text{RoughNumber}(5)\end{matrix}\right\} \qquad (5.87)\\
&=\{[4.25,5.33],[3.00,4.60],[4.60,6.00],[3.50,5.00],[4.25,5.33]\}
\end{aligned}
$$

RoughNumber(x_1)的平均粗糙区间可以表示为

$$\text{RoughNumber}(x_1)=\left[\text{Limit}^-(x_1),\text{Limit}^+(x_1)\right]=[3.92,5.45] \qquad (5.88)$$

采用同样方法，借助MATLAB对游艇概念设计方案样本需求信息的粗糙评价值做归一化处理，获得图5.26所示的游艇概念设计方案样本的需求信息的粗糙评价值。

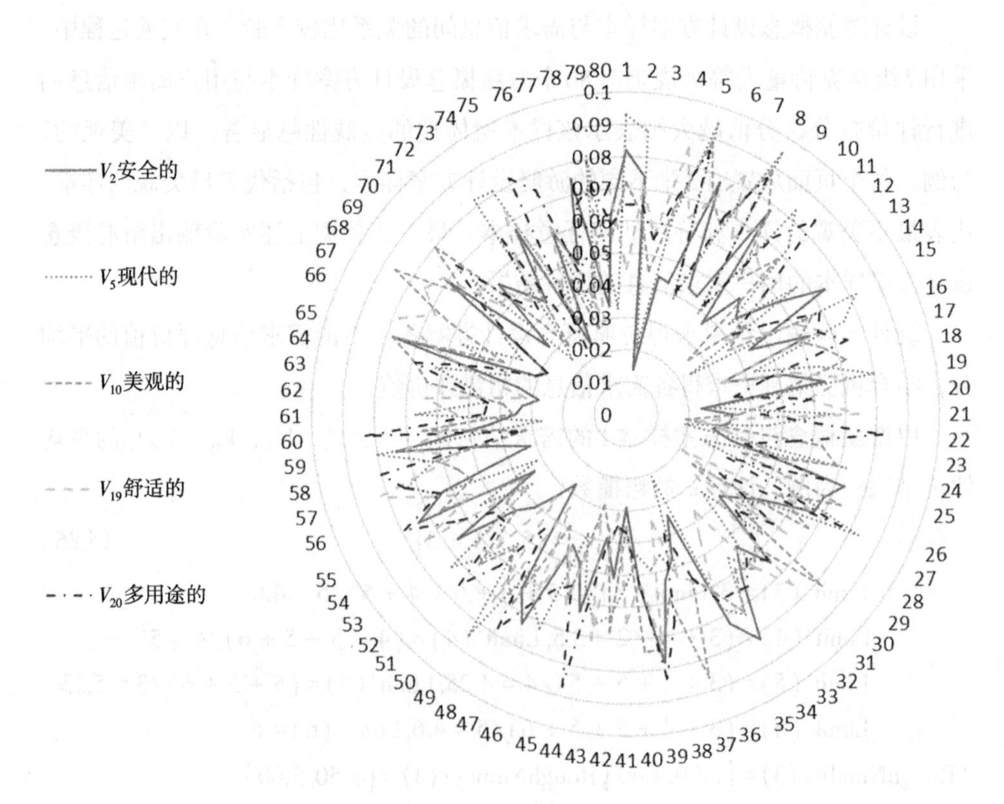

图5.26 游艇概念设计方案需求信息的粗糙评价值

5.4.4.2 游艇概念设计方案评价指标类目的评价值获取

依据游艇概念设计方案评价目标，建立如图5.27所示的从属于不同评价目标的评价指标。

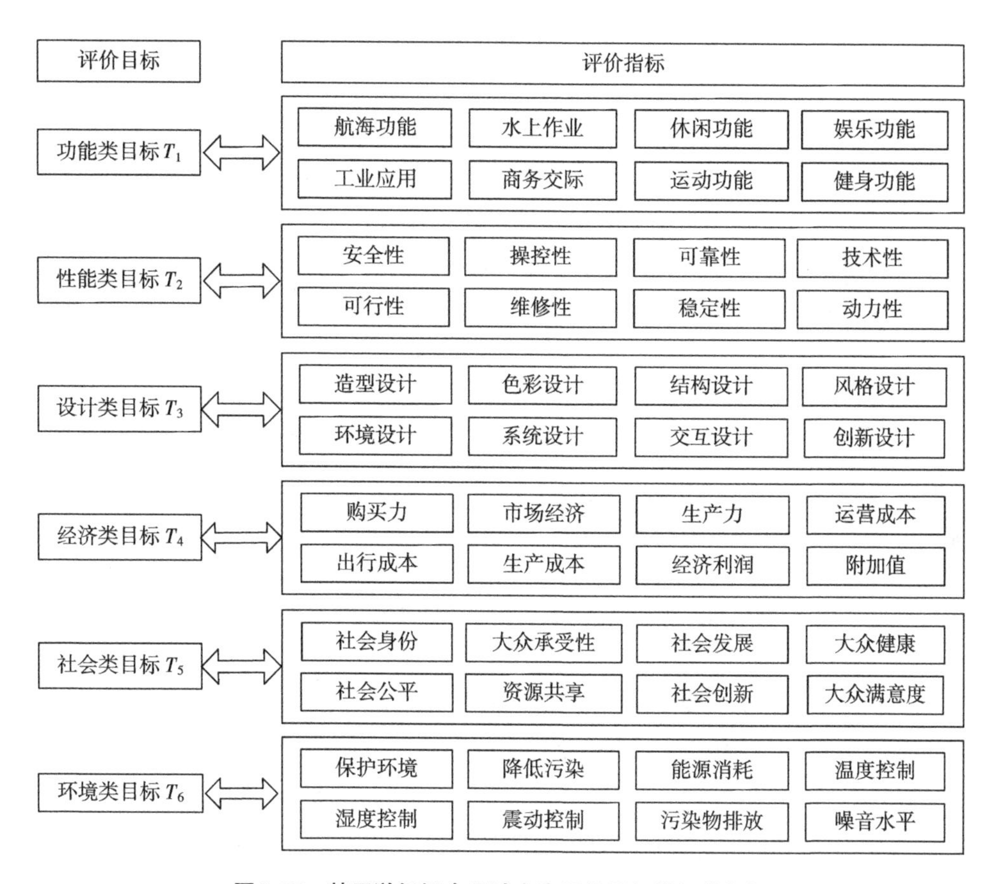

图5.27 基于游艇概念设计方案评价目标的评价指标

邀请优选决策者对各评价指标的必要度、冗余度和完备度进行有效性检验，提取相对具有重点性、科学性和可实现性的评价指标，构建游艇概念设计方案评价指标的网络层次结构，其中控制层包括游艇概念设计方案评价目标，网络层包括游艇概念设计方案评价指标（见图5.28）。

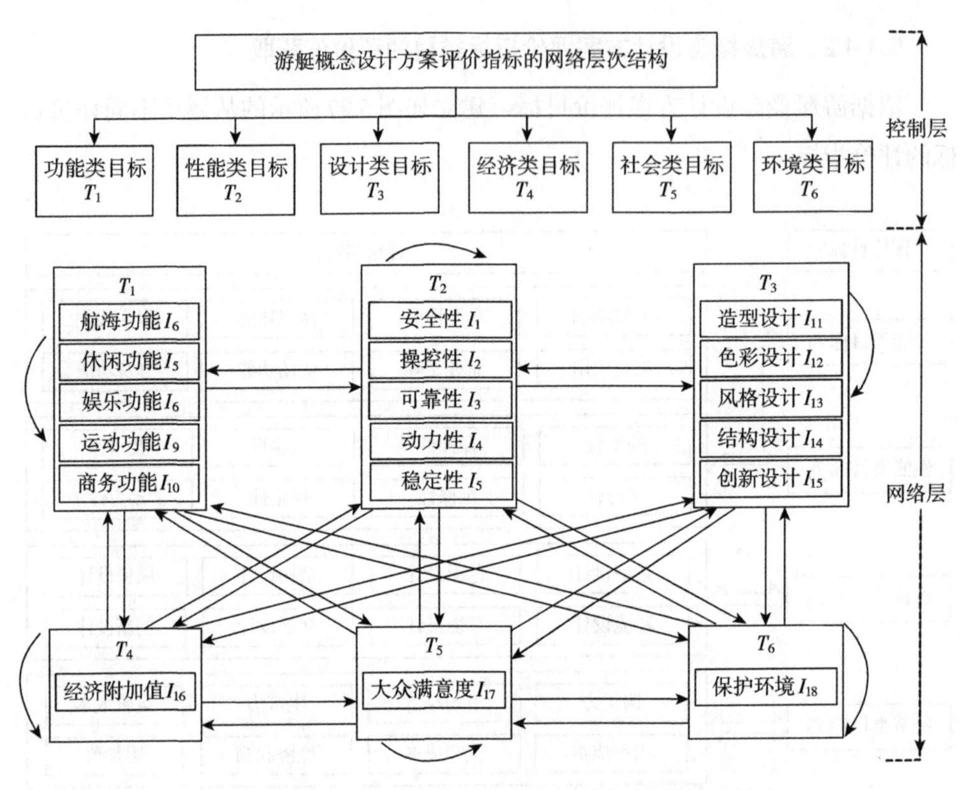

图5.28 游艇概念设计方案评价指标的网络层次结构

基于粗糙网络分析法，邀请优选决策者对游艇概念设计方案的18个评价指标进行权重计算，游艇概念设计方案评价指标的层次结构见表5.19。由于参与游艇概念设计方案评价指标权重计算的各类人员在专业背景和知识水平方面存在差异性，为高效有序地开展并完成评价任务，要依据各决策者的综合能力进行相应的赋权，使评判结果更为准确。

表5.19 游艇概念设计方案评价指标的层次结构

评价目标	二级评价指标	三级评价指标
功能类评价目标 T_1	航海功能 I_1	I_{1-1} 短程航海功能
		I_{1-2} 中程航海功能
		I_{1-3} 远程航海功能

续表

评价目标	二级评价指标	三级评价指标
功能类评价目标T_1	休闲功能I_2	I_{2-1}家庭度假休闲功能
		I_{2-2}聚会休闲功能
		I_{2-3}垂钓休闲功能
	娱乐功能I_3	I_{3-1}水上活动功能
		I_{3-2}水上训练功能
	运动功能I_4	I_{4-1}水上运动功能
		I_{4-2}水下运动功能
	商务功能I_5	I_{5-1}商务会议功能
		I_{5-2}商务谈判功能
		I_{5-3}高层聚会功能
性能类评价目标T_2	安全性I_6	I_{6-1}空间安全性
		I_{6-2}动力安全性
		I_{6-3}设计安全性
	操控性I_7	I_{7-1}单一操控性
		I_{7-2}多元操控性
	可靠性I_8	I_{8-1}环境条件可靠性
		I_{8-2}工作方式可靠性
	动力性I_9	I_{9-1}有动力游艇
		I_{9-2}无动力游艇
	稳定性I_{10}	I_{10-1}持续稳定性
		I_{10-2}非持续稳定性
设计类评价目标T_3	形态设计I_{11}	I_{11-1}基础几何形态设计
		I_{11-2}单一曲面形态设计
		I_{11-3}复合曲面形态设计
	色彩设计I_{12}	I_{12-1}色彩的认知功能设计
		I_{12-2}色彩的艺术功能设计
		I_{12-3}色彩的科学功能设计
	风格设计I_{13}	I_{13-1}浪漫风格设计
		I_{13-2}豪华风格设计
		I_{13-3}典雅风格设计

续表

评价目标	二级评价指标	三级评价指标
设计类评价目标 T_3	结构设计 I_{14}	I_{14-1} 内部结构设计
		I_{14-2} 外部结构设计
	创新设计 I_{15}	I_{15-1} 理念创新设计
		I_{15-2} 功能创新设计
		I_{15-3} 结构创新设计
经济类评价目标 T_4	经济附加值 I_{16}	I_{16-1} 利于市场经济发展
社会类评价目标 T_5	大众满意度 I_{17}	I_{17-1} 利于社会发展
		I_{17-2} 利于社会创新
环境类评价目标 T_6	保护环境 I_{18}	I_{18-1} 内部环境保护系统设计
		I_{18-2} 外部环境保护系统设计

分析过程如下：

（1）步骤1：构建游艇概念设计方案评价指标比较的粗糙群评价矩阵。

以评价指标 I_1~I_5 的权重计算为例进行分析，通过整合决策者关于上述评价指标的成对比较矩阵，构建评价指标的群评估矩阵 $\boldsymbol{C}_1$。

$$\boldsymbol{C}_1=\begin{array}{c} \\ \left[\begin{array}{ccccc} I_1 & I_2 & I_3 & I_4 & I_5 \\ 1,1,1,1,1 & 3,5,2,4,3 & 4,6,5,4,7 & 6,5,5,8,6 & 3,4,5,4,4 \\ 1/3,1/5,1/2,1/4,1/3 & 1,1,1,1,1 & 6,8,7,7,6 & 1/3,1/4,1/3,1/4,1/4 & 5,8,7,6,7 \\ 1/4,1/6,1/5,1/4,1/7 & 1/6,1/8,1/7,1/7,1/6 & 1,1,1,1,1 & 6,7,5,7,6 & 3,3,5,4,5 \\ 1/6,1/5,1/5,1/8,1/6 & 3,4,3,4,4 & 1/6,1/7,1/5,1/7,1/6 & 1,1,1,1,1 & 1/5,1/7,1/8,1/8,1/7 \\ 1/3,1/4,1/5,1/4,1/4 & 1/5,1/8,1/7,1/6,1/7 & 1/3,1/3,1/5,1/4,1/5 & 5,7,8,8,7 & 1,1,1,1,1 \end{array}\right]\end{array}\begin{array}{c} \\ I_1 \\ I_2 \\ I_3 \\ I_4 \\ I_5 \end{array} \tag{5.89}$$

借助Matlab计算每个评价指标的粗糙值。

就 $x_{12}=\{3,5,2,4,3\}$ 而言，可用如下方法计算粗糙数。程序代码如下：

$$A=[3,5,2,4,3] \tag{5.90}$$

$$\begin{aligned} X=&\left(\mathrm{sum}\left(A\left(A\leqslant 3\right)\right)\right)/\mathrm{sum}\left(A\leqslant 3\right)+\left(\mathrm{sum}\left(A\left(A\leqslant 5\right)\right)\right)/\mathrm{sum}\left(A\leqslant 5\right)+\\ &\left(\mathrm{sum}\left(A\left(A<\leqslant 2\right)\right)\right)/\mathrm{sum}\left(A\leqslant 2\right)+\left(\mathrm{sum}\left(A\left(A\leqslant 4\right)\right)\right)/\mathrm{sum}\left(A\leqslant 4\right)+\\ &\left(\mathrm{sum}\left(A\left(A\leqslant 3\right)\right)\right)/\mathrm{sum}\left(A\leqslant 3\right)\\ =&\ 3.17 \end{aligned} \tag{5.91}$$

$$
\begin{aligned}
Y &= \left(\operatorname{sum}\left(A\left(A \geqslant 3\right)\right)\right) / \operatorname{sum}\left(A \geqslant 3\right) + \left(\operatorname{sum}\left(A\left(A \geqslant 5\right)\right)\right) / \operatorname{sum}\left(A \geqslant 5\right) + \\
&\quad \left(\operatorname{sum}\left(A\left(A \geqslant 2\right)\right)\right) / \operatorname{sum}\left(A \geqslant 2\right) + \left(\operatorname{sum}\left(A\left(A \geqslant 4\right)\right)\right) / \operatorname{sum}\left(A \geqslant 4\right) + \\
&\quad \left(\operatorname{sum}\left(A\left(A \geqslant 3\right)\right)\right) / \operatorname{sum}\left(A \geqslant 3\right) \\
&= 5.21
\end{aligned}
\tag{5.92}
$$

式中：X和Y分别表示粗糙数(x_{12})的上限值和下限值。

粗糙数(x_{12})用区间粗糙数表示为

$$
\text{RoughNumber}(x_{12}) = \left[\text{Limit}^{-}(x_{12}), \text{Limit}^{+}(x_{12})\right] = \left[3.17, 5.12\right] \tag{5.93}
$$

构建评价指标I_1~I_5的粗糙群评估矩阵$\boldsymbol{C'}_1$。

$$
\boldsymbol{C'}_1 = \begin{array}{c} \begin{matrix} I_1 & \quad I_2 & \quad I_3 & \quad I_4 & \quad I_5 \end{matrix} \\ \begin{bmatrix}
[1.00, 1.00] & [3.17, 5.21] & [4.08, 4.71] & [5.43, 6.07] & [2.16, 3.42] \\
[0.15, 0.18] & [1.00, 1.00] & [0.18, 0.23] & [2.15, 3.24] & [0.51, 0.76] \\
[0.26, 0.35] & [4.68, 6.22] & [1.00, 1.00] & [4.53, 6.07] & [2.14, 3.57] \\
[0.17, 0.19] & [0.27, 0.58] & [0.17, 0.29] & [1.00, 1.00] & [0.16, 0.22] \\
[0.32, 0.53] & [3.92, 5.74] & [0.25, 0.43] & [4.23, 5.27] & [1.00, 1.00]
\end{bmatrix} \end{array} \begin{matrix} \\ I_1 \\ I_2 \\ I_3 \\ I_4 \\ I_5 \end{matrix}
\tag{5.94}
$$

将评价指标I_1~I_5的粗糙成对比较矩阵划分为下限矩阵$\boldsymbol{C'}_1^{-}$和上限矩阵$\boldsymbol{C'}_1^{+}$。

同理，构建游艇概念设计方案评价指标的粗糙群评价下限矩阵C'^{-}和上限矩阵$\boldsymbol{C'}^{+}$。

（2）步骤2：构建游艇概念设计方案评价指标的粗糙未加权超级矩阵。

基于超级决策软件Super Decision辅助游艇概念设计方案评价指标粗糙超级矩阵的构建。

粗糙网络层次分析法较粗糙层次分析法更全面地考虑到元素间的内部关系，因此计算过程更加复杂。为在有限时间内对大量数据进行计算，基于超级决策软件Super Decision，构建游艇概念设计方案评价指标粗糙超级矩阵。该工具是网络分析法的专用计算软件，通过创建评价指标模型结构，建立各元素组和元素间的关系，分别将评价指标的成对比较粗糙群评价矩阵输入至超级决策软件，利用该软件的自有算法，计算出游艇概念设计方案评价指标粗糙群下限矩阵$\boldsymbol{C'}^{-}$

和上限矩阵C'^{+}所对应的粗糙未加权超级下限矩阵$\boldsymbol{W}^{-}$和上限矩阵$\boldsymbol{W}^{+}$。

（3）步骤3：构建游艇概念设计方案评价指标的粗糙加权超矩阵。

基于游艇概念设计方案评价指标的网络控制层，以控制层元素（T_1~T_6）为评价对象，采用同样方法，构建控制层指标的粗糙群矩阵$\boldsymbol{D}'$。

$$\boldsymbol{D}' = \begin{array}{c} \\ \end{array}\begin{matrix} & T_1 & T_2 & T_3 & T_4 & T_5 & T_6 & \\ \end{matrix}$$

$$\boldsymbol{D}' = \begin{bmatrix} [1.00,1.00] & [0.26,0.31] & [0.21,0.29] & [2.57,4.08] & [0.24,0.32] & [0.20,0.28] \\ [4.38,5.23] & [1.00,1.00] & [0.18,0.27] & [2.21,3.27] & [0.14,0.19] & [0.20,0.26] \\ [3.75,5.08] & [2.16,2.67] & [1.00,1.00] & [2.16,2.64] & [0.39,0.47] & [0.21,0.29] \\ [0.27,0.42] & [0.11,0.19] & [0.18,0.27] & [1.00,1.00] & [0.19,0.22] & [0.14,0.18] \\ [2.23,3.04] & [2.21,2.35] & [2.01,3.07] & [3.16,4.04] & [1.00,1.00] & [2.35,2.75] \\ [2.17,3.12] & [2.14,3.02] & [0.21,0.25] & [2.11,3.79] & [0.29,0.34] & [1.00,1.00] \end{bmatrix} \begin{matrix} T_1 \\ T_2 \\ T_3 \\ T_4 \\ T_5 \\ T_6 \end{matrix} \tag{5.95}$$

（列依次为 T_1、T_2、T_3、T_4、T_5、T_6）

将上述粗糙矩阵分解为控制层指标的粗糙下限矩阵$\boldsymbol{D}'^{-}$和粗糙上限矩阵$\boldsymbol{D}'^{+}$。

$$\begin{matrix} & T_1 & T_2 & T_3 & T_4 & T_5 & T_6 \end{matrix}$$

$$\boldsymbol{D}'^{-} = \begin{bmatrix} 1.00 & 0.26 & 0.21 & 2.57 & 0.24 & 0.20 \\ 4.38 & 1.00 & 0.18 & 2.21 & 0.14 & 0.20, \\ 3.75 & 2.16 & 1.00 & 2.16 & 0.39 & 0.21 \\ 0.27 & 0.11 & 0.16 & 1.00 & 0.19 & 0.14 \\ 2.23 & 2.21 & 2.01 & 3.16 & 1.00 & 2.35 \\ 2.17 & 2.14 & 0.21 & 2.11 & 0.29 & 1.00 \end{bmatrix} \begin{matrix} T_1 \\ T_2 \\ T_3, \\ T_4 \\ T_5 \\ T_6 \end{matrix}$$

$$\begin{matrix} & T_1 & T_2 & T_3 & T_4 & T_5 & T_6 \end{matrix}$$

$$\boldsymbol{D}'^{+} = \begin{bmatrix} 1.00 & 0.31 & 0.29 & 4.08 & 0.32 & 0.28 \\ 5.23 & 1.00 & 0.27 & 3.27 & 0.19 & 0.26 \\ 5.08 & 2.67 & 1.00 & 2.64 & 0.47 & 0.29 \\ 0.42 & 0.19 & 0.27 & 1.00 & 0.22 & 0.18 \\ 3.04 & 2.35 & 3.07 & 4.04 & 1.00 & 2.75 \\ 3.12 & 3.02 & 0.25 & 3.79 & 0.34 & 1.00 \end{bmatrix} \begin{matrix} T_1 \\ T_2 \\ T_3 \\ T_4 \\ T_5 \\ T_6 \end{matrix} \tag{5.96}$$

基于控制层指标的粗糙群矩阵，利用Super Decision软件分别求出游艇概念设计方案评价指标的粗糙加权超级下限矩阵$\bar{\boldsymbol{W}}^{-}$和上限矩阵$\bar{\boldsymbol{W}}^{+}$。

（4）步骤4：求解游艇概念设计方案评价指标的极限粗糙加权超矩阵。

利用Super Decision软件，对权重化粗糙超矩阵进行极限处理，通过将加权超矩阵提高到幂，直到它收敛，来获得包括粗糙权重下限值和粗糙权重上限值的评价指标权重计算结果。

最后，通过整合所有网络评价结果，获得如表5.20所示的最终游艇概念设计方案评价指标权重结果。

表5.20　游艇概念设计方案评价指标的最终权重值

评价目标	评价指标	粗糙上下限权重值	粗糙平均权重值
功能类评价目标T_1	航海功能I_1	[0.156，0.242]	0.166
	休闲功能I_2	[0.128，0.228]	0.144
	娱乐功能I_3	[0.126，0.204]	0.173
	运动功能I_4	[0.102，0.182]	0.184
	商务功能I_5	[0.114，0.252]	0.098
性能类评价目标T_2	安全性I_6	[0.066，0.226]	0.199
	操控性I_7	[0.096，0.192]	0.178
	可靠性I_8	[0.128，0.226]	0.165
	动力性I_9	[0.152，0.216]	0.142
	稳定性I_{10}	[0.044，0.144]	0.173
设计类评价目标T_3	形态设计I_{11}	[0.062，0.308]	0.185
	色彩设计I_{12}	[0.114，0.214]	0.160
	风格设计I_{13}	[0.070，0.138]	0.104
	结构设计I_{14}	[0.084，0.156]	0.164
	创新设计I_{15}	[0.104，0.186]	0.145
经济类评价目标T_4	经济附加值I_{16}	[0.086，0.210]	0.148
社会类评价目标T_5	大众满意度I_{17}	[0.060，0.104]	0.052
环境类评价目标T_6	保护环境I_{18}	[0.066，0.126]	0.096

基于游艇概念设计方案评价指标的权重计算结果，选取各评价指标中重要程度较高的评价指标，即运动功能指标I_4、安全性能指标I_6、操控性指标I_7、造型设计指标I_{11}和结构设计指标I_{14}。为获得更为准确的评价结果，综合考虑功能、设计、性能、经济、社会和环境等多项因素，依据游艇概念设计方案所体现出的优化措施和风格理念，将这些评价指标划分为具有层次性和递进性的不同类目。以安全性能指标I_1为例，它包含高级安全性能、中级安全性能和低级

安全性能三个指标类目，即

$$I_1 = \left(C_{1-1}, C_{1-2}, C_{1-3}\right) \tag{5.97}$$

邀请5名决策者对这18个评价指标类目进行评价，通过构建粗糙群判断矩阵，借助Super Decision软件计算指标类目的粗糙值，获得游艇概念设计方案评价指标类目的粗糙区间值。

基于如表5.21所示的游艇概念设计方案评价指标类目的粗糙区间值，邀请5名优选决策者从游艇概念设计方案的多维角度对80个方案样本进行评价赋值（赋值范围的最小值为粗糙区间下限值，最大值为粗糙区间上限值）。

表5.21 游艇概念设计方案评价指标类目的粗糙区间值

评价指标	评价指标类目	评价依据	特征量
I_4 运动功能指标	C_{4-1}高级运动功能	运动资源、运动空间与运动服务	[0.070，0.091]
	C_{4-2}中级运动功能	运动资源、运动空间或运动服务	[0.042，0.068]
	C_{4-3}低级运动功能	缺少运动资源、运动空间或运动服务	[0.012，0.040]
I_6 安全性指标	C_{6-1}高级安全性	兼具主、被动安全性措施	[0.075，0.098]
	C_{6-2}中级安全性	主动安全性措施如安全预警	[0.058，0.074]
	C_{6-3}低级安全性	被动安全性措施如救生衣	[0.021，0.055]
I_7 操控性指标	C_{7-1}高级操控性	符合人机工效学的操控设计	[0.080，0.096]
	C_{7-2}中级操控性	基本符合人机工效学的操控设计	[0.046，0.079]
	C_{7-3}低级操控性	不符合人机工效学的操控设计	[0.022，0.045]
I_{11} 造型设计指标	C_{11-1}高级造型设计	造型新颖和独创，设计风格多元化	[0.073，0.089]
	C_{11-2}中级造型设计	造型新颖或独创，设计风格统一	[0.056，0.070]
	C_{11-3}低级造型设计	造型普通，缺少统一的设计风格	[0.032，0.055]
I_{14} 结构设计指标	C_{14-1}高级结构设计	以价值工程理论为指导改进产品结构设计，以最低总成本实现产品必要功能	[0.075，0.088]
	C_{14-2}中级结构设计	部分实现产品必要功能	[0.034，0.064]
	C_{14-3}低级结构设计	未能实现产品必要功能	[0.017，0.021]

统计各样本评价指标类目评价值的平均分，最后构建如图5.29所示的游艇概念设计方案评价指标类目的粗糙评价值。

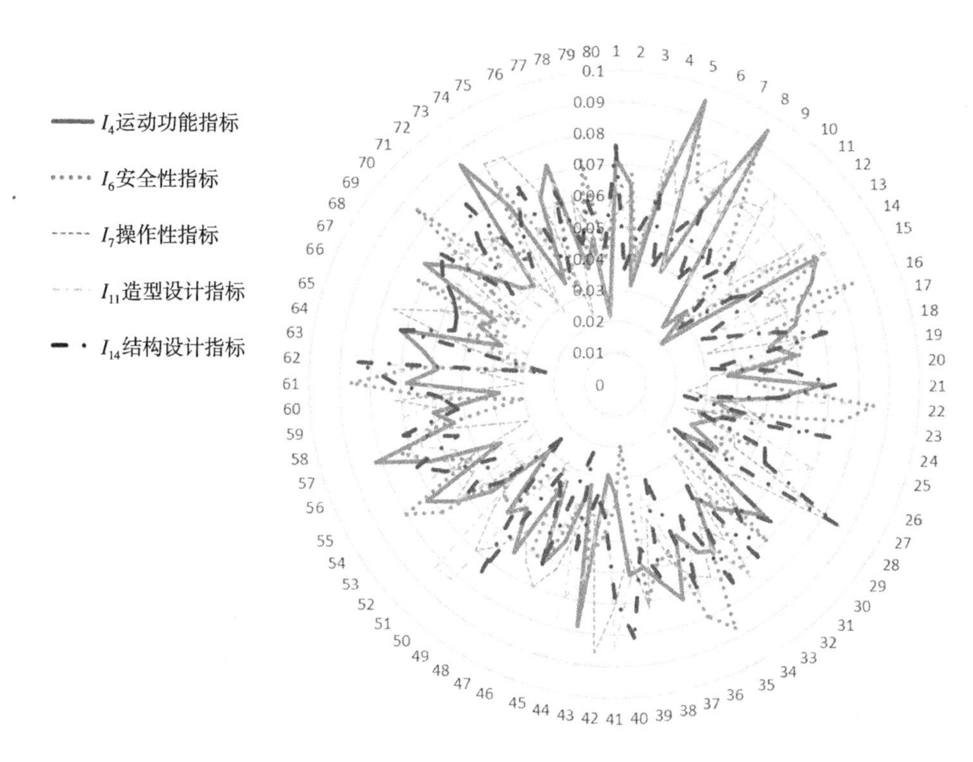

图5.29　游艇概念设计方案评价指标类目的粗糙评价值

5.4.4.3　产品概念设计方案用户需求信息的评价值获取

通过数学软件Matlab中的神经网络工具箱进行相关参数的学习和训练，基于结合粗糙集理论的阻尼最小二乘法的BP神经网络改进算法构建游艇概念设计方案评价指标类目和用户需求信息的非线性关系模型，为游艇概念设计方案需求匹配的多指标评价提供支持。具体实现过程如下：

首先，网络输入：将相关数据导入Matlab工作区，包括80个游艇概念设计方案评价指标类目的粗糙评价值和用户需求信息的粗糙评价值。输入层为游艇概念设计方案评价指标类目的粗糙评价值，输出层为游艇概念设计方案用户需求信息的粗糙评价值。将归一化后的训练样本数据导入网络，设定网络参数。

其次，设置样本：将导入的数据划分为训练数据、验证数据和测试数据三类。基于网络设置，从80个实验样本中分别选出验证样本和测试样本，其中包含56个训练样本、12个验证样本和12个测试样本，进行网络设置后开始训练网络。

再次，进行实验：通过调整隐含层神经元数目获得满意的网络训练结果，当网络输出误差达到期望误差范围内（即<0.0001）或超出网络训练次数（即>1000次），或精度、或梯度、或性能、或连续六次训练精度仍未能提高时，即结束网络训练。由结果可知，该网络在经历196次训练后，对实验样本的训练达到要求，即成功构建了游艇设计方案评价指标类目与用户需求信息的非线性模糊关系模型。为验证利用游艇设计方案训练样本所构建的非线性关系模型的可行性和有效性，利用游艇设计方案的验证样本和测试样本测试该网络模型。

实验结果如下：56个训练样本、12个验证样本和12个测试样本的均方误差分别为0.360 27、1.143 10和0.973 16；训练样本、验证样本和测试样本的回归系数分别为0.928 72、0.914 25和0.884 31。综合上述分析，该网络的均方误差值相对小且回归结果相对接近于1，表示训练效果良好。

最后，结果输出及验证：基于实验结果输出界面，以矩阵形式导出输出函数，并命令行调用该函数，得到期望输出结果。通过实际输出结果与期望输出结果的比较，获得改进BP神经网络测试样本（样本69~80）的输出误差曲线图。

由分析可知，利用该模型测试后的网络误差率较低。说明该模型具有相对良好的准确性和有效性，适用于后续产品概念设计方案需求匹配评价的决策系统开发（见图5.30）。通过游艇概念设计方案评价指标类目和用户需求信息间的关联模型，借助计算机辅助系统设计出可视化程序，用于产品概念设计方案需求匹配评价的决策分析。用户只需选取感兴趣的形容游艇概念设计方案的需求信息词，并输入表示该信息词的评价数值（范围在0~1），即可生成满足用户需求的游艇概念设计方案及该方案各评价指标类目的评价值。

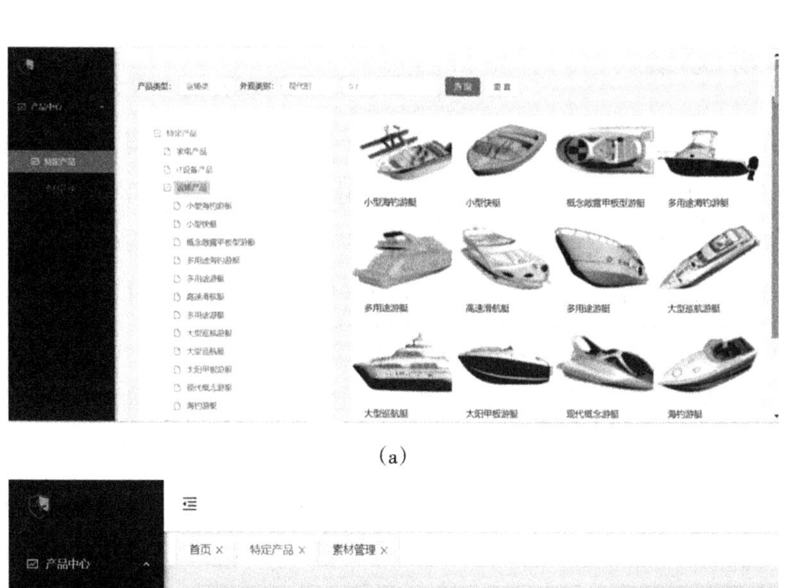

(a)

(b)

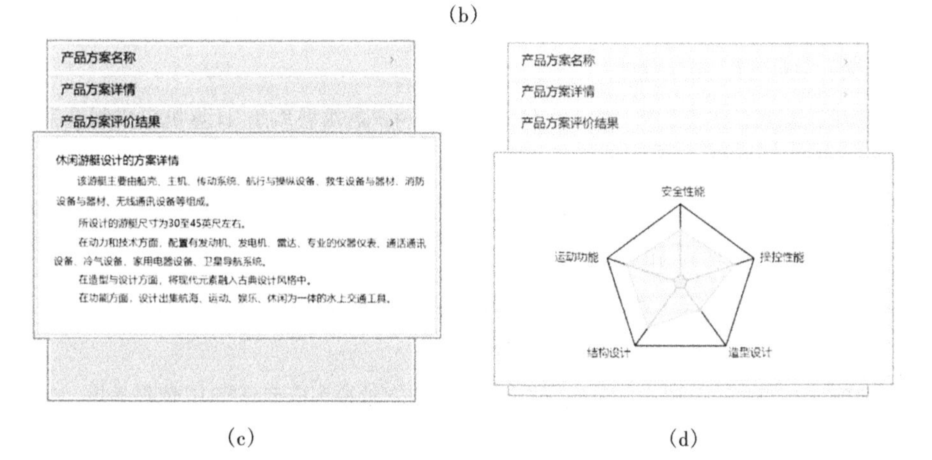

(c)　　　　(d)

图5.30　产品概念设计方案需求匹配评价的决策系统

5.4.5 小结

本章以满足用户需求为出发点，基于服务平台的交互环境，结合粗糙集理论引入改进的BP神经网络，对输入输出映射关系进行学习和存储。通过构建产品设计方案评价指标类目的粗糙评价值（输入层）与用户需求信息的粗糙评价值（输出层）间的非线性关系模型，对提高用户对于产品设计方案评价结果的满意程度具有一定意义。主要研究工作包括：

（1）需求匹配的评价方法提出：结合粗糙集理论和阻尼最小二乘法，提出了一种产品概念设计方案的评价方法。

（2）需求匹配的评价模型构建：利用改进BP神经网络构建产品概念设计方案评价指标类目评价值与用户需求信息评价值间的非线性关联模型，帮助决策者准确把握用户需求与产品概念设计方案间的映射关系。

（3）需求匹配的案例应用：以游艇概念设计方案评价和儿童玩具车需求匹配设计为例，验证本章所提出的评价模型的有效性。

参考文献

[1] RYGIELSKI C，WANG J C，YEN D C. Data mining techniques for customer relationship management[J]. Technology in society，2002，24（4）：483-502.

[2] SHEN H，WALL B，ZAREMBA M，et al. Integration of business modelling methods for enterprise information system analysis and user requirements gathering[J]. Computers in Industry，2004，54（3）：307-323.

[3] 王晨，赵武，王杰，等. 基于本体的多维度用户需求获取[J]. 计算机集成制造系统，2016，21（4）：908-916.

[4] 翟敬梅，应灿，徐晓. 知识建模和数据挖掘融合的粗糙度预测新方法[J]. 计算机集成制造系统，2012（5）：1015-1024.

[5] 纪雪，高琦.李先飞，等. 考虑产品属性层次性的评论挖掘及需求获取方法[J]. 计算机集成制造系统，2020，26（3），747-759.

[6] 涂海丽，唐晓波，谢力. 基于在线评论的用户需求挖掘模型研究[J]. 情报学报，2015，34（10）：1088-1097.

[7] QI J Y，ZHANG Z，JEON S，et al. Mining customer requirements from online reviews：A product improvement perspective [J]. Information & Management，2016，53（8）：951–963.

[8] WANG Y H，YU S，XU T. A user requirement driven framework for collaborative design knowledge management [J]. Advanced Engineering Informatics，2017（33）：16–28.

[9] CONNORS R D，SUMALEE A，WATLING D P. Sensitivity analysis of the variable demand probit stochastic user equilibrium with multiple user-classes [J]. Transportation Research Part B：Methodological，2007，41（6）：593–615.

[10] 李颖新，敬石开，李向前，等. 云制造环境下基于用户行为感知的个性化知识服务技术[J]. 计算机集成制造系统，2015，21（3）：848–858.

[11] 孔造杰，韩瑞云. 市场与技术混合驱动集成化创新需求确定方法[J]. 计算机集成制造系统，2016，22（2）：482–491.

[12] SONG W. Requirement management for product-service systems：Status review and future trends [J]. Computers in Industry，2017（85）：11–22.

[13] FAN J S，YU S，CHU J，et al. A Hybrid Model of Requirement Acquisition Based on Consumer's Preferenceon for 3D Printing Cloud Service Platform [C]// 2018 10th International Conference on Intelligent Human-Machine Systems and Cybernetics (IHMSC). IEEE，2018（1）：261–264.

[14] 张青，陈登凯，余隋怀. 基于用户需求定量化的Ra–FBS模型构建应用[J]. 机械设计，2018，35（10）：123–128.

[15] 王二强，余隋怀，杜鹤民. QFD和信息熵在油罐车改良设计中的应用研究[J]. 机械设计与制造，2011（8）：60–62.

[16] 罗佩琼，于帆. 互联网产品从需求转化为产品属性的设计流程研究[J]. 设计，2017（7）：24–26.

[17] 伊辉勇，刘伟，毛箭. 面向在线定制客户需求信息表达和转化模型[J]. 重庆大学学报：自然科学版，2008，31（3）：311–318.

5.5 与相关产业融合的产品多目标评价策略

为从大量设计方案中挖掘出满足用户需求并具有价值的潜在方案，需要对网络环境下的产品设计方案进行评价研究。然而现有研究缺乏对于设计方案综合评价体系的构建，为完善服务平台应用，改善现有评价过程中效率低的问题，本节提出一种面向工业设计服务平台的多目标创意设计评价方法。本章对产品多目标评价技术的背景、内容概述、解决方法和应用案例进行分析。

5.5.1 产品多目标评价的背景

工业产品设计方案评价体系的构建是一种系统性的认知过程。多目标评价策略包括设计评价方法与模型研究、设计评价应用与实例研究等。

5.5.1.1 设计评价方法与模型

目前关于设计评价方面的研究主要有：李玉鹏等对评价指标的随机性问题进行了研究[1]。邱华清等对多目标规划的产品延伸服务规划方法进行了研究[2]。李军等对多目标评价体系和评价模式的优选进行了研究[3]。杨涛等对基于用户偏好的设计方案多属性决策评价方法进行了研究[4]。王亚辉等提出一种基于多目标粒子群优化算法的多目标设计决策模型[5]。彭张林等针对目前设计评价理论与方法存在的问题，从不同角度给出了多目标评价的相关建议[6]。乔现玲等对基于质量屋的缝纫机产品改良设计决策进行了研究[7]。

5.5.1.2 设计评价应用与实例

随着信息化的快速发展，物联网、大数据、虚拟化等相关话题逐渐成为了国内外研究热点。在互联网技术的支撑下，已出现将网络化协同的创意设计转化为经济效益的工业设计云服务平台。关于设计评价应用的研究主要有：初建杰等基于云服务平台关键技术，对面向工业设计全产业链的云服务模式进行研究[8]。刘敬等结合进化算法，对云服务平台下网络团队成员的优选决策问题进行了研究[9]。孙晋博等对基于云服务的产品设计知识流管理方法进行了研究[10]。陈健等提出一种基于云服务平台的协同任务模块化重组与分配方法[11]。专家学者分别从云服务平台的构架与管理、交易模式与服务、任务优选与决策、任务重组与资源匹配等几个方面进行了研究，但在面向云服务平台下的设计评价方面的研究文献较少。

上述文献考虑到多目标设计的评价体系、评价模式和决策方法等，但对多目标设计评价方法的效率改善问题和评价应用问题缺乏深入研究。工业产品概念设计处于产品设计的初期阶段，获得的信息通常是原始、抽象甚至是零乱、不可靠的，在这样的复杂、不完全确定、创造性的设计推理过程中，设计方案的评价还要考虑到功能因素、可制造性、可靠性、安全性等性能要求以及其他经济和社会要求，是一个典型的多准则决策问题；另外参与评价的人员为创意客户、设计人员、领域专家等多类型用户，对不同用户评价权重的确定与指标体系的建立与完善，也直接影响产品设计方案的模糊综合评价结果。基于此，如何高效而准确地对服务平台上的大量设计方案进行分析，对设计目标的重要度进行准确量化，建立决策模型并构建基于多用户参与的重要度模糊评价指标体系，挖掘出具有潜在价值的工业产品设计方案是本章研究目标。

5.5.2 产品多目标评价的内容

5.5.2.1 产品设计方案的评价思路

评价是一种系统性的认知决策过程。产品设计方案评价的体系结构包括评价目标、评价指标、评价方法、评价主体、评价客体、评价依据、评价模型。依据评价体系结构，提出工业产品设计方案评价的实现思路（见图5.31）。

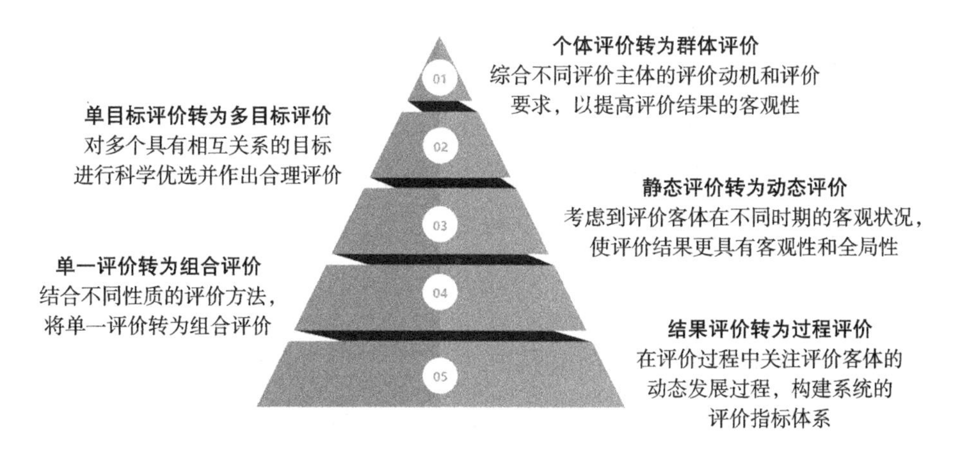

图5.31 工业产品设计方案评价的实现思路

①个体评价转为群体评价：少部分工业产品设计方案的评价以个体评价为主，相对单一的评价主体使得评价结果存在主观片面性。随着评价主体由单一向多元化的趋势发展，评价主体由单一的专家个体评价转为多元化的群体评价。通过邀请多名具有评价能力的决策者对评价对象进行群体评价，综合不同评价主体的评价动机和评价要求，以提高评价结果的客观性。

②单目标评价转为多目标评价：在工业产品设计方案的评价过程中，由于决策问题由两个以上的决策目标组成，需要同时考虑到经济、社会和环境等多方面因素并对方案进行优选。较单目标评价而言，多目标评价是一种对多个具有相互关系的目标进行科学优选并作出合理评价的理论和方法，更具有全面性和客观性。

③静态评价转为动态评价：传统工业产品设计方案的评价研究多是单阶段和静止状态的。为完善评价结果，在评价过程中，引入决策者动态分阶段的参与评价方式。相较于静态评价，动态评价可以充分考虑到评价客体在不同时期的客观状况，使评价结果更具有客观性和全局性。

④单一评价转为组合评价：单一评价由于自身的局限性，并不能充分反映评价对象的真实特性。决策者个人水平和专业领域具有不同程度的差异性，会导致单一定性评价出现评价片面性问题。单一定量评价虽较定性评价更具有客观性和标准性，但需要较高深的数学知识。因此在评价过程中，需要结合不同性质的评价方法，将单一评价转为组合评价。

⑤结果评价转为过程评价：结果评价是一种传统的评价方式，以易于量化的评价内容作为评价客体，以结果评价作为最终评价。这种评价方式具有片面性和主观性。为改变结果评价的局限性，在评价过程中应关注评价客体的动态发展过程，通过构建系统的评价指标体系，进行动态组合，将结果评价转化为过程评价。

5.5.2.2 产品设计方案的评价功能

在产品设计方案评价过程中，通过构建工业产品设计的评价目标系统并计算评价指标权重，转变现有工业产品设计方案的评价模式，对于深入探索新兴信息技术环境下的评价技术具有重要意义。基于设计评价的交互环境，通过需求整合和资源集聚实现服务平台上产品设计评价的如下功能。

（1）信息交互功能。

在方案评价过程中，通过不同的交互方式，搭建起用户与平台沟通的桥梁，为产品设计方案评价过程提供相关信息支持。当服务平台中出现有价值的更新内容时，利用网络化对话和自主化留言的交互功能使用户能够快速浏览到最新政策或信息，以达到提升用户体验感的目的。

（2）需求匹配功能。

在方案评价过程中，为从错综复杂的网络环境中萃取有价值的需求信息，对非结构化的产品信息进行有效规范和管理，构建评价资源与用户需求的匹配模型。基于有效的数据挖掘和分析方法，分析评价资源与各方需求间的供需关系，通过加强产品评价服务与用户需求的紧密联系，为产品设计方案的评价服务提供有效的信息支持。

（3）综合评价功能。

在方案评价过程中，结合多主体创新的服务模式，充分考虑到评价主体多元性和评价内容广泛性，为服务平台上的产品设计方案提供综合评价服务。通过建立产品设计方案需求驱动的评价目标和评价指标体系，完善产品方案评价机制，提高用户对设计方案评价结果的满意程度。

（4）线上线下服务功能。

在方案评价过程中，采用线上线下结合的服务机制，增强服务平台上产品设计评价的创新能力。产品设计方案的线上评价以服务平台为主，向服务方提供所需资源和服务，并对服务结果进行综合评价；产品设计方案的线下评价以用户实际需求为依托，构架立体式的集产品概念设计、评价、生产一体化的服务模式，实现工业产品的交付和深度服务。

在产品设计方案评价的过程中，以服务平台为载体，构建一种集信息交互功能、需求匹配功能、综合评价功能、线上线下协同服务功能为一体的评价模式。该模式可为产品设计的有效评价提供新思路。

5.5.2.3 产品设计方案的评价效率

评价是人们认识事物、理解事物、影响事物的一项系统性的认知过程和决策过程，广泛应用于统计科学、运筹学、信息科学等领域。评价效率是一种在特定条件下有效使用资源以满足设定需要的评价方式。影响评价效率的因素主要体现在评价流程的确定与设计、指标体系的构建、指标权重与价值的确定、评价方法体系的构建、数据的获取与处理、评价信息的融合、综合评价的应用等方面。

在产品设计方案的评价效率研究中，部分评价流程的研究侧重于运用某一个或多个评价理论与方法来解决不同领域中存在的具体评价问题，评价流程没有随着决策目标或评价对象的改变而调整。在评价方法中，部分研究采用定性评价方法利用评价者的主观知识或经验对评价对象作出价值判断，部分定量评价方法的研究过程相对复杂。在评价背景中，部分研究以常规单机或离线状态下的个体评价或单目标评价为主，评价信息数据的处理需要依赖大量统计数据作为支撑，评价系统难以在有效的时间内准确量化。

针对上述问题，在产品设计方案的评价流程中引入用户参与的设计决策过程方式，对于准确把握客户心理动态具有重要意义。评价方法是评价效率体系的重要组成部分，在产品设计评价方法中引入模糊评价机制，结合层次分析法主观赋权与熵值法客观赋权，借鉴优劣解距离法理论中的混合排序思想定量分析语言变量，提升产品设计方案评价结果的准确性。此外，用户参与服务平台需求发布、设计团队组建、项目开始、项目进行和项目结束的全过程，并以打分和点赞等形式对产品设计方案进行科学评价。在评价应用中，以服务平台为应用背景，通过建设开放共享、服务创新的工业设计交互环境，为多产品设计的多目标评价提供有效的资源支持。通过服务平台前端和后端间的协作和交流，结合相应的接入技术和虚拟化技术，实现产品设计全生命周期过程中评价资源和评价能力的共享与协同。

5.5.3 产品多目标评价的方法

面向工业设计服务平台的多目标创意设计评价方法流程如图5.32所示：包括构建网络化协同创新目标体系、协同生成创新设计方案，网络化协同创新设计方案评价及网络化协同创新设计模型冲突消解、确定最优创新设计方案四个步骤。

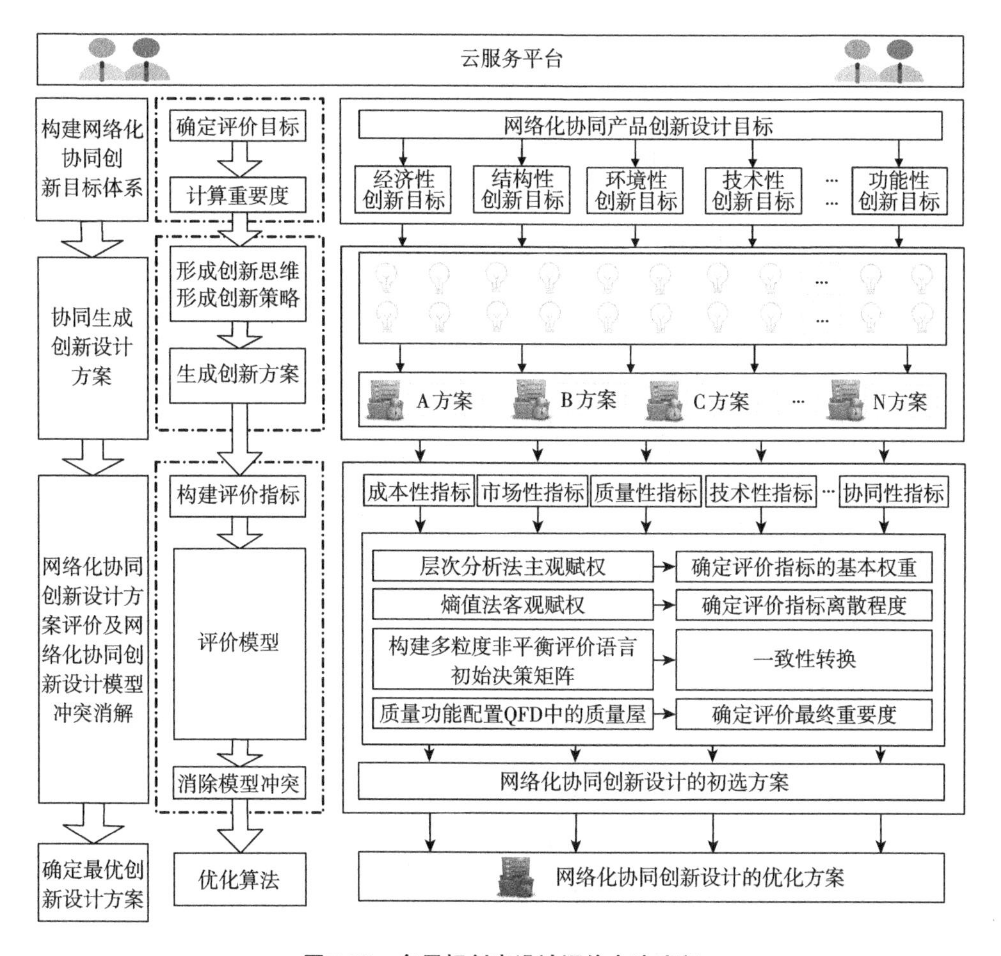

图5.32　多目标创意设计评价方法流程

该方法的运行步骤如图5.33所示，用户在服务平台发布需求后，组建设计团队，建立用户数据库，将用户需求转化为评价目标，构建基于质量功能配置的设计评价模型。若产生评价冲突，则利用基于决策偏好的多目标粒子群优化算法对该模型进行冲突消解，确定最优创新设计方案。若未产生评价冲突，则利用第二代加强帕雷托进化算法进行方案优选。

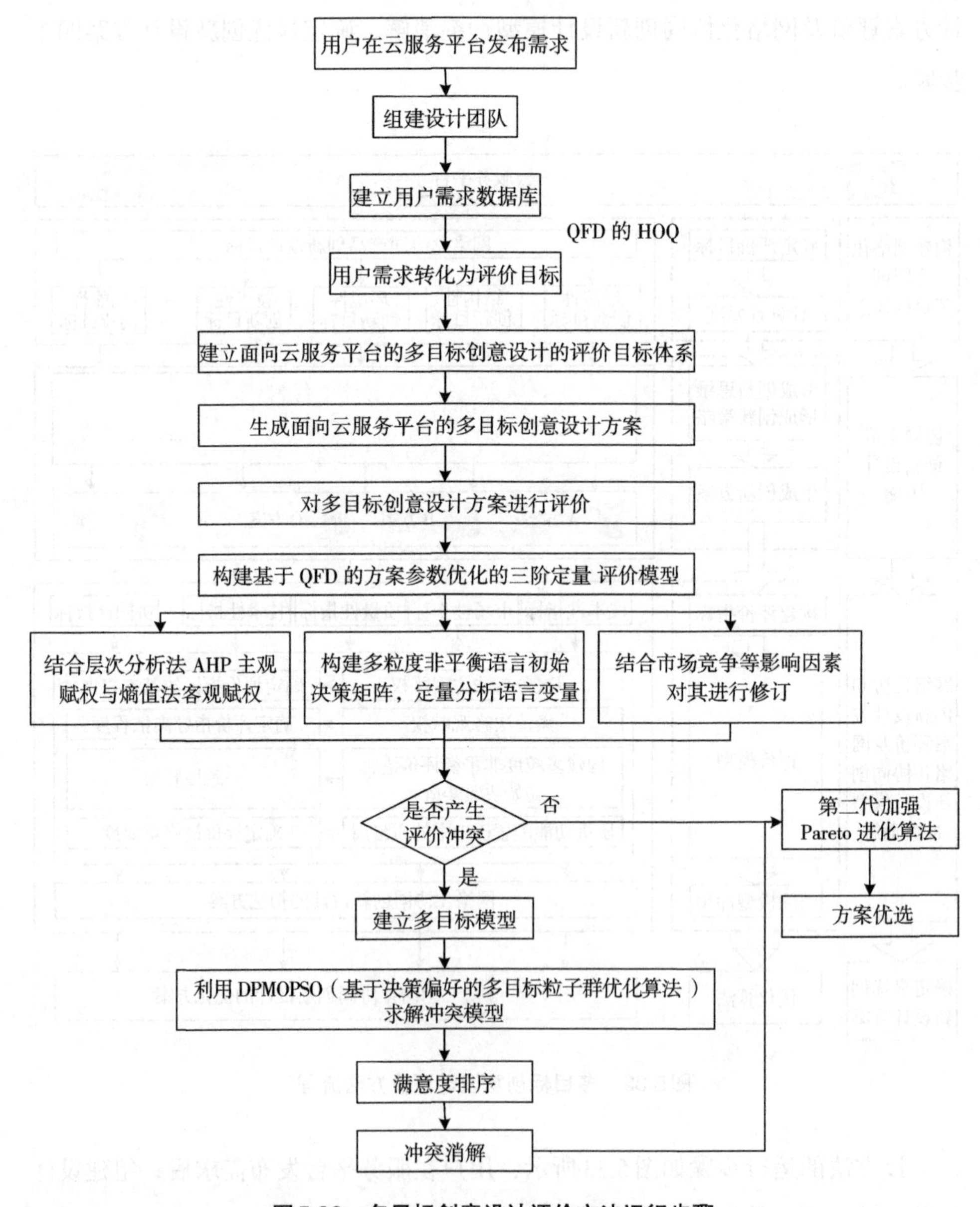

图5.33 多目标创意设计评价方法运行步骤

5.5.3.1　建立产品设计方案评价目标体系

在工业设计服务平台的背景下，获取用户显性创意需求并挖掘用户隐性创意需求。结合模糊需求描述等方法，采用数据挖掘软件和统计学分析软件SPSS，通过对用户需求进行聚类分析、关联性分析等深入挖掘用户的隐性需求偏好。将数据资源利用服务平台进行规范化的存储，建立多目标创意设计的评价目标体系。

5.5.3.2　生成多目标创意设计方案

基于多目标创意设计的评价目标体系，利用服务平台中设计方法数据库、设计工具数据库、设计知识数据库等形成产品设计的创意策略。根据服务平台中的感性意象映射子系统，对设计方案进行参数设置并生成造型，获取用户感性意象与造型、色彩的映射关系。在交互式进化设计子系统中，将用户主观偏好和电脑计算结合，利用遗传算法的优化能力，将产品造型编码进行变异、交叉、选择，依据用户偏好进行产品造型进化，生成多目标创意设计方案。

5.5.3.3　评价多目标创意设计方案

（1）层次分析法主观赋权与熵值法客观赋权。

利用层次分析法对评价指标的相关数据进行分析。通过建立评价目标层次结构模型，构造判断矩阵，计算权重向量并做一致性检验，得出产品设计各评价指标在评价目标中的层次总排序。在此基础上，利用客观赋权的熵值法，进一步确定评价指标的离散程度。

首先，设选取n个评价目标，m个评价指标。对评价指标进行标准化处理。

$$X_{ij}^{+}=\frac{X_{ij}-\min\left\{X_j\right\}}{\max\left\{X_j\right\}-\min\left\{X_j\right\}} \tag{5.98}$$

$$X_{ij}^{-}=\frac{\max\left\{X_j\right\}-\left\{X_{ij}\right\}}{\max\left\{X_j\right\}-\min\left\{X_j\right\}} \tag{5.99}$$

式中：X_{ij}^{+}为第i个评价子目标的第j项正向评价指标的数值；X_{ij}^{-}为第i个评价子目标的第j项负向评价指标的数值。

其次，计算评价指标的熵值、差异系数并求权值。

$$e_j = -k\sum_{i=1}^{m}(Y_{ij} \times \ln Y_{ij}) \tag{5.100}$$

式中：e_j为第i个子评价目标中第j项评价指标的熵值。

$$d_j = 1 - e_j \tag{5.101}$$

式中：d_j为第i个子评价目标中第j项评价指标的差异系数。

$$W_i = d_j / \sum_{j=1}^{n} d_j \tag{5.102}$$

式中：w_j为第i个子评价目标中第j项评价指标的求权值。

最后，计算各评价指标的综合得分。

（2）构建多粒度非平衡评价语言决策矩阵。

针对服务平台专家在对评价指标判断时存在的多粒度、多语义情况，通过构建多粒度非平衡评价语言初始决策矩阵并对其进行一致性转换，解决评价过程中模糊而定性的信息处理问题。

首先，构建评价语言初始决策矩阵$\boldsymbol{R}$。

$$\boldsymbol{R} = (r_{ij})_{m \times n} \tag{5.103}$$

式中：$\boldsymbol{R}$为评价语言初始决策矩阵；r_{ij}为平台专家根据非平衡语言标度而获得的指标评价值。

其次，对多粒度非平衡评价语言初始决策矩阵进行一致性转换，得到统一的语言标度集。

最后，利用语言加权算术平均算子集成一致化后的语言决策信息，构建评价语言最终决策矩阵$\boldsymbol{R}^*$计算评价指标的综合评价值。

$$\boldsymbol{R}^* = (r_{ij})_{m \times n} \tag{5.104}$$

（3）构建基于质量功能配置的方案评价质量屋。

通过质量功能配置中的质量屋，从市场和用户需求出发，完善评价参数和评价变量并归一化处理，确定方案最终重要度。

首先，构建设计方案评价质量屋，分析评价方案实施手段的经济性、社会性参数等模块内容。

其次，构建评价方案自相关关系矩阵、评价目标自相关关系矩阵、评价方案与评价目标关系矩阵。

最后，采用矩阵图解法建立设计方案与评价目标的映射关系，生成二维数值矩阵。在质量屋的作用下生成满足评价目标的创意设计方案。

（4）消解多目标创意评价冲突。

若产生冲突则利用基于决策偏好的多目标粒子群优化算法求解冲突模型，以用户的偏好为引导因子，解决协同设计中评价者目标差异性冲突，获得最优解集，并利用基于模糊集的满意度排序方法计算出最优解。

首先，获取用户的偏好解，定义子目标权重。

其次，初始化内外种群参数，根据帕累托最优的定义，构造内部种群支配解集，对非支配解进行快速排序；进行外部种群管理和全局最优值更新，达到最大循环代数，输出外部种群，获得帕累托最优解集。

最后，利用满意度函数代表设计者对于自身多个设计目标是否达到最优化的满意程度，针对网络化协同工业设计的特点，考虑每个目标的相对权重和每个设计人员的权重。将非线性多目标优化问题转化为基于协商的单目标优化问题。最终获取基于客户决策偏好的最优工业设计方案，进而运用优化算法对方案进行设计优化，得到网络化协同工业设计优化方案。

5.5.4　产品多目标评价的案例

在工业设计服务平台中，根据用户发布的需求组建网络虚拟团队，通过创意工厂、合作空间、分享驿站等几个模块，以游艇设计为案例，验证该方法的可行性和有效性。

5.5.4.1　建立游艇设计的评价目标体系

借助服务平台强大的数据处理、存储能力，基于平台用户需求数据库、协同创新任务数据库、线上线下交流数据库等对游艇不同指标的重要程度进行分析，制定如表5.22所示的能够反映设计方案综合能力的评价指标体系。

表5.22 基于游艇设计的评价指标体系

一级指标	二级指标
实用A	A_1功能性
	A_2可靠性
	A_3技术性
创新B	B_1先导性
	B_2附加值
	B_3个性化
外观C	C_1美学性
	C_2时代性
	C_3协调性
生态D	D_1环境性
	D_2经济性
	D_3娱乐性

5.5.4.2 生成游艇设计的创意方案

基于云服务平台多目标创意设计的评价指标体系，利用意象映射子系统、交互式进化设计子系统，通过平台设计知识库、行业应用示范数据库、设计案例数据库等，为设计师在设计过程中提供与项目相关的设计知识，辅助设计师完成产品设计。生成满足用户需求的9个游艇创新设计方案。

5.5.4.3 对游艇创意设计方案进行评价

（1）层次分析法主观赋权与熵值法客观赋权。

利用层次分析法对评价目标进行主观赋权。实用、创新、外观和生态这四个评价目标分别用字母A、B、C和D表示，$W_A = 0.084 < 0.1$，$W_B = 0.052 < 0.1$，$W_C = 0.091 < 0.1$，$W_D = 0.078 < 0.1$。矩阵通过一致性检验，通过建立评价目标层次结构模型、构造判断矩阵、计算权重向量并做一致性检验，证明计算结果的有效性。

结合熵值法对评价目标进行客观赋权。构建游艇评价目标和设计方案的决策矩阵。计算出游艇各评价指标的熵值和评价指标的差异系数，基于此得到各评价指标的求权值 W_j，$W'_A = 0.143$，$W'_B = 0.068$，$W'_C = 0.191$，$W'_D = 0.158$。

（2）构建游艇设计的多粒度非平衡评价语言。

采用多粒度非平衡语言对评价子目标进行评估。任意选取云服务平台中三位专家作为决策者，基于不同语言粒度的语言信息对游艇方案的评价目标权重进行判断，并将多粒度信息进行一致化转换处理，最后获得粒度一致的语言信息评价结果。

（3）构建游艇评价方案参数优化模型。

结合市场竞争等影响因素对其游艇设计方案的评价目标进行修订。构建的游艇评价方案质量屋。质量屋中包含评价目标和评价子目标。

基于游艇质量屋的自相关关系矩阵 $\boldsymbol{P}$、关系矩阵 $\boldsymbol{R}$ 和客户权重矩阵 $\boldsymbol{W}$，构建方案优化求解模型。

$$\boldsymbol{T} = \boldsymbol{W}^{\mathrm{T}}\boldsymbol{RP} = \begin{bmatrix} 32 & 32 & 49.7 & 51.5 & 54.2 & 61.2 & 18 & 27 & 18 & 26.2 & 34 & 50.5 \\ 41 & 41 & 29.9 & 31.7 & 54.2 & 61.2 & 18 & 27 & 27 & 47.2 & 41 & 61.2 \\ 31 & 31 & 49.7 & 51.5 & 40.2 & 47.2 & 18 & 24 & 27 & 27.1 & 32 & 32.7 \\ 33 & 33 & 49.6 & 50.5 & 76.2 & 79.8 & 9 & 24 & 9 & 49.5 & 33 & 49.5 \end{bmatrix} \tag{5.105}$$

求解优化设计决策模型，利用分支定界法求解，可得 X：

$$X = [1\ 0\ 1\ 1\ 0\ 1\ 1\ 0\ 0\ 0\ 0\ 0]^{\mathrm{T}} \tag{5.106}$$

基于上述分析，获得能较好体现用户需求的游艇设计的评价目标。即 A 实用（A_1 功能性，A_3 技术性）和 B 创新（B_1 先导性，B_3 个性化）C 外观（C_1 美学性）。通过参考游艇方案与评价目标的关系矩阵，排除与评价目标关系程度低的游艇方案。采用帕累托加强进化算法，对满足评价目标的游艇创意设计方案进行优选。为验证该方法的有效性，采用基于用户偏好的多维评价系统对优选方案进行评价，该评价系统依附于云服务平台网页，用户以点赞、打分、留言的形式为系统精确推荐提供后台数据服务。

本研究评价效率的提高主要体现在以下几个方面：

（1）评价过程的针对性：引入用户参与设计决策的过程方式以及模糊评价机制等。排除次要游艇设计方案，针对综合评价较好的方案进行优选。

（2）评价方法的选择性：构建基于质量功能配置的方案参数优化的定量模型，结合层次分析法、熵值法等进行方案的有效评价，提高评价效率。

（3）评价结果的多维性：基于多目标优化算法等体现评价目标的不同维度，有助于满足不同需求偏好的设计方案选择。

5.5.5 小结

本节提出一种面向工业设计服务平台的多目标创意评价方法，通过建立多目标创意设计的评价指标体系，进一步生成创新设计方案，系统构建网络化协同设计与评价的过程模型。主要研究工作包括：

（1）多目标创意评价模型：该模型通过开放共享、服务创新的交互环境，集聚信息服务、产品设计以及各类设计知识库等工业设计相关资源。

（2）多目标创意评价方法：该评价方法不仅可以在线上产品评价中展开，也可以扩展到线下的产品创新设计中，对于深入探索新兴信息技术环境下的评价理论与应用具有重要意义。

（3）案例应用：把用户的个性化需求反映到服务平台的创新过程中，进一步探索服务平台的多目标评价技术。

参考文献

[1] 李玉鹏，吴玥. 基于改进随机多目标可接受度分析的产品服务系统方案评价[J]. 计算机集成制造系统，2018，24（8）：2071–2078.

[2] 邱华清，耿秀丽. 基于多目标规划的产品延伸服务规划方法[J]. 计算机集成制造系统，2018，24（8）：2061–2070.

[3] 李军，付永领. 多学科多目标评价及其在电静液作动系统中的应用[J]. 计算机集成制造系统，2005，11（3）：433–437.

[4] 杨涛，杨育，薛承梦，等.考虑客户需求偏好的产品创新设计方案多属性决策评价[J].计算机集成制造系统，2015（2）：417-426.

[5] 王亚辉，余隋怀.基于多目标粒子群优化算法的汽车造型设计决策模型[J].计算机集成制造系统，2017，23（4）：681-688.

[6] 彭张林，张强，杨善林.综合评价理论与方法研究综述[J].中国管理科学，2015（S1）：245-256.

[7] 乔现玲，胡志刚.基于质量屋的缝纫机产品改良设计决策研究[J].制造业自动化，2011，33（6）：139-142.

[8] 初建杰，李雪瑞，余隋怀.面向工业设计全产业链的云服务平台关键技术研究[J].机械设计，2016，33（11）：125-128.

[9] 刘敬，余隋怀，初建杰.设计云服务平台下网络团队成员优选决策研究[J].计算机集成制造系统，2017，23（6）：1205-1215.

[10] 孙晋博，余隋怀，陈登凯，等.基于云制造的产品设计知识流协同方法[J].现代制造工程，2015（7）：13-20.

[11] 陈健，莫蓉，初建杰，等.工业设计云服务平台协同任务模块化重组与分配方法 [J].计算机集成制造系统，2018，24（3）：720-730.

5.6 与相关产业融合的集成与示范

在工业产品设计过程中，依托相关技术构建和发展工业产品设计服务的相关模型（如产品数据获取模型、产品意象分析模型、产品创新设计模型、产品服务优选模型、产品需求匹配模型、产品形态设计模型、产品多目标评价模型等）。在工业产品设计服务平台上，通过资源整合、需求整合和按需优化配置，面向全产业链中各个用户，提供优质的设计服务，实现产品设计资源的有效集聚、开放共享和上下游协同，推动设计服务业与相关产业融合，在线完成设计企业之间的供需对接。

5.6.1 产品设计服务依托的技术

5.6.1.1 产品数据获取——用户数据挖掘与反馈技术

在工业产品设计中，用户是工业设计的中心。用户提供的数据通常是大量的，并且有显性与隐性之分。目前对用户数据获取的研究主要集中在用户主观需求研究与用户行为分析两个方面。

用户主观需求研究用以分析用户主观提供的需求信息，以指导企业进行设计生产。用户需求分析包括用户需求获取、分析及转换等阶段。用户需求分析阶段主要运用的方法是数据挖掘，对用户需求进行关联分析、聚类分析等，以求寻找需求规律和痛点。为提高用户需求分析的效率和质量，利用数据在时间空间等方面的相关性，实现网络话题的识别与跟踪，从而实现需求数据的监测、预警及研判。

工业产品的用户数据挖掘与反馈技术主要包括两个方面：一是针对用户主观提出的需求进行分析、转化；二是针对用户的互联网行为进行采集与挖掘，从中获取所需信息。

(1) 面向设计服务的用户主观需求研究。

在工业产品的开发过程中，用户对产品的各种属性有着特定的观感和要求。基于网络的激发与搜集，获取用户的主观需求并加以分析利用来指导设计生产。在网络化背景下，研究交互式对话的用户需求获取机制、构建相应的需求分析工具、智能获取用户全面的需求信息，对于针对性地开发出满足用户需求的产品与服务具有重要意义。

(2) 面向设计服务的用户行为分析研究。

在工业产品的开发过程中，通过网络数据挖掘技术，构建符合用户需求的行为数据库，将有价值信息按功能、形式、服务等进行分门别类，获取用户的内在需求与偏好，并对这些信息数据进行规范化存储，为产品设计生产提供依据。此外，在工业产品的设计过程中，通过高效的智能筛选与人性化的推送方式，将重要信息以推送的形式反馈给用户，提高用户与平台之间的凝聚力。

综合上述分析，在工业产品设计服务之产品数据获取研究中，相对缺乏系统化的用户研究模式与方法。尤其在互联网大数据时代，网络化云服务对用户需求的研究技术提出了更高的要求。基于网络化、数字化和智能化的用户数据挖掘与反馈研究是产品数据获取的重要趋势。

5.6.1.2 产品意象分析——感性意象关联映射技术

感性意象是人最深层次的情感诉求。在工业产品设计领域中，感性意象间接反映了用户的情感需求以及心理评价的标准。感性意象涉及设计心理学、设计符号学、人机工效学、感性工学等不同学科。感性意象会随着人与人之间的不同因素而有所变化（如目标对象、知识层面、生活环境等）。

在工业产品意象研究中，目前主要利用定性分析和定量分析研究感性意象，通过建立基于感性工学知识的产品设计与评价系统，指导设计开发与生产制造。例如：在工业产品开发设计中，运用数量化一类理论研究用户感性意象与产品设计要素之间的关系，开发出相应程序辅助设计师进行产品设计；在工业产品设计分析中，结合层次分析法、多维尺度分析法以及语义差异法等帮助设计师更好地理解用户需求；在工业产品造型设计中，基于感性工学知识，可以获取用户感知与产品造型形态之间的对应关系，为满足用户感知需求的产品造型设计提供信息参考；在工业产品设计评价中，运用感知规律度量用户对产品感性意象的评价要求，依托工业设计服务平台的资源和支撑环境，进一步指导产品设计开发。

工业产品的感性意象关联映射技术主要包括三个方面。

（1）用户感性意象样本库的构建研究。

在工业产品意象研究中，通过对比实验分析不同主体间感性意象的差异性，基于分布式网络环境获取用户对于感性意象的分群意向，提取用户关于产品设计的感性意象描述词汇，依据权重系数对感性意象语意进行初步筛选并集聚成库。

（2）产品造型特征样本库的构建研究。

在工业产品意象研究中，通过组织专家对大量产品进行造型分析，借鉴不同形态特征，构建产品造型设计的特征样本库，为构建用户感性意象与产品造型设计的关联性模型提供特征样本支持。

（3）用户感性意象与产品造型设计的关联性研究。

在工业产品意象研究中，依托用户感性意象样本库与产品造型设计特征样本库，运用定量分析法对产品特征的感性意象量化数据进行深入分析，获取感性量化评价的权重向量和最优解，构建产品造型与用户感性意象之间的关联映射模型，进而指导以用户为中心的产品设计进程。

综合上述分析，在工业产品设计服务之产品意象分析研究中，针对工业产品同质化的现象，为满足用户多样化的情感需求，感性意象关联映射技术越来越注重用户感知和用户情感需求，这些研究对于提升工业产品的吸引力、塑造产品品牌形象等具有重要价值。

5.6.1.3 产品创新设计——产品创新设计的数字化技术

产品创新设计的数字化技术所涉及的内容相对广泛，包括产品设计方法学、计算机辅助创新设计、产品创新过程管理、增材制造、逆向工程等。产品创新设计的数字化技术是一个用于描述、获取、共享产品设计知识的智能化信息模型系统，通过该系统可以帮助制造企业高效率地开发出具有高品位和高品质的优秀产品。

工业产品的创新设计数字化技术主要包括三个方面。

（1）产品设计方法学研究。

在产品设计方法学研究中，基于创新设计方法（头脑风暴法、集体激智法、提问追溯法、联想类比法、组合创新法、综合分析法、设问创新法、多元思考法等），创新设计理论（发明问题解决理论、质量功能配置理论、形状文法理论、5W2H理论等），创新设计模式（技术推动模式、互动创新模式、开放式创新模式等）等形成产品的创新设计方案。创新设计方法库的构建为创造新产品或新服务，改进和优化市场需求，提升工业产品的性能、功能和用户体验提供支撑。

（2）产品创新过程管理研究。

在产品创新过程管理研究中，设计知识库是设计师开展设计工作的重要知识基础。为在全局和系统层面实现产品创新设计，通过构建与管理产品创新的知识库，把分散、独立、异构数据资源转化为标准、规范的知识服务，可以组成完整的工业产品设计创新发展策略，以赢得良好的设计发展环境。产品知识库的构建涉及多格式文档知识库构建技术、团队协作管理技术、访问权限控制技术等。这些技术和方法可以提高新产品开发效率，涉及产品全生命周期内设计、生产、销售、维护，甚至回收再利用的创新发展。

（3）计算机辅助创新研究。

在计算机辅助创新研究中，通过把计算机与产品开发、产品设计、产品数据、产品制造、产品生产等联系起来，实现用计算机系统进行生产的开发、设计、制造、管理、控制等过程。计算机辅助创新涉及设计方法学、人机工程学、人工智能技术、认知与思维科学、计算机辅助工程分析、计算机辅助数据管理等，可以帮助制造企业高效率地开发出创新产品。

综合上述分析，在工业产品设计服务之产品创新设计的数字化技术研究中，产品设计与分析（如计算机辅助产品设计、计算机辅助软件工程、快速成型、逆向工程等），产品数字化制造（如计算机辅助制造、数控技术、制造流程管理等），产品过程管理（如产品数据管理、产品配置管理、工作流程管理等）可以为企业实现产品创新提供有力支撑。

5.6.1.4 产品服务优选——网络集成服务优选技术

在工业产品设计服务之产品服务优选中，实现智能和高效率的产品服务优选是工业产品服务发现机制的首要任务。为了提高工业设计服务平台的创新效率及水平，需要对产品协同创新过程进行协调优化。

工业产品的网络集成服务优选技术主要包括两个方面。

（1）网络服务的搜索研究。

在产品服务平台中，除了云计算服务中的基础设施即服务、平台即服务、软件即服务外，还包括制造资源服务和制造能力服务等（如设计能力、加工生产能力、仿真与实验能力等）。为进一步提高产品服务优选的精度，本节提出了基于词频频率评价函数的特征词条权值计算方法及考虑精确匹配并兼顾不同松弛特征的服务优选方法，应用了基于语义化描述的服务分级匹配算法，对智能化的制造云服务搜索与匹配方法进行了研究。

（2）网络服务的优选研究。

在网络服务的优选研究中，工业设计服务平台从典型行业基本背景出发，综合交易双方不同需求，优选工业设计各类服务（产品设计服务、团队构建服务、知识优选服务、生产制造服务等），构建动态交易模式。并以线下考核与线上交易评估等手段建立用户信用评价与信用担保机制，促进服务平台的交流与沟通。

综合上述分析，在工业产品设计服务之产品服务优选中，关于服务优选的技术研究主要集中于网络服务的搜索与优选。产品的服务优选需要结合服务背景和服务平台的典型特征，对服务平台上的各类资源进行统一和集中的管理，为用户提供泛在的和随时获取的相关服务，实现服务过程中各类资源的有效共享与协同。

5.6.1.5 产品需求匹配——神经网络识别与匹配技术

在信息化、网络化发展的带动下，企业若要想得到质的发展，需要与用户需求、产品需求和市场需求相匹配。在对产品需求匹配关键技术探索的基础上，构建产品需求的协同创新匹配模型。

工业产品的产品需求匹配神经网络主要包括三个方面。

（1）用户需求信息的获取研究。

基于网络化的需求获取方式，获得产品设计的用户需求信息，以形容词形式建立表示产品相关特征的用户需求信息库。如：产品形态特征（美观的、圆润的、尖锐的），产品色彩特征（温暖的、鲜艳的、灰暗的），产品质感特征（粗糙的、光滑的、坚硬的）

（2）产品特征的获取研究。

在产品特征的获取研究中，将设计特征划分为不同类目或要素，共同构成产品设计。例如：功能类目（可靠性、安全性、高效性），性能类目（物理性、化学性、技术性），经济类目（成本、利润、市场），社会类目（创新、服务大众、可持续发展）。

（3）产品特征和用户需求的匹配研究。

利用神经网络等信息处理工具，构建产品特征和用户需求间的关联模型。模拟需求匹配的设计评估机制，为面向用户需求的工业产品设计决策提供技术支持。

综合上述分析，在工业产品设计服务之产品服务优选中，通过神经网络等技术建立用户心理特征和产品相关特征（如形态、色彩、材料等）间的映射模型，获取用户偏好程度高的产品特征样本，识别产品设计中体现用户偏好的相关特征（如形态基因、色彩搭配、质感匹配等），将其转化为设计策略，并辅助设计师析出满足用户偏好的产品特征。

5.6.1.6 产品多目标评价——产品多目标评价技术

产品设计是用户需求实现的创造性活动和问题求解过程，为了从大量的产品设计中挖掘出有价值的潜在产品，需要对产品设计方案进行有效评价。

在产品设计方案评价过程中，产品设计方案的评价需要考虑到多种因素（如可制造性、可靠性、安全性、经济性、社会性等），产品设计方案的评价属于多准则决策问题。因此，如何准确地对产品设计的大量方案进行分析，挖掘出具有潜在价值的设计方案是发展工业产品设计服务之产品多目标评价的重点。

工业产品的产品多目标评价技术主要包括三个方面。

(1) 建立产品设计与评价的目标体系研究。

在产品设计与评价的目标体系构建中，研究网络化协同创新主体的基本类型与基本特征，构建工业设计与评价的过程模型，总结归纳出工业产品的创新目标：经济性创新目标、结构性创新目标、环境性创新目标、技术性创新目标、功能性创新目标。

(2) 构建产品设计与评价的优化模型研究。

在产品设计与评价的优化模型构建中，结合主观赋权与客观赋权，确保产品设计创新目标的整体性与创新方向的正确性；借鉴混合排序思想定量分析语言变量，提升创新目标的准确性与有效性，构建基于质量功能配置的方案参数优化模型进行工业设计评价。

(3) 构建产品设计与评价的冲突消解模型研究。

在产品设计与评价的冲突消解模型构建中，运用优化算法对方案进行设计优化，并基于模糊集的满意度排序方法得到网络化协同的工业设计优化方案。

综合上述分析，在工业产品设计服务之产品多目标评价中，研究网络化协同的工业设计模型构建体系，对设计目标重要程度进行准确量化。在产品设计评价过程中，引入用户参与设计决策过程方式、冲突消除机制以及模糊评价机制，遵循科学性与系统性相结合、联系性与层次性相适应、目的性与可行性相统一的原则，建立一套系统性、层次性、合理性的网络化协同产品工业设计与评价过程模型和目标体系。

产品设计服务依托的相关技术见图5.34。

5.6.2 产品设计服务集成的模块

产品设计服务依托的相关技术在服务平台中集成应用，具体表现为五大模块，分别是设计思维、设计需求、设计资源、设计方案、设计服务。“设计思维”模块提供各种创意的提出和创意进化研究；“设计需求”模块负责产品创意方案实施的团队成员组建匹配问题，实现基于用户需求的创意设计；“设计资源”

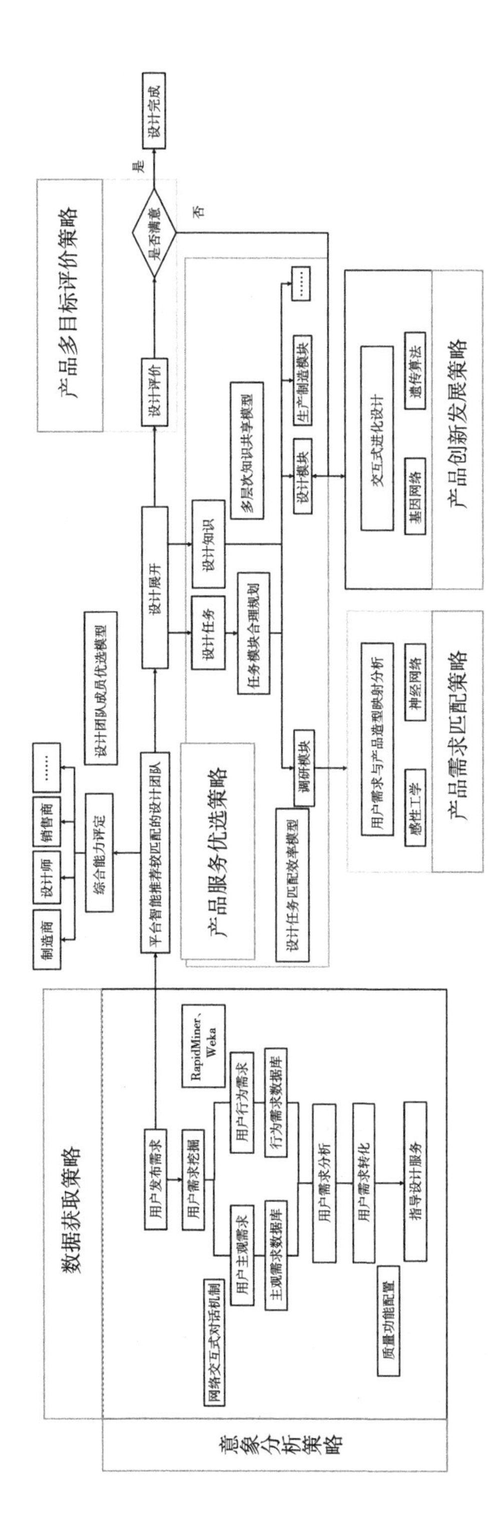

图5.34 产品设计服务依托的相关技术

模块整合各类资源信息和各类设计相关知识资源，辅助设计师进行设计；“设计方案”模块为创意产品方案的展示和评价，为用户和产品项目提供协同管理与评价。“设计服务”模块，为服务平台的创意产品提供分析、设计、评价相关的其他服务（见图5.35）。

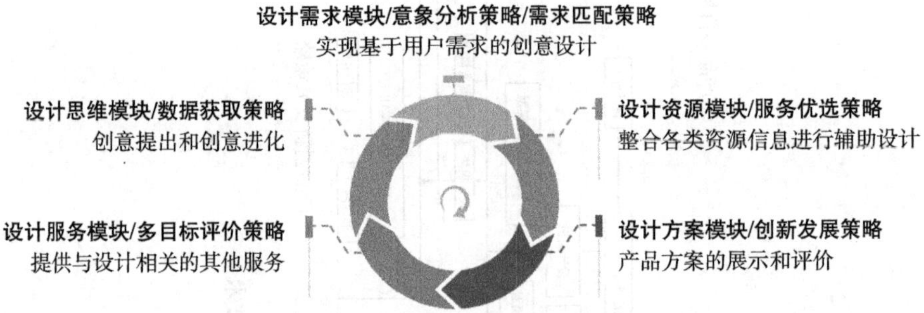

设计需求模块/意象分析策略/需求匹配策略
实现基于用户需求的创意设计
设计思维模块/数据获取策略
创意提出和创意进化
设计资源模块/服务优选策略
整合各类资源信息进行辅助设计
设计服务模块/多目标评价策略
提供与设计相关的其他服务
设计方案模块/创新发展策略
产品方案的展示和评价

图5.35 相关服务集成的应用架构

5.6.2.1 设计思维模块

设计思维模块与工业产品设计服务之产品数据获取密切相关。

在工业设计服务平台中，设计思维模块在工业设计服务平台中用于产品设计的创意提出，由在线的用户对产品提出多方面的创意想法，根据创意汇总凝练出具有实际应用的产品概念设计。同时，在产品的创意设计阶段，灵感模块具有交互进化功能。此功能可以辅助设计师，对已完成的产品设计进行优化改进。

5.6.2.2 设计需求模块

设计需求模块与工业产品设计服务之产品意象分析和产品需求匹配密切相关。

在工业设计服务平台中，需求模块在工业设计云服务平台中用于解决产品设计起始阶段的任务资源匹配问题。针对目前已有的竞价匹配规则，工业设计云服务平台采用基于设计资源与用户需求的匹配技术。根据用户提出的设计约束条件，检索平台中符合条件的设计师，同时从中优选出最适合的人选，并推荐给用户。

5.6.2.3 设计资源模块

设计资源模块与工业产品设计服务之产品服务优选密切相关。

在工业设计服务平台中，通过工业设计云服务平台线上汇聚了各类生产制造商信息，这些服务厂商可以对平台中的产品设计提供批量生产服务。而且还汇聚了不同行业的相关应用示范。同时，该模块还包含行业知识库，为设计师在产品设计过程中提供知识辅助。

5.6.2.4 设计方案模块

设计方案模块与工业产品设计服务之产品创新设计和产品形态设计密切相关。

在工业设计服务平台中，设计师可以发布自己的设计作品。这些设计作品依托于设计思维模块、设计需求模块和设计资源模块。在设计方案模块，通过工业设计服务平台上的创意提出与设计辅助会涌现大量创新型产品，给用户与设计师提供更多的设计附加值。

5.6.2.5 设计服务模块

设计服务模块与工业产品设计服务之产品多目标评价密切相关。

在工业设计服务平台中，用户和设计师可以通过浏览云服务平台的分享驿站模块，对产品与设计师进行评价。该模块产品的分类主要为两种：一种是以行业分类，另一种由设计领域分类。同时，支持意象标签对产品的检索，便于用户快速寻找自己感兴趣的相关产品。

此外，平台中所有完成的产品可以直接在平台面向所有用户进行销售，为用户与设计师带来更多的直接经济利益。同时，众多生产制造等方面的服务商也可以在平台中发布产品进行销售。

5.6.3 产品设计服务集成的创新

5.6.3.1 创建工业设计价值链，创新服务模式和机制

在工业产品设计服务中，通过建立基于资源集聚的产品协同开发创新模

式，将服务需求方（如企业）、资源提供方（如高校或研究院）和平台运营方（如天马行空平台）进行有机的组合，同时发展线上与线下多元化业务，通过价值链的创新带动商业创新，为工业设计与相关产业融合发展提供一体化支撑服务。通过设计服务平台的独立运营，基于资源整合优化，解决设计企业和相关制造企业信息不对称、产业链条断裂等问题，实现上下游各类资源的协同合作。

5.6.3.2 实现服务模式下的工业设计技术集成与应用

在工业产品设计服务中，依托工业设计的相关技术与方法，实现服务模式下各项技术的有效运行（如多目标评价技术、用户需求匹配技术等）。在工业设计技术集成与应用中，以用户数据挖掘、感知意象语义描述、设计任务分解、创建原子任务模型和智能推送等技术为基础，引入用户实时参与设计决策的过程机制。同时，聚集多方设计与制造资源和专业化技术服务，构建工业设计服务平台的网络化协同的集成工具，把分布、异构的设计创新资源转化为标准规范的资源服务，为工业设计服务平台的发展与创新提供有力的支撑。

5.6.3.3 搭建支撑工业设计全产业链闭环的设计服务平台

在工业产品设计服务中，基于开放共享、服务创新的工业设计交互环境，激活社会制造资源存量，集聚信息服务、产品设计、生产制造以及产品交易等第三方科技服务资源，支持众多分布式服务平台之间的资源共享与业务协作，实现服务资源的优化配置以及企业间的协同管理与交易，打通工业设计全产业链闭环各环节的关联障碍，构建面向产业集群的智能化服务平台。

5.6.3.4 构建面向典型行业实施工业设计的服务平台应用示范

在工业产品设计服务中，基于工业设计服务平台，获取典型行业的设计服务需求，面向轻工业产品、医疗产品、船舶产品、纺织产品等典型行业进行应用示范。工业设计的服务应用示范平台提供包括用户需求分析、创新目标确立与重要度量化、线上协同创新、全产业链条资源支持、产品设计评价、线上线下营销及利益共享等产品全生命周期的设计服务，这些服务可以有效带动工业设计从零散化到集约一体化的综合设计服务转变，实现以工业设计为引导的全产业链服务创新与产品创新。

5.6.4 产品设计服务发展的应用

5.6.4.1 用户注册与登录

在工业产品设计服务平台中，用户注册并登录平台后，可以对平台上的各类共享资源进行浏览。为加强信息安全管理，应构建一个具有可靠性和有效性的云平台，基于注册认证机制，构建后台数据库服务端和浏览器客户端间的交互关系，通过实名制注册认证机制，对参与服务活动多方人员的综合能力进行真实性审核。系统根据用户注册信息中填写的个人资料（从事行业、擅长业务等信息），将用户主要划分为服务需求方、服务提供方和服务中立方（既不提供服务也不需要服务的普通注册用户）。用户注册并登录成功后，可以对云模式下的各类资源进行浏览与使用。

5.6.4.2 需求获取

在工业产品设计服务平台中，在完善用户信息的基础上，利用交互式对话技术，用户输入设计任务的需求描述，主要内容为：交易类型、需求类别、需求名称、产品定位、功能特色、细节要求等。利用服务平台中的需求提交功能和需求发布功能，将需求信息进行规范化存储，构建设计任务的需求数据库。依据产品设计需求分析方法和转化工具，服务平台专家利用相关理论对需求信息的重要程度进行定量分析，并将重要的需求信息转化为产品设计策略。

基于评价原型系统中的需求提交功能，服务需求方用户将项目任务以规范化的形式发布至云平台中。平台决策者以用户网络调查提出的任务需求为主要依据，参照用户互联网行为，对任务需求信息进行获取和整理。平台决策者利用模糊集理论对任务需求信息的重要程度进行定量分析，结合质量功能配置工具将重要的需求信息转化为评价指标。

5.6.4.3 服务团队组建

基于设计任务需求，利用服务平台中的信息推送功能，将任务信息推送至服务提供方的个人信箱中。服务提供方根据个人兴趣和专业范围对设计任务提出参与申请，服务平台后端决策者将申请参与该任务的服务提供方信息推送给用户，由用户选取并组建参与设计任务的服务团队。

依据用户发布的任务需求，利用信息推送功能，将任务信息推送至服务提供方信箱。服务提供方（任务参与者）是为服务需求方（任务需求发布者）提供产品概念设计与评价的服务主体，由从属于不同领域的设计师、工程师和制造商组成。服务提供方根据个人兴趣和专业范围对发布的任务提出参与申请，后端决策者再将申请参与任务的服务提供方信息推送给用户，由用户自主选择并组建参与该任务的服务团队成员（包括设计团队成员、评价团队成员和制造团队成员），也可以由平台决策者结合粗糙逼近理想解排序法来实现服务团队的构建。

5.6.4.4 方案共享展示

参与设计任务的团队成员依据服务平台提供的各类共享设计信息、制造信息和知识信息，获取设计灵感。设计师可以根据用户需求独立完成方案设计，也可以利用平台上开发的产品交互式设计系统辅助设计师完成设计。设计师将方案提交并上传至服务平台。

设计团队成员依据云平台上提供的各类共享信息，获取设计灵感并利用产品交互式进化设计工具辅助完成方案概念设计。将产品概念设计方案提交并上传至云平台方案样本库中，为科学有效地从包含有大量设计方案的数据库中优选出重要方案，将设计者同意授权的产品设计方案共享至云平台主界面，邀请云平台上的注册用户采用点赞、星级、文字和标签的方式进行评价，最后将综合评价结果较高的产品概念设计方案展示给用户需求方。

5.6.4.5　方案评价

综合不同设计师上传的各类方案，将其存放至数据库中。为科学有效地从大量方案中快速优选出用户满意的设计，经设计师授权，可将设计方案共享于服务平台中，注册用户可以对这些方案进行评价操作，包括点赞评价、文字评价、星级评价及标签评价。

（1）点赞评价：点赞评价是相对简单和实用的评价方法，通过点赞数的多少直接反映方案的好坏，点赞方法和结果在页面均有显示。

（2）文字评价：除点赞评价外，用户可以对方案进行文字评论，发表自己对该方案的详细看法。

（3）星级评价：用户对方案进行星级打分评价，打分结果会同步到平台后端数据库。

（4）标签评价：用户对方案进行标签评价，评价标签由平台数据库提供。

以评价系统生成的与需求信息词相匹配的设计方案为例，生成目标方案的多维评价结果雷达图，以更直观的形式辅助用户科学合理地选取满足需求的方案样本。基于虚拟展示技术，通过方案的动态展示，用户可以从不同角度查看目标方案，快速优选出与用户需求相匹配的设计方案。

第6章 总 结

本书以国家出台的相关政策为导向：

（1）2006年发布《中华人民共和国国民经济和社会发展第十一个五年规划纲要》，提出"要发展专业化的工业设计"；

（2）2011年发布《中华人民共和国国民经济和社会发展第十二个五年规划纲要》，提出"促进工业设计从外观设计向高端综合设计服务转变"；

（3）2016年发布《中华人民共和国国民经济和社会发展第十三个五年规划纲要》，在"优化现代产业体系"篇"实施制造强国战略"部分，明确提出"设立国家工业设计研究院"；

（4）2021年发布《中华人民共和国国民经济和社会发展第十四个五年规划和2035年远景目标纲要》，明确提出"聚焦提高产业创新力，加快发展研发设计、工业设计等服务"。

目前工业产品设计服务中存在如下相关问题：

（1）工业产品设计服务的支撑技术和设计工具单一化和局限性；

（2）工业产品设计服务在产业链条中仅处于从属地位；

（3）工业产品设计服务缺乏产业链协同的服务平台。

针对以上问题，本书提出了一系列的应对解决策略：

（1）工业产品数据获取需求及解决策略。

针对工业产品设计过程中，非结构化信息缺乏有效的规范和管理问题，研究以用户需求为驱动力、网络技术为新背景，在充分考虑到产品信息数据获取的差异性和多样性、产品信息数据分析的模糊性和主观性的基础上，提出一种结合网络化和信息化的用户驱动的数据挖掘与分析模型，对工业产品设计服务与产业融合发展具有重要意义。

（2）工业产品意象分析需求及解决策略。

针对工业产品设计中用户与设计师存在认知差异，用户感知意象难以准确把握的问题，研究用户与设计师对产品造型意象的认知性差异，以意象词汇作为设计师与用户感性认知之间的桥梁，构建用户感性意象映射模型。通过映射模型，完善基于感性意象的用户偏好的工业产品造型设计研究。

（3）工业产品创新设计需求及解决策略。

针对工业产品同质化现象普遍的情况下，企业面临着创新问题的挑战，要研究如何科学合理地综合运用创新理论与方法提升工业产品的创新能力问题。通过创造新产品或新服务来改进和优化市场需求，以提升工业产品的性能、功能或用户体验，有助于产品开发和创新设计，提升产品的技术含量和附加值，从而实现产品竞争力的提升。

（4）工业产品服务优选需求及解决策略。

针对工业产品设计资源（如服务资源等）相对分散，设计服务业在全产业链各节点存在脱节的现象，研究通过分析设计资源与各方需求之间的供需关系和供需机制，构建资源与需求的匹配模型，对工业产品设计全产业链协同创新过程进行协调优化，以提升工业产品服务优选的匹配准确率，为用户提供泛在的和随时获取的相关服务，实现服务过程中各类资源的有效共享与协同。

（5）工业产品设计匹配需求及解决策略。

针对工业产品设计中通常依赖设计师自身的经验、直觉、灵感进行，缺少合理的科学方法用于指导产品优化设计，研究立足于用户需求，探索性地对基于用户需求偏好驱动的产品设计进行分析，将用户需求量化并得到需求驱动优化设计方案。通过构建用户需求与设计要素间的关系模型，模拟与用户需求匹配的设计评估机制，为面向用户需求的工业产品设计决策系统的开发提供方法支持。

（6）工业产品多目标评价需求及解决策略。

针对工业产品评价主体和评价对象相对单一，产品评价体系不够完善，评价结果的数据缺乏有效处理的科学方法，研究转变现有产品评价模式，将个体评价、单目标评价、静态评价、单一评价、结果评价逐渐发展为群体评价、多目标评价、动态评价、组合评价、过程评价；充分考虑到评价主体和评价对象的多元化、评价内容和评价形式的多样性和广泛性等特性。

通过对上述解决策略的背景、内容、方法、案例分别进行概述，归纳出用于支撑工业产品设计服务与相关产业融合发展的六项关键技术：用户数据挖掘与反馈技术、感性意象映射技术、创新知识库构建与管理技术、网络集成服务发现技术、协同创新匹配技术、产品多目标评价技术。围绕这些技术集成了包括设计思维、设计需求、设计资源、设计方案、设计服务在内的五大应用模块，为工业产品设计的服务平台提供有效应用支撑。

工业产品设计服务与相关产业融合发展的策略研究将设计服务业全产业链的相关资源汇聚于工业设计服务平台上，在线完成设计企业与企业之间的供需对接。以技术集成推动设计资源集成，进而提高工业产品设计服务的效率与品质。同时，面向全产业链中各用户，提供优质设计服务，推动设计服务业与相关产业融合，推动市场经济的健康有序发展。